国家社科基金
后期资助项目

城市滨水公共空间
精细化治理

——行为模拟和诊断优化

Fine Governance of Urban Waterfront Public Space:
Behavior Simulation, Diagnosis and Optimization

杨春侠　詹　鸣　姚梓莹　著

复旦大學 出版社

国家社科基金后期资助项目
出版说明

　　后期资助项目是国家社科基金项目主要类别之一,旨在鼓励广大人文社会科学工作者潜心治学,扎实研究,多出优秀成果,进一步发挥国家社科基金在繁荣发展哲学社会科学中的示范引导作用。后期资助项目主要资助已基本完成且尚未出版的人文社会科学基础研究的优秀学术成果,以资助学术专著为主,也资助少量学术价值较高的资料汇编和学术含量较高的工具书。为扩大后期资助项目的学术影响,促进成果转化,全国哲学社会科学工作办公室按照"统一设计、统一标识、统一版式、形成系列"的总体要求,组织出版国家社科基金后期资助项目成果。

全国哲学社会科学工作办公室

目录
<<< Contents

序

我国的很多城市都有河流穿越,滨水两岸成为城市的休闲活动中心。随着人们对生活品质追求的不断提高,滨水区的更新与治理也一直是城市建设的热点。滨水区是城市最自然、最丰富的空间资源,它包含着堤坝、桥梁、建筑、绿化、道路和广场等多种空间要素,承载着观赏、休憩、文娱、运动和消费等多样行为活动。这些空间要素和行为活动之间呈现错综的交织关系,因此滨水区的治理往往比其他城市空间更为复杂。

杨春侠副教授长期以来从事城市滨水区发展的实践与研究,主持和参与大量滨水区城市设计,其中包括上海市北外滩城市设计、大运河国家文化公园城市设计及概念设计等,获国家级和省部级设计奖励 7 项。主持和参与滨水区空间研究 10 多项,包括《黄浦江两岸滨江公共环境建设标准》,获"上海市决策咨询研究成果奖"二等奖,发表高质量论文并出版专著《城市跨河形态与设计》。

《城市滨水公共空间精细化治理——行为模拟和诊断优化》是以上研究的继续,也是将滨水区更好地纳入城市精细化治理领域的新拓展。

本书以"行为研究"为导向,研究如何提升滨水公共空间精细化治理水平,以适应我国当前城市建设发展的需要。20 世纪末,我国城市的功能结构开始转型,滨水区逐渐从工业、仓储用地转变为综合功能用地。粗放式的开发无法激活滨水区的活力,即使有些城市启动了滨水公共空间新一轮的更新提质,也由于受传统的"自上而下"的规划、决策、管理模式影响,更多地考虑空间秩序,从宏观布局、交通组织、轴线控制等向空间形态、设施配套、景观塑造等微观要素逐步推进。这当然无法满足使用者自由、随机、多元行为活动的需求,出现消极空间,造成有些滨水区虽然景观优美,却没有人,为人造景,景却不吸引人。滨水公共空间是使用者行为的需要,只有深入认真地研究使用者行为的多样性、偏好和特征,促进景观与行为系统有机地结合,才能激发区域公共空间的活力。

将多代理行为模拟技术应用在滨水公共空间的品质诊断与优化预判,

是实现城市精细化治理的一种方法,也能实现"行为研究"导向,以智能模拟辅助动态规划,以综合诊断提升智慧管控,以精准预判支持科学决策,推动滨水区治理效能的提升。这有利于适应不同使用者行为偏好,按照空间与水体的关系,把各类公共空间要素配置在最适合的位置;有利于以最适宜的形式、建筑功能和设施配套的结合方式,为滨水公共空间的高效使用提供有力保障;有利于对一些可能发生的危险或不利状况进行模拟预判,以快速捕捉城市运行过程中出现的问题并做出有效的应对预案;更有利于通过对优化方案的场景预演进行实施后的效果预判,以低成本、高效率地确保滨水公共空间品质的真正提升。

卢济威

2024 年 7 月 4 日

前　　言

当下,新型城镇化不再追求城市规模的扩大,而是强调内涵式发展,努力提高城市居民需求的满足程度。在这一"质"的提高过程中,城市精细化治理是重要抓手,并力求深入城市的所有空间和所有人群。城市滨水公共空间是市民日常休闲生活最重要的公共空间载体之一,因此对其的治理是城市精细化治理的重要组成部分。

我国滨水城市众多,20 世纪 90 年代以来,城市滨水区逐渐从工业仓储用地转变为综合功能用地,但是粗放式的开发使得一些滨水公共空间活力低下。因此近年来,上海、杭州、深圳等城市率先启动了滨水公共空间新一轮的更新提质,以求更大程度实现滨水资源的公共价值。滨水公共空间目前的问题集中表现为基面衔接不当、岸线形式单一、公共建筑受限和设施配套错位等。究其原因,主要是受到传统小样本调研、经验式设计与预判等的局限,缺乏对滨水现状使用问题的精细诊断,缺乏遵循使用者行为偏好的实施方案,以及缺乏对城市设计优化方案的科学预判,这些都可能造成项目建成后使用状况与设计预期相差较大的结果,最终使滨水公共空间无法满足使用者的行为需求。因此,亟须从微观行为视角出发,探寻更加科学、智慧的城市精细化治理方法。

多代理行为模拟技术是微观行为模拟的前沿手段,具有智能化、分布式、自下而上模拟的特点,通过能自动执行任务的代理粒子群的合作,解决复杂问题,实现全时动态仿真、多方案比较、虚拟情境预演等。全时动态仿真通过代理粒子在仿真环境中进行动态模拟,输出结果可作为行人特征识别依据和空间使用效率评价依据;多方案比较和虚拟情境预演借助计算机强大的运算能力,开展多视角优化方案的预演和比选,为设计与决策带来不同于传统的研究视角。同时,多代理行为模拟适合模拟非线性、信息模糊、非确定性、个体互动和随时空变化的情境,可以呈现公共空间中行为活动的自组织现象,为建立符合行为活动需求的滨水公共空间提供技术支持。

在智慧化成为城市精细化治理重要发展趋向的过程中,笔者希望建立多代理行为模拟辅助滨水公共空间品质诊断与优化预判的系统研究方法，并探讨助推精细治理的具体措施。本书选取国内滨水区开发较为发达的上海市黄浦江7个典型滨水区段作为研究样本。首先，通过偏好分析确定关键影响要素和吸引力权重，建立仿真空间和代理粒子的参数关系，运行拟合构建多代理组合模型；然后，建立品质诊断指标体系，开展综合、各维度和子类指标的分项诊断，对公共空间品质进行量化分析；接着，通过北外滩改造前后的优化模拟与调研状况对比，提出优化预判的方法；最后，综合以上结论，从规划设计、政府决策、建设管理等方面探讨城市滨水公共空间精细化治理的具体措施。

本书在学术价值方面，建立了系统的行为模拟流程、诊断指标体系、优化预判路径和智慧治理策略，为城市滨水公共空间研究提供了更加科学、精细、智能的方法；在应用价值方面，有助于建立契合使用者行为需求的城市滨水公共空间，为不同群体提供最优的活动环境，使滨水空间得到高效使用，并通过科学预判避免低效的重复更新；在社会影响和效益方面，契合"十四五"期间城市数字化转型提出的可视化、可验证、可诊断、可预测、可学习、可决策和可交互的"七可能力"，有助于推动城市滨水区开发的前瞻规划和动态推演。

本书的创新性主要在于：其一，将行为模拟应用范畴拓展至随机休闲行为，突破了已有行为模型大多关注交通疏散行为的局限，通过智能体与社会力相结合的多代理组合模型，仿真呈现滨水公共空间中休憩行为的随机性和偏好差异；其二，结合多代理模型输出特征的"滨水诊断体系"，从通行顺畅、驻留舒适、亲水便利等维度全面、精准地评价空间使用状况，为设计、实施和管理提供可以量化的决策参考；其三，以未来场景的仿真模拟辅助科学精准预判，改变了方案实施前较难精准预判的局限，通过模拟情境与实际场景的拟合，获得长期稳定的使用者对滨水公共空间要素的偏好规律，以其为运行原则，可以对方案实施后情境进行仿真模拟；其四，指标阈值和多向度成果推动城市智慧治理，以一系列指标阈值、关键影响要素、时空变化规律，以及多向度成果生成方法，加强对城市动态变化的实时监测和智慧治理。

本书各章具体内容如下：

第1章，研究背景。在城市精细化治理与滨水公共空间更新提质的时代背景下，提出城市滨水公共空间行为模拟和诊断优化的核心需求，引出本书的研究目的和意义。

第2章，研究基础。从以下3个方面对相关领域的已有文献进行梳理和归纳,包括公共空间要素与使用者行为的关系和分类,公共空间的行为模拟和公共空间的品质诊断。在此基础上,总结现有研究局限并提出突破方向。

第3章,研究设计。筛选黄浦江两岸滨水公共空间场地样本并分析现状问题,选择智能体和社会力组合模型及 Anylogic 仿真模拟平台,并基于游憩机会谱理论对建模流程进行改进,结合模型输出特征确立指标架构,明确研究流程。

第4章,空间要素与行为偏好。对城市滨水公共空间要素和使用者行为的特征及类型进行梳理,对相关数据进行采集,将空间与要素的相互作用关系即行为偏好用空间要素吸引力权重量化表达,为模型运行机制提供基础。

第5章,诊断维度与指标构建。基于指标选取原则和行为模拟输出特征,形成通行顺畅、驻留舒适、亲水便利3个诊断维度,并对现有研究中的诊断指标进行继承、改进与新增,形成18个诊断指标,通过专家问卷确立指标权重。

第6章,行为模拟。确立模型建构的通用方法,创建仿真环境、使用者智能体和行为活动链,形成智能体和社会力组合模型,开展分项情境模拟并进行拟合分析,调整空间要素吸引力权重并代入多场地样本,验证行为模拟方法有效,同时获得吸引力权重和阈值,以及关键影响空间要素。

第7章,品质诊断。通过数据归一化使指标数据无量纲化,对比分析不同样本的品质诊断结果,由影响因子相关性分析,总结显著影响城市滨水公共空间的要素,形成城市滨水公共空间品质诊断指标体系,并获得诊断结果的参考值、时空规律和关键影响空间要素。

第8章,优化预判。以北外滩滨水公共空间改造前后使用状况为样本,探讨基于多代理模型对场地进行优化预判的系统性方法,包括要素改进模拟、未来人流预测、要素组合精简、组合预演比选,获得多向度的优化组合方案。同时,通过改造前方案模拟和改造后使用状况的对比,验证优化预判方法有效,再通过与其他样本诊断结果的对比,提出未来改进建议。

第9章,精细治理。深化和拓展"以人民为中心"的理念,以此为指导,结合前述结论,提出智能模拟辅助动态规划,综合诊断提升智慧管控,精准预判支持科学决策的精细治理策略,使城市滨水公共空间治理真正实现从"约摸"到"精准"。

第10章,总结展望。梳理了研究特色,总结了行为模拟、品质诊断、优化预判、精细治理的研究结论并探讨其推广应用,使研究得出的模拟流程、指标体系、研究和治理方法更具普适性,同时点明了研究创新,并针对研究局限提出了未来展望。

本书主要著者为杨春侠,具体各章节工作安排为:第 1、2、9、10 章由杨春侠撰写;第 3 章由杨春侠、詹鸣、姚梓莹撰写;第 4、7 章由杨春侠、姚梓莹撰写;第 5 章由杨春侠、詹鸣、梁瑜撰写;第 6 章由杨春侠、詹鸣撰写;第 8 章由杨春侠、徐思璐撰写。本书特别邀请了俄罗斯艺术科学院荣誉院士、同济大学卢济威教授作序。本书的顺利完成还离不开吕承哲、刘梦萱、乔映荷、徐琛、张帆、鞠梦恬、曾庆健等博士研究生和硕士研究生在现场调研和数据整理等方面的协助,对他们的辛勤付出表示由衷的感谢!

城市公共空间的行为模拟、诊断和预判是值得进一步探索的研究领域,随着城市数字化转型和升级,希望这类研究议题会受到更多的关注并得以深耕。本书是对此议题的实证性探索,也恳请相关管理者、实施者、设计师,以及广大读者批评指正!

杨春侠

2024 年 7 月 1 日于同济大学

1 研 究 背 景

在城市精细化治理的背景下,结合当下城镇化转型与内涵式发展需求,城市公共空间的精细化治理逐渐成为一个重要议题。滨水公共空间常常位于城市的核心地带,涵盖公园、广场、水滨等多样公共空间形式,成为市民日常休闲生活最重要的公共空间载体之一。因此,城市滨水公共空间的治理是城市精细化治理的重要组成部分[1],可以为城市其他公共空间的更新提质提供参考。新技术的发展为城市公共空间精细化治理提供了良好的机遇,其中,关注“空间-行为”关系的多代理行为模拟技术可以提供可视化、全周期、精细化的智能仿真模拟,从技术驱动视角提升城市公共空间的精细化治理水平,同时助推“十四五”期间的城市数字化转型。

1.1 城市精细化治理与滨水公共空间更新提质

1.1.1 城市精细化治理的时代要求

城市精细化治理是习近平总书记点题的重大命题[2]。2017 年 3 月 5 日,习近平总书记在参加十二届全国人大五次会议上海代表团全团审议时提出“城市管理应该像绣花一样精细”[3],城市精细化管理,必须适应城市发展,要持续用力、不断深化,提升社会治理能力,增强社会发展活力。由此开始,精细化治理深入城市的各个方面。

新时代国家对人民群众获得感的强调和大城市治理问题复杂性的提升带来了城市精细化治理的客观需求。一些城市的治理长期处于“约摸”运作的低位状态,以约摸的政策对象、约摸的服务规模、约摸的治理效果为特征[2],极大地限制了城市功能的高效发挥,降低了人民群众的幸福感受。因此,实现由“约摸”到“精准”是未来城市治理的追求目标。一流的城市要有一流的治理;一流的城市治理,既要科学化和智能化,也需人性化和精细化。

(1)"人性化"是城市精细化治理的根本

"城,所以盛民也。"[4]早在约2000年前,东汉学者许慎就阐明城市的核心是生活在城市中的人。因此,在城市发展的任何阶段,都要牢固树立"以人为本"的城市观。当今城市快速发展的背景下,各类城市病的出现和人民群众日益增长的生活质量要求之间的矛盾尤为突出,此时更要坚持"以人为本"的发展理念,城市治理的任何环节都要把"人民需求"列为优先考虑要素[5],城市建设的各项成果也都要充分反映"人性化"的特点。城市治理要坚持问题导向,经常反思现状,不断精益求精,时常考量"人民"这一价值核心,坚守"为人民服务"这一底线,精准施政,精细服务,这样才可能使城市治理稳落地、有温度。

(2)"全周期"是城市精细化治理的保障

城市治理不是一蹴而就的,它包含了诸多环节,从规划设计到开发建设,再到管理维护,最终到市民使用,都是城市治理的必要组成。城市精细化治理就是要实现"规建管用"全过程的精细化:规划设计是先导,规划方案能否真实反映人性化需求体现了前期策划的水平;建设是载体,项目实施后能否真正解决市民关切的实际问题反映了政府决策的能力;管理维护是基础,项目管理能否保证有序运作和共建共享展现了精细治理的成果;市民使用是目的,只有满足市民实际需求的良好使用才能最终实现规划设计、开发建设和管理维护的最大价值。

(3)"智慧化"是城市精细化治理的助推

物联网、人工智能、无线传感技术、大数据等新技术的出现为城市精细化治理提供了良好的机遇,使城市治理从数字化到信息化,再向智慧化演进。新技术的驱动下,在感知检测、问题诊断、品质优化、管理维护等方面为城市治理提供了可量化、全周期、精细化、低成本的城市治理新举措。具体到城市空间治理方面,能够创造城市空间的数据产品,对城市空间进行问题特征识别和规律效能评估,提升城市空间的品质与效能等[6]。同时,新技术的应用还有助于推动政府部门、相关组织、市民群体等的互动,并在此基础之上形成新的治理秩序,最终实现民心治理。

1.1.2 城市滨水公共空间更新提质的发展趋势

城市公共空间的精细化治理是城市精细化治理的重要议题,而滨水公共空间因其自然生态、水域开阔的特质,是市民日常休闲生活最重要的空间载体之一,对其开展精细化治理是城市公共空间精细化治理的核心内容。

城市滨水公共空间可以拆分为"城市滨水区"和"公共空间"两个概念。依据百度百科,"城市滨水区"即城市中"同海、湖、江、河等水域濒临的陆地边缘地带",而城市"公共空间"是指城市或城市群中供人们进行各种社会性活动的开放场所。以上海市黄浦江为例,2017 年 3 月上海市浦江办正式印发了《黄浦江两岸地区公共空间建设设计导则》,将黄浦江滨水公共空间定义为"黄浦江两岸地区对公众开放的具有休憩、观光、健身、交往等户外公共活动功能的城市建设用地及适宜开展活动的近岸水域",具体包括黄浦江两岸近岸水域、滨水绿带和滨水第一条市政道路,而将滨水第一条市政道路之后的空间定义为腹地[7]。参考以上界定并结合自身研究重点,本书将城市滨水公共空间定义为:由靠近滨水岸线的第一条平行于河流且距同侧河道蓝线(一般称河道蓝线,指水域保护区的控制线)最近的市政道路与滨水岸线之间限定出的,向城市居民与游客全天候开放的供休闲娱乐活动的场所(见图 1.1)。根据距离水面的远近以及基面高差,又进一步将城市滨水公共空间划分为临水部分、近水部分和远水部分(见图 1.2)。

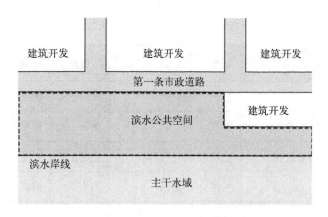

图 1.1 城市滨水公共空间平面示意图

图 1.2 城市滨水公共空间剖面图示意

资料来源: 改绘自上海市黄浦江两岸开发领导小组.黄浦江两岸地区公共空间建设设计导则[Z].2017.

我国滨水城市众多,前期研究发现,全国省会(首府)城市和直辖市中就有90%以上的城市用地跨越河流两岸,滨水区位于城市的核心地带[8](见表1.1)。从20世纪90年代以来,我国许多城市滨水区经历了从工业仓储用地向综合休闲功能的转变,但是其中一些城市滨水区已经无法满足人民群众对滨水公共空间更高品质的追求。"十三五"后期,伴随着城市精细化治理的发展背景,一些大城市率先启动了滨水公共空间的更新提质,以求更大程度实现滨水资源的公共价值。例如,上海市制定了《黄浦江沿岸地区建设规划(2018—2035年)》,提出将浦江两岸打造成"国际大都市发展能级的集中展示区"[9];杭州市2019年发布了《杭州市拥江发展行动规划》[10],提出将钱塘江沿线建设成为"独特韵味别样精彩的世界级滨水区域"[11];深圳市也制定了《深圳市碧道建设总体规划(2020—2035年)》,提出了"碧一江春水、道两岸风华"的规划愿景[12]。

表 1.1　全国跨河发展的省会(首府)城市和直辖市

城市	跨 越 河 流	城市	跨 越 河 流	城市	跨 越 河 流
天津	海河	拉萨	拉萨河	呼和浩特	大黑河、小黑河
上海	黄浦江、苏州河	福州	闽江	贵阳	南明河、市西河
重庆	长江、嘉陵江	南昌	赣江、抚河	昆明	盘龙江
太原	汾河	济南	小清河	西安	渭河
沈阳	浑河	武汉	长江、汉江	兰州	黄河
长春	伊通河	长沙	湘江	西宁	湟水、南川河、北川河
南京	长江、秦淮河	广州	珠江	台北	淡水河、基隆河
杭州	钱塘江、京杭运河	南宁	邕江	哈尔滨	松花江
合肥	南淝河	海口	海甸河、横沟河	石家庄	滹沱河
郑州	金水河	成都	府河、南河	银川	黄河

随着城市的高密度发展,连续、开敞、亲水的滨水公共空间更加弥足珍贵,然而一些城市的粗放式开发却使得滨水公共空间活力低下,珍贵的空间资源没有得到有效利用。一些城市滨水区已经反复更新,如上海市黄浦江沿岸的船厂地区在2010年至2016年短短6年间进行了2次改

造,这也反映出从工业仓储功能向综合休闲功能转变的滨水前期更新尚存不足。结合前期研究成果和现场调研来看,现阶段城市滨水公共空间的主要问题如下。

(1) 基面衔接不当

因水岸高差和防汛要求,滨水公共空间往往有多层标高基面,需要采用斜坡、楼梯、陡坎、台阶等衔接方式来进行不同标高基面之间的转换。使用者对基面衔接方式偏好不同,远水处倾向于快速到达水滨的楼梯和陡坎,近水处则倾向于可供驻留、亲水的宽大台阶或缓坡。实际开发却常常不符合人群偏好,如上海北外滩远水处以宽大绿坡吸引人休憩,实际驻留量不到总人流的 3%;天津海河近水处多为陡直的楼梯,方便通行却不宜久留,这些问题都是未采用适宜的基面衔接方式造成的。

(2) 岸线形式单一

使用者倾向于在岸线变化的地方开展亲水活动,凹岸线最受青睐,以内凹的水体为核心汇集人流;凸岸线次之,提供开敞、不受干扰的观景视角;平直岸线偏好度最低;防汛标高以下的平台虽然容易被水淹没却时常吸引人群集聚。在实际开发时,由于水务部门的严格管控,水岸往往是平直的高堤坝,广州珠江、武汉长江、上海黄浦江的大部分区段都是如此,有些直接阻挡了观水的视线,有些虽然可以看到水却不易亲近水。

(3) 公共建筑受限

使用者能够在城市滨水公共空间长久驻留必然需要公共建筑的服务支撑,但是滨水区的控制线却比城市其他区域更加严格,特别是受到蓝线和绿线(指城市各类绿地范围的控制线)的制约,形成了滨水"绿化—道路—建筑"平行带状布局的单调模式,公共建筑被限制在滨水绿带之外,尤其是餐饮设施缺位,很难支持长时间的逗留活动。

(4) 设施配套错位

使用者对同种要素的偏好因离水距离不同可能会有一定的差异,但在实际设计与建造时却往往采用与城市腹地的广场、公园一样较为均布的设施配置,未考虑水体因素的布局可能导致某些设施利用不充分或某些设施配套不足。发达国家滨水公共空间也存在类似的问题,如前期对纽约北港湾广场的调研发现:全天 508 人次的坐憩活动中,有 197 人次坐在台阶和矮墙上,约占总坐憩人数的近 40%;而 68 个正式座椅却始终无法满座,统计获知空置的正式座椅大多离水较远[13]。这说明针对这一场地,正式座椅的配置应该更多靠近水体,而非正式座椅的使用则部分缓解了正式座椅布局不合理的问题。

上述问题反映出空间要素配置现状不能完全契合使用者的需求。主要原因在于：一方面，城市滨水公共空间拥有独特的基面、岸线等要素，管控更严格，要素更丰富，但是传统的地毯式现场调研往往无法摆脱小样本、经验式判断的局限，难以掌握不同空间要素对使用者行为的影响规律；另一方面，现有的更新设计往往关注景观营造，对空间要素的配置方案难以真正满足使用者的实际需求，进而在方案落地前，缺少有效手段对实施后效果进行精准的预判，造成项目建成后使用状况与城市设计预期相差较大，甚至导致建成后很快进行更新。

可以预见，在接下来的一段时期内，我国越来越多的城市将重新审视滨水区开发现状，开展滨水公共空间的更新提质。在这种背景下，亟须探寻更加科学、精细、智能的滨水公共空间更新提质方法。

1.2　城市滨水公共空间的行为模拟

1.2.1　城市数字化转型下对人本需求的考量

"十四五"期间，城市数字化转型被大力推动，强调城市开发的前瞻规划和动态推演。2021—2022 年，全国 31 个省市自治区最新出台了数字化转型相关政策规划。其中，《北京市关于加快建设全球数字经济标杆城市的实施方案》提出了建成超大城市数字化治理体系，使城市治理能力现代化水平显著提升，并要科学构建系统全面的发展测度体系，开展主要城市数字经济发展水平比较研究与测评[14]；《关于全面推进上海城市数字化转型的意见》提出了引导全社会共建共治共享数字城市，逐步实现城市可视化、可验证、可诊断、可预测、可学习、可决策和可交互的"七可能力"，使城市更聪明、更智慧[15]；《关于"数智杭州"建设的总体方案》用"城市大脑"对应党政机关整体智治、数字政府、数字社会和数字法治等，以支撑数字治理第一城建设[16]。这些城市数字化转型的成效与经验在于以下三点。

（1）以人为本，提高市民的参与度

坚持以"人本价值"为导向，围绕人的实际需求，以市民群众普遍关心的问题为核心，推动与"人"的生活各个方面相关的智慧应用场景从理念构想走向落地实施。具体操作中，鼓励和方便民群众的参与，呼应市民反映较多的热点和难点，把城市生活数字化转型作为"人民城市人民建，人民城市为人民"的有力抓手。

（2）可视量化，加强城市的体验感

重塑数字时代的认知能力和思维模式，融合应用数字孪生城市，大数据与人工智能等技术，推动城市"规建管用"一体化闭环运转，实现城市决策"一张图"、城市治理"一盘棋"，使城市治理从"约摸"走向"精准"，为城市精细管理和科学决策提供可视化、可量化的说明书[17]，也为人民群众了解和认知城市、积极参与城市建设和决策提供可能。

（3）协同治理，推动跨领域的合作

强化顶层设计和资源整合，建立健全统筹协调和推进机制，加强跨区域、跨部门、跨层级的组织联动。在数字化转型推进过程中遇到具体问题，都可以即时梳理全市和各个系统流程，推进难点、堵点的解决，协调相关部门提出的对策建议。强调市民个体的共同参与，通过参与提高市民自身的获得感，也使得建设成果更加符合市民的实际需求。

上述城市数字化转型的成功经验都体现了对"人本需求"的关注，通过数字化手段调查市民实际需求，推动市民参与整个建设过程，建成符合市民需求的建设成果。在这种背景下，具体到城市滨水公共空间，亟须以满足人群的实际所需为目标，找到更加科学、精细、智能的方法，推动城市滨水公共空间更新提质的数字化转型。

1.2.2 多代理行为模拟技术的应用拓展

行为模拟由"行为"和"模拟"两个名词组成。维基百科中的"行为"指的是人或者其他动物的动作、行动方式以及对其所处物质环境做出的反应。"模拟"也可叫作"仿真"（simulation），指将原本的真实或抽象的系统或流程构建成一个模型，以表征其关键特性或者行为、功能，以便对其关键特性做出模拟。模拟可用科学建模的方式深入理解自然或人造系统，通过模拟也可展示模拟动作的最终结果，帮助研究者低成本、低危险性地模拟已经发生或未发生的事件，并对其特性与规律进行研究，以有针对性地寻求解决方案。本书对行为模拟的定义为，通过仿真模拟系统对使用者在特定环境内表现出的活动种类与方式进行再现，并对其特征和规律进行研究。

多代理行为模拟即多智能体行为模拟（multi-agent behavior simulation），其应用范围涵盖社会科学与自然科学，包含地理、交通、物流、能源、通信、建筑等诸多领域[18-22]。近年来，行为模拟研究得到了国内外学者的广泛关注。行为模拟可以分为宏观、中观和微观3类不同层级的研究范畴，而多代理行为模拟致力于复杂系统研究，更多地从微观角度出发，自下而上地模拟空间使用情境。当计算机运算能力足够模拟众多的代理人同时行动时,就可以实现对现实世界运行的仿真模拟。

(1) 多代理技术能实现微观行为模拟

多代理技术"具有内部数据表达(通过记忆或状态)、自我修正(通过学习或认知)以及修改环境(通过行为)的能力,尤其适用于对人类个体行为模式及其互动关系的模拟"[23]。具体来说,它具有下列主要特征:个体自治,代理可以被赋予不同的运动变量和判断条件,从而成为具有"个性"的智能粒子来模拟个体行为;群体耦合,代理粒子间能够相互作用,促进或削减整体系统,呈现出耦合效应[24];环境互动,代理粒子与仿真环境之间也能互动,遵循特定的逻辑发展并形成相对稳态[25];动态衍化,由于环境要素时常变化,使多代理系统始终处于"稳态—动态—稳态"的变化过程中[26]。这 4 类特征使得多代理技术能够实现对微观行为的仿真模拟。

(2) 多代理技术能描述复杂系统

多代理技术具有"智能化特点、分布式特征、自下而上的模拟方式"[27],有助于细致刻画不同的人类个体行为与多样的环境要素之间的相互作用关系,实现对复杂"空间-行为"系统的仿真模拟。通过对代理粒子的行为、代理粒子之间的交互关系,以及代理粒子与仿真环境的交互关系进行设定,可以更好地呈现公共空间中自组织行为活动的情境,辅助探究空间与行为的影响机制。

(3) 多代理技术能辅助评价诊断

多代理技术对"空间-行为"的仿真模拟结果不仅可以作为公共空间使用效率的评价依据,也可以作为步行行为特征的识别依据[28]。因此,既可以辅助现状空间环境的问题研判,也可以实现对方案运行的未来情境预判,从而有效促进规划设计的精细化,也为决策管理的精细化奠定基础,提供了更加科学、智能、量化的设计与管理依据。

多代理技术适合模拟城市户外公共空间这类非线性、信息模糊、个体互动并随时空变化的场所。因此,理论上基于多代理技术的行为模拟可以很好地呈现城市滨水公共空间复杂环境要素影响下的人群自组织行为活动。但是,多代理技术相关研究目前大多针对室内外的交通疏散行为,很少被应用于户外公共空间和日常休憩行为的模拟。针对大尺度城市户外公共空间的研究才刚起步,缺乏专门针对城市户外公共空间人群行为的模拟模型。因此,需要探索符合滨水特征的城市滨水公共空间行为模拟方法。

1.2.3 城市滨水公共空间要素与使用者行为的复杂影响机制

城市滨水公共空间的行为模拟能否真实反映实际空间使用状况,关键要看模拟运行过程是否真实反映空间对行为的影响机制。滨水公共空间中的使用者行为看似随机,但背后隐藏的是空间要素与使用者行为之间长期稳定的规律性关系,或者说是滨水特质引发的使用者对空间要素的行为偏好规律。这种影响机制可能与滨水公共空间要素的离水距离和使用者群体的特征差异相关联。

(1) 空间要素离水距离

城市滨水公共空间的要素非常丰富,同种要素又因离水远近不同可能会对人群的影响有差异。如果按照前文将滨水公共空间分为临水、近水和远水 3 个部分,临水处的活动更多地会受到水体与对岸景的影响,同样的座椅在临水处对人的吸引力和在远水处对人的吸引力很可能是不同的。

(2) 使用者群体特征差异

使用者在离水不同距离的区域行为偏好可能会有差异,而使用者不同的社会经济属性,如年龄、性别、职业等,以及使用者不同的基本特征,如运动、视觉、环境反应等,都会带来人群的异质性,并使这种行为偏好的差异更加复杂,因此研究不能将所有人群视为同质的个体,而要考虑群体的异质性,并对群体行为偏好差异进行细致研究。

因此,探寻滨水公共空间要素对使用者行为的影响机制或者使用者行为偏好,是城市滨水公共空间行为模拟的核心内容,可以助力多代理行为模拟技术在滨水公共空间的应用拓展,也可为城市滨水公共空间的数字化转型和精细化治理提供支撑。

1.3 城市滨水公共空间的诊断优化

1.3.1 行为视角出发的城市滨水公共空间品质诊断

城市滨水公共空间的精细化治理要依托科学、精准的品质诊断方法,以揭示滨水公共空间设置与使用者实际需求之间的矛盾,并能够指导城市滨水公共空间规划设计与建设实施。这需要建立专门针对城市滨水公共空间的综合诊断指标体系。

综合诊断指标体系由综合诊断与指标体系两个概念组成。指标体系是为描述对象特征而制定的一系列计量标准所组成的有机整体。一个完整的指标包括两个组成要素,一是具有明确定义的指标名称,二是具有相对应的具体数值,是对研究对象特点定性或定量的描述。根据百度百科对指标体系的定义可知,指标体系通过对抽象研究对象的本质属性或特征中某特定维度的、可以被标识要素分解形成行为化、可操作化的结构,同时对指标体系中的所有细分元素(即指标)赋予相对应的指标权重。综合诊断又称多指标综合评价或多变量综合评价,即通过一系列相互关联的指标组成的整体对研究对象进行评价,反映的是研究对象的整体状况。从技术的角度来看,综合诊断的过程也是数学映射关系变化的过程,将研究对象的样本投影到不同的坐标维度上,然后再对其进行排序、比较与分析。

从已有研究来看,针对城市滨水公共空间的品质诊断还不成体系,主要表现在以下两个方面。

(1) 诊断视角和诊断体系有局限

多数研究是从空间视角出发来考虑诊断维度和诊断指标的择取,缺乏行为视角的考虑,由此对于使用者行为需求的反映以及空间使用状况的表征并不十分直接。并且,有些研究过于关注单个方面的空间品质,如单纯地讨论空间可达性、亲水性或开敞性等,未从整体空间和整个时长做全局的考量。

(2) 滨水特征尚未得到充分反映

多数城市滨水公共空间研究的诊断指标与城市腹地公共空间的诊断指标相似,滨水特征并没有得到更加系统和细致的反映。诊断维度和指标需要融入滨水多要素、多场景和近水体等特征,既能从单一指标了解滨水局部空间和某个时段的特征,也可获得滨水整体空间的品质印象。

使用者的行为活动是对物质环境建设情况最真实、直观的反映,也是物质空间最重要与最基本的构成因素,它反映了各个物质空间的人文特征和价值基础。从某种程度上讲,设计者对空间的处理和营造应是为了满足使用者的行为活动需求。当前,以行为为导向的空间研究正被学者越来越多地关注,研究对象从单体建筑发展到城市广场、街道、公园等。若要在城市滨水公共空间的建设中真正实现人性化与精细化,就要以使用者行为作为空间诊断的出发点和评价标准。同时,为了全面反映使用状况,城市滨水公共空间品质综合诊断指标体系的构建需要对滨水公共空间进行解构拆分,从不同维度对其进行认识,然后再把各个维度的诊断结果整合形成统一的整体来剖析。诊断维度的结构是否清晰合理、诊断指标的组成是否完整,对诊断结果的精准、有效有着直接关系[29],也决定了能否为决策提供更为全面和细致的参考。

1.3.2 模拟未来使用状况的城市滨水公共空间优化预判

约摸式预判是导致城市滨水公共空间诸多问题的主因,在方案实施前如何对未来的使用状况进行精准预判是长期以来尚未解决的难题。传统依赖设计师经验的方案设计流程可能存在着下列问题。

（1）景观考量为主的方案弱化使用者的行为需求

常见的方案设计中，城市滨水公共空间往往被当作园林或是绿地空间来处理，设计师更多考虑其景观是否优美、空间是否宽敞。方案实施后虽然形式尚佳，但是可能使用者很少，没有达到"为人民而建"的目的（见图1.3）。这也从一定程度上反映了实施前目标导向和实施后使用主体感知的差异。

图 1.3　空旷的城市滨水公共空间

资料来源：图片中国。

（2）有限数量方案难以应对未来发展的多种可能

传统方案设计主要依靠主持设计师的智慧和经验，局限在于方案会受自身喜好的影响而有所偏向，因脑力所限也不可能提供数量较多、取向多样的方案供选择。可以预见，城市未来的发展具有多种可能的方向，同一个场地也会在未来不同的时段产生需求变化，因此需要有不同视角的设计方向、不同使用需求的多样方案以供参考，而传统的方案设计模式可能很难应对这种需求。

（3）方案效果图演示的未来场景真实性有待商榷

传统方案设计会有对未来场景的描绘，主要是以效果图为媒介，近年来又有了提升，结合虚拟现实技术（virtual reality）实现对方案场景的沉浸式体验，但实际上主要是方案效果图的三维空间立体展示。效果图往往带有设计师的主观情感，有时可能在局部重点表现而掩盖方案的具体问题，沉浸式体验也只是受试者个体的无接触式体验,场景中也无其他参与者互动。因此,它们反映的主要是空间形式,是否可以真实反映未来使用场景还有待商榷,是否符合使用者的需求也难以判断。

近年来,计算机辅助设计已经成为趋势,可以将人脑的创造性思维能力和计算机强大的运算能力结合起来,探索"人机结合"的创新方式,演绎可视化、多样化、可量化的操作方法,在方案设计、多方案选择、未来场景预演等方面提供新的发展可能。结合多代理行为模拟技术,将空间要素与使用者行为之间长期稳定的规律性关系演绎为模型的运行机制,就有可能改变传统的约摸式预判,对方案实施后的未来使用状况进行精准的预判。

1.4 研究目的和研究意义

1.4.1 研究目的

在上述研究背景支撑下,笔者提出以下 4 点研究目的,可以分别对应第6 章行为模拟、第 7 章品质诊断、第 8 章优化预判和第 9 章精细治理的主要研究内容(见图 1.4)。

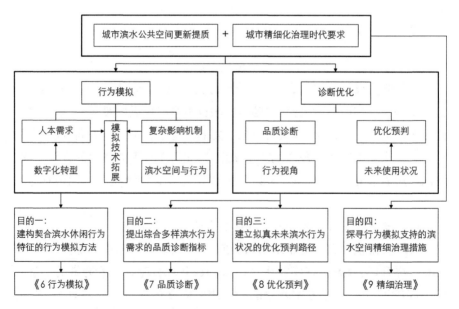

图 1.4 研究背景推导研究目的

(1) 建构契合滨水休闲行为特征的行为模拟方法

目前行为模拟研究大多针对交通疏散行为,较少涉及户外公共空间的休闲行为,鲜有关注城市滨水公共空间的行为模拟研究,而这需要考虑其独有的滨水特质。一方面,与广场、公园、街道等城市腹地公共空间相比,城市滨水公共空间因具有基面、岸线等特殊要素而较为复杂,例如,防洪要求使基面常有多层标高,岸线与对岸景容易引发驻留,建筑和设施的吸引则易改变人的行为轨迹等。另一方面,与交通疏散行为相比,滨水行为活动随机性更强,表现为行为类型更丰富、舒适距离更大、吸引点反应更多样、行为轨迹更不确定等。因此,面对城市滨水公共空间更为复杂的空间环境和更加随机的行为活动,如何构建适用的行为模拟模型是关键环节之一,而难点在于空间要素影响下使用者行为偏好规律的确定,实测数据与模拟数据的量化拟合分析等。

(2) 提出综合多样滨水行为需求的品质诊断指标

城市滨水公共空间既要促进局部空间的活动频率,也要保持总体空间的长效活力;既要保持顺畅通行,也要吸引人群驻留;既要合理组织不同的标高基面,也要提供适宜的基面过渡方式;等等。对上述方面的考量,需要综合滨水多样行为需求,提出一个较为全面、统一的衡量标准,而已有研究恰恰缺乏对城市滨水公共空间的综合评价方法。因此,需要从总体和局部等不同层面,从空间评价的多个维度对城市滨水公共空间的使用者行为状况进行评测,建立一套系统的综合诊断指标。同时,结合行为模拟输出的精确数据,更加量化地对城市滨水公共空间使用状况做出全方位的诊断。

(3) 建立拟真未来滨水行为状况的优化预判路径

多代理技术支持的城市滨水公共空间优化方案模拟为未来使用状况的精准预判提供了可能。但是,计算机只是辅助工具,关键还需要人为制定优化预判的系统方法。一方面,需要探讨如何从现状模拟模型中提取空间要素影响的使用者行为偏好规律,并在此规则引导下建立优化方案的模拟模型,通过模型运行获得未来仿真使用场景;另一方面,需要借由现状问题诊断提炼出可能的优化方向,从不同要素的多种优化方案中整合出精简的组合方案,并指导计算机从海量方案中择取适合未来某一情境的特定方案。因此,不同于传统的经验式方案选择,多代理行为模拟辅助的城市滨水公共空间优化预判需要一整套系统的方法,为政府决策提供多视角的选择可能。

(4) 探寻行为模拟支持的滨水空间精细治理措施

在上述行为模拟方法、品质诊断指标、优化预判路径架构的基础上,笔者希望可以提升城市滨水公共空间的精细化治理水平,提出具体的、有建设性的治理措施,既能够改变传统"纸上规划"模式,提供符合使用者行为需求的新型规划方法;也能够改变传统"规范审批"模式,提供有指标指引的智慧管控方法;还能够改变传统"经验决策"模式,提供可视化、多视角的决策参考。

1.4.2 研究意义

(1) 理论意义

本书希望建立一套呈现滨水多样空间与休闲行为交互的多代理行为模拟流程,一套量化评价滨水使用者行为状态的品质综合诊断指标体系,在此基础上形成一套多代理行为模拟辅助城市滨水公共空间品质诊断与优化预判的系统研究方法,以及一套智慧化的治理方法,从而推动滨水研究的可视、交互、诊断、预测,这也契合"十四五"期间的城市数字化转型目标。

(2) 实践意义

在我国越来越多的城市滨水区开展新一轮更新提质的过程中,本书的方法希望得到推广应用,推动建立契合使用者行为需求的城市滨水公共空间:掌握不同群体的行为偏好,把各类空间要素以最适宜的形式配置在最适合的位置,为不同群体提供最优的活动环境;探寻最佳的基面、岸线、建筑和设施组合方式,为城市滨水公共空间的高效使用提供有力保障;更重要的是,通过对优化方案的场景预演进行未来使用状况的精准预判,低成本、高效率地确保实施后的品质真正得到提升,最大限度地避免低效的重复更新。

1.5 小 结

城市滨水公共空间的治理是城市精细化治理的重要组成部分,可以为城市其他公共空间的更新提质提供参考。新技术的发展为城市滨水公共空间精细化治理创造了良好的机遇,提供了可视化、可量化、可诊断、可预测的手段。在上述研究背景下,本章从城市滨水公共空间的行为模拟、品质诊断、优化预判等方面提出了现状问题以及未来发展的潜力;进而明确了研究目的,即建构契合滨水休闲行为特征的行为模拟方法,提出综合多样滨水行为需求的品质诊断指标,建立拟真未来滨水行为状况的优化预判路径,探寻行为模拟支持的滨水空间精细治理措施;最后,从理论和实践两个方面论述了研究意义。

参考文献

［1］王冠.城市滨水空间更新研究［J］.城市住宅,2020(6)：161-162.

［2］薛泽林.从约略到精准：数字化赋能城市精细化治理的作用机制［J］.上海行政学院学报,2021(11)：57-66.

［3］让城市管理像绣花一样精细［N］.人民日报,2019.07.24.

［4］许慎.说文解字［M］.北京：中华书局,2013.

［5］一枝一叶总关情［N］.成都日报,2019.11.01.

［6］李伟健,龙瀛.空间智能体：技术驱动下的城市公共空间精细化治理方案［J］.未来城市设计与运营,2022(1)：61-68.

［7］卢济威,李京生,蔡永洁,郝洛西,杨春侠.黄浦江两岸滨江公共环境建设标准：公共空间环境［S］.同济大学建筑与城市规划学院,2003.

［8］杨春侠.跨河城市形态研究［D］.同济大学,2004.

［9］上海市人民政府.关于同意《黄浦江沿岸地区建设规划(2018—2035 年)》《苏州河沿岸地区建设规划(2018—2035 年)》的批复［Z］.2019-01-31.

［10］杨春侠,梁瑜,叶宇.基于可视化 SP 法的滨水公共空间驻留偏好影响要素和开发导向研究：以上海市黄浦江滨水区为例［J］.西部人居环境学刊,2021(1)：99-107.

［11］杭州市规划院.杭州市拥江发展行动规划［Z］.2019.

［12］深圳市水务局.深圳市碧道建设总体规划(2020—2035 年)［Z］.2020.

［13］杨春侠,韩琦,耿慧志.纽约巴特利公园城城市活力解析及对上海黄浦江沿岸地区提升的建议［J］.城市设计,2020(1)：46-57.

［14］大数据部.创新汇聚思维推动"在北京制造"向"由北京创造"转变：北京市数字化转型的典型经验［J］.数字中国建设通讯,2019(6)：26-28.

［15］上海市人民政府.关于全面推进上海城市数字化转型的意见［Z］.2021-01-04.

［16］郑新钰.杭州市：创新赋能城市"数""智"共享未来［N］.中国城市报,2021-06-28(12).

［17］杜泽.智慧城市应是不一样的"烟火"［J］.中国信息界,2021(2)：37-41.

［18］Seyed M G, Jamshid M, Theo A. A Multi-agent Assisted Approach for Spatial Group Decision Support Systems：A Case Study of Disaster Management Practice ［J］. *International Journal of Disaster Risk Reduction*, 2019(38)：1-13.

［19］Joseph K, Reza V, Jakob P, Feirouz K, Gknur S. Exploring the Impact of User Preferences on Shared Autonomous Vehicle Modal Split：A Multi-agent Simulation Approach［J］. *Transportation Research Procedia*, 2019(37)：115-122.

［20］Firdausiyah N, Taniguchi E, Qureshi A G. Modeling City Logistics Using Adaptive Dynamic Programming Based Multi-agent Simulation［J］. *Transportation Research Part E: Logistics and Transportation Review*, 2019(125)：74-96.

［21］Shulga R N, Putilova I V. Multi-agent Direct Current Systems Using Renewable Energy Sources and Hydrogen Fuel Cells［J］. *International Journal of Hydrogen Energy*, 2019(4-6)：288-290.

［22］Teng F, Zhang H G, Luo C M, Shan Q H. Delay Tolerant Containment Control for Second-order Multi-agent Systems Based on Communication Topology Design ［J］. *Neurocomputing*, 2020(380)：11-19.

［23］Bonabeau E. Agent-based Modeling：Methods and Techniques for Simulating Human Systems［C］. *Proceedings of the National Academy and Sciences*，2002 (99)：7280-7287.

［24］Dijkstra J，Timmermans H. Towards a Multi-agent Model for Visualizing Simulated User Behavior to Support the Assessment of Design Performance［J］. *Automation in Construction*，2002(2)：135-145.

［25］綦伟琦.城市设计与自组织的契合［D］.同济大学,2006.

［26］Neil L. The Limits of Urban Simulation：An Interview with Manuel Delanda ［J］. *Architectural Design*，2010(4)：50-55.

［27］季民河,Michael M,Miguel A.基于多代理模型的城市土地利用博弈模拟［J］.地理研究,2009(1)：85-96.

［28］王泽中.基于行人仿真的步行空间设计策略研究［D］.哈尔滨工业大学,2018.

［29］张恒巍,张健,韩继红,等.一种基于动态循环筛选模型的指标体系建立方法［J］.火力与指挥控制,2015(4)：40.

2 研 究 基 础

本章将在上一章提出的内容概述基础上,从公共空间要素与使用者行为的关系和分类、公共空间的行为模拟和公共空间的品质诊断 3 个方面对相关领域的已有文献进行梳理和分析,进而探讨城市滨水公共空间行为模拟和诊断优化研究的关键环节和探索方向。

2.1 公共空间要素与使用者行为的关系和分类

2.1.1 空间环境与使用者行为的关系演变

行为地理学的发展促进了空间与行为的关系研究。20 世纪 60 年代,国外学者将社会的人引入地理学,突破了之前关于所有人的行为特性相同、个人对空间理解相同的传统假设,认为行为的结果也取决于个人对空间的认知[1]。20 世纪 70 年代初,城市环境中空间与行为的研究逐渐兴起,多关注于客观自然环境下人们如何通过自己的视觉、听觉等感知和界定自身活动空间与环境交互空间。20 世纪 80 年代,逐渐有学者开展空间与行为的关系研究,寻找特定空间的行为规律[2]。同一时期,行为地理学、环境心理学和城市意象等被引入中国。20 世纪 90 年代,微观行为受到重视,关注特定时间和空间的城市居民行为[3]。到 20 世纪末,研究从传统的"空间行为"转变为"空间中的行为",强调人对环境的认知会影响决策。近年来,研究进一步深入到日常生活行为与不同城市户外公共空间关系的探究,并将户外公共空间细分为邻里社区、商业街、公园、滨水区、地下空间等,将使用者细分为儿童、老年人、残障人士等特殊人群,研究主题也向公共健康、夜间感受和儿童通学等[4-6]多元化方向发展。

2.1.2 滨水公共空间要素和使用者行为分类

城市滨水公共空间与使用者行为的关系也大致遵循上述演变历程。由于场地位于水滨,要素与行为都带有滨水特质,复杂而多样,因此开展研究前首先需要对它们进行细致分类。

（1）滨水公共空间要素分类

城市滨水物质空间以空间要素作为基本组成构件,用以容纳使用者的行为活动,空间要素的形态和分布特征等直接影响使用者行为活动的质与量。已有研究对空间要素的分类主要包括 3 个层面,宏观和中观层面从城市系统、要素形态和位置进行分类,微观层面基于不同的视角,空间要素分类方式相对多样(见表 2.1)。

表 2.1 城市滨水公共空间要素分类梳理

尺度	分类考量	空间要素分类	文献来源
宏观	包括滨水区整体规划、空间定位、与周边区域关系等	功能要素、生态要素、景观空间要素、历史文脉要素、交通要素、安全要素	钱欣 孙鹏
中观	包括与城市滨水空间的形态和肌理密切相关的水体、岸线、绿化、道路、桥梁、建筑等要素	建筑、广场、道路、绿地、桥梁	李圣民
		水、堤、岸、路、桥	臧玥
		底面、侧界面、水面、桥梁、水岸、尺寸、形状、位置	赵志伟
		水、堤、岸、路、桥、滨水建筑	吴倩倩
		水体、岸线、护岸、道路、桥梁、绿化、建筑	杨戈
微观	与环境行为学和人体工程学关系更为密切,可以具体到与人关系最为直接的活动设施、配套设施的位置、尺度、质感等	水面与水质、景观绿化、活动设施、地面铺装	任雷
		步行走廊、绿化、座椅、灯具、标牌	塞西(Ceci)
		建筑、功能、设施、照明、道路、岸线	伊尔迪兹(Yildiz)
		广场、绿地、铺地、城市家具、建筑、灯光、指示牌、岸线	坎茨(Knatz)

国内学者的分类研究多集中于宏观和中观层面。钱欣[7]将滨水公共空间要素按照层级分为 6 个部分,即功能要素、生态要素、景观空间要素、历史文脉要素、交通要素与安全要素,针对滨水空间现状存在的问题提出滨水区设计的控制要素体系。孙鹏等[8]依据上述 6 大分类对胶州三里河公园进行要素分析,并对各类要素进行进一步的划分。臧玥[9]按照尺度将滨水要素

分成宏观、中观与微观要素 3 种类别,并对其中 5 类中观层面要素即水、堤、岸、路、桥等细致分析,得出中观尺度空间要素整合的准则,包括尺度感、亲水性、可达性、活力性与公共性。吴倩倩[10]在上述 5 类中观尺度要素的基础上增加了滨水建筑要素,关注到建筑在提供滨水公共服务方面的重要性。杨戈[11]进一步考虑了绿化对使用者行为的影响,将天鹅湖公园的滨水公共空间构成要素分为水体、岸线、护岸、道路、桥梁、建筑和绿化 7 个类别。臧玥、吴倩倩、杨戈 3 位学者的研究使得滨水公共空间要素中观层面的分类相对完善。

国外学者的分类研究更多涉及微观层面,更加紧密地结合城市滨水区的设计管控。坎茨(Knatz)[12]严格规范了洛杉矶滨水公共空间各类空间要素的设计,详细研究了绿地、广场、城市家具的类型,甚至是建筑的尺度、照明设施、照明形式,并且提出相应的导则规定。哥本哈根城市环境与技术管理中心(technical and environmental administration)对滨水岸线要素进行总结,提出改善岸线亲水性的具体模式。Yildiz 等[13]认为滨水区开发需要有可持续的城市设计导则进行规范,而建筑、功能、设施、照明、道路、岸线等要素内容是导则研究的重要组成部分。

(2) 滨水使用者行为分类

城市滨水公共空间的使用者行为类型多样,已有研究大致涉及慢行行为、驻留行为,以及体现滨水特征的亲水行为。

慢行行为源于"慢行交通",是把步行、自行车、公交车等慢速出行方式作为城市交通的主体,有效解决快慢交通冲突、慢行主体行路难等问题。因此,多数相关研究主要涉及交通问题,以满足可达、安全、绿色等基本交通需求为导向,探讨通行状况、系统规划和设计策略等。例如,刘莹[14]总结了慢行交通规划中存在的问题,以哈尔滨新阳广场改造为例提出人本位的慢行交通系统;冯悦[15]以新加坡圣淘沙滨海步行道为例,以可步行性为切入点,从空间环境、街道品质、导视设施 3 个空间层次出发优化滨水区慢行通行状况;邵瑜[16]总结了以人为本、生态优先、整体优化、差异性、延续地域文化这 5 个滨水绿道慢行空间的原则,提出慢行空间设计策略与空间要素组织方式。也有一些学者在满足基本交通需求的基础上,以慢行舒适为导向,从个体感知和行为活动的关系出发,探讨提升慢行行为舒适度的空间要素配置方式。例如,宰烨和恩实(Jae-Yeup & Eun-Sil)[17]通过研究滨水慢行行为与视觉感知刺激之间的关系,为滨水公共空间设施配置和组织方式提供参考;金硕珍(Seokjin)[18]通过对韩国 3 个城市滨水公共空间使用情况进行实地调研,发现主要滨水行为是休憩和锻炼,建议通过加强与文化、体育和休闲相关的基础设施建设,促进行为发生并激活滨水地区。

驻留行为是基于对环境的偏好或影响而产生的脚步放慢、逗留及交往等行为,真实反映了周边环境的友好程度,也最直接地反映了滨水公共空间的吸引力和活力。以驻留行为作为研究切入点的城市滨水公共空间研究近年来逐渐兴起,陈莉[19]关注驻留行为研究,以苏州河河口空间为研究对象,通过驻留行为的量化,提取驻留率、驻留量等指标开展城市滨水公共空间的诊断。韩琦[20]通过实地案例调研,对纽约巴特利公园进行研究,对影响滨水区内部驻留行为活动的空间要素特征进行定性分析。

亲水行为是指与水域环境结合的观赏、休闲、锻炼、娱乐等活动。丛磊和徐峰[21]从使用者心理感知与环境行为的角度出发,梳理出自然活动型、风景观赏型、休闲散步型、文化娱乐与纪念庆典活动型、锻炼运动型 5 类亲水行为,归纳影响亲水行为的堤防高度、天空开阔度等环境特征,并提出亲水性、安全性、地域性、舒适性、景观性、生态性与经济性的设计原则。张蕾与张伟明等[22]梳理寒地城市户外亲水空间的戏水、赏水、运动和认知活动,提出内容多变的观赏设施、形态丰富的体验设施、灵活布局的运动设施、形式多变的步道设施等户外亲水空间的建设原则。黄建华[23]从安全的角度探讨栏杆、警示等对亲水活动的影响。

上述理论为本研究架构了空间和行为的关系认知,在此基础上,从"公共空间的行为模拟"和"公共空间的品质诊断"两条线索进行文献检索。聚焦国内外建筑、规划和景观等领域,以 Web of Science 和中国知网(CNKI)分别作为国际和国内文献数据库,采用 OriginLab 软件统计文献数量的时间分布来呈现研究发展脉络,采用 CiteSpace 软件进行关键词共词分析以展现研究热点、进行文献聚类分析、总结研究前沿。之后,再针对重要议题选取相关文献进行精读和分析,找寻现有研究的问题或缺失,提出本研究值得探索的主要方向。

2.2　公共空间的行为模拟

以"滨水"或"waterfront"、"行为模拟"或"behavior simulation"为检索词进行检索,搜索结果仅有外文文献 2 篇,可见相关研究文献很少。以"行为模拟"或"behavior simulation"为检索词进行检索,再经过细致的人工筛选,获得相关外文文献 1 306 篇,中文文献 857 篇。

从文献的时间分布来看,外文文献在 2001 年前年文献量在 5 篇以内,

之后逐步上升,2014 年后每年均超过 100 篇,2019 年达到最多的年文献量
160 篇;中文文献在 2005 年前年文献量在 5 篇以内,之后稳步增长,2015 年
达到 60 篇,2016 年以来每年基本都在 100 篇以上。

从关键词共词分析来看,国外研究热点前 5 位依次为 simulation(模拟,
712 频次)、dynamics(动力学,419 频次)、model(模型,321 频次)、behavior
(行为,321 频次)和 space(空间,295 频次)等;国内研究热点前 5 位依次为
行人仿真(113 频次)、元胞自动机(103 频次)、社会力模型(94 频次)、行人
流(31 频次)和疏散(20 频次)等。

从外文文献的聚类分析来看,机动车的行为模拟是主导,如"♯0
safety"(安全),"♯5 driving simulator"(驾驶模拟),"♯8 traffic flow"(交
通流)和"♯10 mixed flow"(混合流)等聚类均与此相关。虽然少数文献涉
及步行行为模拟,但研究主流仍然是交通疏散行为,如"♯2 pedestrian
evacuation"(步行疏散)和"♯6 crowd behavior"(群体拥挤状态)。1990 年
出现的"♯4 multi-agent system"(多代理系统)与 2005 年出现的"♯3
agent-based modeling"(智能体模型),使不同群体的多样行为模拟成为可
能,给予行人粒子自主步行决策和路径选择的可能,支持行为模拟研究逐渐
从交通疏散行为向日常休憩行为拓展,从群体行为向个体行为拓展,从室内
空间向户外空间拓展。进一步从子聚类来分析,模型的构建与应用较为多
样,包括采用既有元胞自动机与社会力模型等模拟交通流量、扩展跟车模型
分析交通量影响因素、移动机器人模拟交通与人群动态等。2016 年出现了
"♯11 human-centered computing"(以人为中心的计算),开始更加关注"以
人为本"的模拟研究(见图 2.1)。

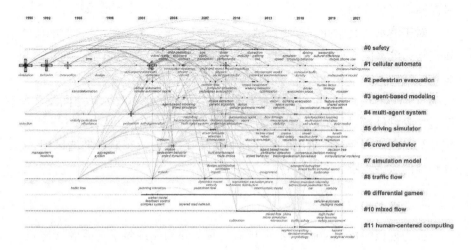

图 2.1 "公共空间的行为模拟"文献聚类分析

结合上述研究热点和趋向,以下对筛选出的国内外文献,从应用范畴、运行原则、模型建构和拟合方法 4 个方面对公共空间行为模拟的已有研究进行梳理和总结。

2.2.1 应用范畴

从行为模拟的应用范畴来看,国外研究更早地从小尺度的建筑空间和交通节点向大尺度的户外空间转变,关注历史街区、商业街和城市广场等不同属性、不同尺度的户外公共空间[24-26],并且逐渐从仅关注疏散行为向休憩行为拓展。例如,凯文(Kevin)等[27]通过调查户外休憩区域的行为特征,建立了综合景观资源、基础设施、休憩运动决策机制的智能体模型,模拟证明户外休憩行为常常遵循最短路径及加权路径;瓦伦汀(Valentin)等[28]通过模拟户外空间的热适应性行为,包括对炎热环境的活动速度调整、热吸引或排斥、视觉驱动路径转向等,建立了城市微气候中的行为模拟系统。国内对户外公共空间的研究多以线性商业街、封闭园区、大学校园等行为流线相对简单的空间为对象,模拟购物、游览、上下学等行为流程,对功能、空间或流线进行优化,以提高公共空间的使用效率,提升使用者的体验感受,并能确保活动过程的安全。例如,王德等[29]对青岛世园会方案开展个体行游轨迹的仿真模拟,预测参观者排队长度、人群密度等时空分布情况,以在参观人次众多时保证活动安全,提升游览体验;王硕[30]对北京南锣鼓巷景区的游人游览路线进行模拟,显示高峰时游人集聚预警,为景区管控提供数据支撑;陈志远等[31]通过对校园内下课时学生步行集散的实地调查,建立学生流微观仿真模型,分析拥堵区域,为优化道路规划、合理安排学生上课地点及时间等提供依据。

对于滨水公共空间的行为模拟,仅检索到 2 篇外文文献,且它们的关注重点均为滨水区人群高密度聚集状况下的安全疏散或游览体验。刘元雨和金田敏之(Liu & Kaneda)[32]针对 2014 年跨年夜上海外滩的踩踏事件,基于 ASPFver4.0 行人步行规则建立智能体模型,并模拟对比原有空间及 5 个改进场景,提出容量储备和合理路线规划等安全策略。西迪(Sidi)等[33]模拟了马来西亚古晋滨海景区的交通拥堵情况,以帮助游客避开拥堵区域,选择最佳的旅游线路。

2.2.2 运行原则

行为模拟的核心是运行原则,即对仿真空间和代理粒子关系的架构,一般来说包括概率原则和机制原则。概率原则指根据行为数据调查和统计来推算到达、路线选择、离开等行为的概率分布,模拟时需要假设其概率分布不变,因此适用于行为活动规则且稳定的场地。机制原则通过分析空间对行为的影响规律,赋予仿真空间要素和代理粒子相应的参数关系,从而使代理粒子依据影响规律做出行为决策。例如,在商业消费机制研究中,或是将流线分段,建立入口消费机制、回游消费机制等,使代理粒子遵循规则运行,模拟商业街入口和返流等消费行为[34-36];或是依据不同类型店铺对消费者的吸引力来设定三级、四级等权重级别[30,37],对代理粒子形成不同程度的吸引,从而引发其改变行程。

相比于概率原则,机制原则灵活性较高,更适合用于对随机行为的模拟,但是机制原则的探寻相对来说也更为复杂,并且不同场地要素和不同随机行为类型相互作用的机制原则可能差异较大,不能直接套用。在机制原则的研究中,已有文献多为针对诸如商业街消费行为那样的单一行为研究,针对复杂空间与多样行为相互交织的系统研究方法较少,需要做进一步探讨。一些机制原则的基础理论及应用举例如下。

(1) 环境知觉理论

环境知觉理论(environmental perception)作为环境心理学的一大重要分支,是研究人对环境的感知状况及接受环境中的信息数据并做出相关反应的心理学理论。在行为模拟研究中常用于不可避免的突发事件下,基于个人对环境的感知来分析疏散行为的时空动态变化,并利用行为模拟技术对其可能状态进行预判。例如,赵庆镇(Zoh)等[38]基于环境知觉理论,研究居民在核紧急情况下采取的紧急保护措施,并利用多代理行为模拟技术,构建了基于感知的紧急状态下人群行为模拟模型;许奇[39]基于环境知觉理论,以城市轨道交通站台集散乘客为研究对象,探讨基于拥挤感知的乘客站台集散行为动力学建模的方法。

大量研究表明,环境知觉理论的关注重点仍停留于人在各种条件下对环境的单向感知,无法深入呈现环境与行为的相互作用关系。因此,对于城市滨水公共空间这类空间环境要素与使用者行为关系密切、相互影响的场地,反映单向关系的环境知觉理论适用性不强。

(2) 视觉注意力理论

视觉注意力理论(visual attention)关注视觉环境对人群行为的影响,尤其是环境中的视觉刺激对行人行为选择的影响,以及行为活动和空间环境的相互作用关系。在行为模拟研究中常用于对商业设施的分析,探讨商店橱窗、店招等吸引行人视觉,从而引发走近、驻足或购物等行为活动。例如,连海涛[40]选择邯郸市天虹广场作为研究对象,基于视觉注意力理论,关注视觉刺激对行人购物活动的影响,赋予智能体粒子行为参数,提出了基于视觉注意力理论的智能体购物行为模型;李高梅[37]在此模型基础上,以石家庄勒泰中心为研究对象,以视觉注意力理论统筹刺激行人的各种视觉因素,对该商业街中的使用者休闲购物行为进行模拟,并以商业街中的店铺访问量为主要指标对商业街中各个店铺的空间活力进行评价。

总的来看,视觉注意力理论更多关注单一空间要素或少数空间要素对人群行为的影响,而城市滨水公共空间要素及人群行为较商业街更为复杂、多样,尺度也更大,人群行为受多种因素的综合影响。因此,基于视觉注意力理论对滨水公共空间复杂要素和使用者群体的互动关系进行模拟可能有一定的局限性。

(3) 游憩机会谱理论

20 世纪 60 年代,随着美国经济的繁荣,户外休闲游憩活动快速发展,与此同时,越来越多的学者开始关注并尝试对游憩地进行分类分区的管理和实践,因此产生了游憩机会谱理论(recreation opportunity spectrum,ROS),从游憩者的角度出发,对游憩地的各类游憩资源进行组合,提供游憩机会的序列。一方面,它是一种游憩资源管理工具,建立游憩地游憩资源清单,从宏观层面关注游憩环境资源可持续发展;另一方面,它也关注人们在游憩地的行为活动与游憩体验,为使用者提供合理的游玩建议。游憩机会谱的核心思想是将人群活动因子和环境因子(物质、社会和管理属性)有机组合的游憩机会序列,基本逻辑是"针对游客游憩的多样化需求,游客拥有根据其偏好选择环境及游憩活动的权利和机会"[41]。近年来,相关研究按照应用地域类型的不同逐渐细分,诸如森林游憩机会谱、滨水游憩机会谱,并逐步向中小尺度游憩空间拓展,也有少量研究与仿真模拟相结合。例如,沈义俊(Shen)[42]通过问卷调查分析了长岛海洋石林公园游憩机会的重要性及其影响因素得分,将公园内的资源分为自然资源、游憩资源和资源管理3 类,探讨各类资源对游客数据的影响,基于环境与游客的相互作用关系,建立了游憩机会谱的系统动力学模型,并在以往的游客数据基础上进行模拟,预测未来的游客数量分布。

以游憩机会谱为理论支撑的仿真模拟主要是从宏观、中观层面探讨环境与游客流量的关系,而从微观层面研究游憩地空间环境与个体行为活动关系的研究尚不多见。但是,游憩机会谱至少为本研究提供了多样空间要素与多种行为活动之间相互作用关系的理论基础。

2.2.3 模型建构

有了基础理论指导的运行原则,就可以开展模型建构。已有研究中涉及的模型多达 30 多种,常用的微观模型有移动效益、格子气、元胞自动机、磁力、社会力、排队网络、智能体模型等,有各自的优缺点以及适用领域(见表 2.2)。

表 2.2 常用的微观行为模拟模型

模型	优点	缺点	吸引作用	避让作用	反映个体行为特征	应用领域
移动效益	用网格内数值代表移动效用,简单直观	行人特征描述单一,体现局部效益最优而非整体最优	收益值	成本值	一般	行人流排队模拟
格子气	从单个行人的角度建模	没有考虑粒子之间的相互作用,较为粗糙	定义方向	运行规则	一般	行人流排队和路径搜索模拟
元胞自动机	计算速度快,能有效描述自组织现象	结果难预测,精度不高,很难呈现行人交通复杂现象	定义方向	运行规则	容易	汽车交通,公共空间中的行人行为模拟
磁力	定义排斥力,体现行人避让情形	过于理想化,无法描述行人行为细节	异极相吸	同极排斥	容易	行人流的排队和路径行为模拟
社会力	最佳动力学模型,细致模拟行人行为	很难对超高密度人群和行人碰撞进行模拟,粒子会重叠	期望速度	相互作用力	容易	公共空间中的行人行为模拟
排队网络	模拟排队时瓶颈效应,计算疏散时间	对移动、碰撞以及行人间相互作用等行为描述模糊	重力随机选择	优先权	一般	行人流的排队和疏散模拟
智能体	赋予粒子主观意志,可与其他模型结合	建模运算原理不明确,运算量较大	吸引点吸引力	运行规则及自定义	容易	公共空间中的行人行为模拟

相比较而言,社会力模型和智能体模型更加适合微观公共空间的行为模拟。社会力模型是最佳动力学模型,行人粒子受心理和物理的双重作用,更加接近社会的人,行为流程受驱动力、粒子之间排斥力、粒子与障碍物之间排斥力的共同作用,更加接近实际行为活动过程;缺点是智能性不够,很

难模拟超高密度人群和行人碰撞，粒子会重叠等。智能体模型能为行人粒子补充环境感知、交互感知和心理压力度感知等主观意志，能做到动力学模型很难做到的以数据驱动捕捉智能体的个性；缺点是没有明确的运算原理，需要反复推敲和演算，从而形成运行规则。

在建构模型时，大部分研究都是采用上述既有模型中的一种开展仿真模拟，模型的选择要求实际行为规律与模型自带的运行原则相匹配。而为了提高模拟的精准性，一些研究对单个既有模型进行了改进，从而使模拟结果与实际行为状态更加吻合。例如，陈琼蕙(Chiung-Hui)[43]基于视觉注意力理论，完善了智能体模型，用代理程序表示购物行为规则，在模拟消费者对橱窗的趋向行为时更加准确；宋筱(Song)[44]在模拟疏散行为时，基于非线性出口分配策略，改进了社会力模型，避免了代理粒子疏散时碰壁和出口容量失真等问题。

在上述研究基础上，当空间环境对行为活动的影响规律更为复杂，用单个模型可能无法表达时，少数研究尝试将不同模型进行组合，常常用于对复杂疏散行为的模拟。为了提高粒子运行的自主性，组合模型中常常包含智能体模型。例如，宇野惠介和樫山和男(Uno & Kashiyama)[45]在洪涝灾害疏散模拟中，分别用地理信息系统(Geographic Information System，GIS)数据进行环境建模、智能体模型模拟灾害疏散、虚拟现实技术展现灾民感受，GIS成为对洪涝灾害时疏散分析的有效工具；唐方勤等[46]提出多层协作的疏散模拟方案，采用智能体、GIS和元胞自动机组合模型构建人员描述层、建筑环境层与驱动转换层，研究显示模拟结果与实测值和经验公式值较为符合。

上述模型建构虽然已经涉及滨水公共空间，但是仍然关注灾害时的疏散行为模拟，契合滨水休憩行为的模型建构方法仍需要进一步研究。但是可以看到，社会力模型与智能体模型将可能有助于滨水相关模型的建构。

2.2.4 拟合方法

初步建构模型之后，拟合是最为关键的环节，即判断模型运行的仿真情境是否贴合实际调研的活动场景，以验证模型的可靠程度。

多数拟合分析常常是对模拟与实测结果的行人分布状况、流量、轨迹或步态等图示的直观对比。例如，黄中意[47]提出了考虑迈步特性的行人运动双足模型，将模拟结果与采集的不同速度、不同转向角下的行人步态进行拟合，通过图示的直观对比拟合了单步长、单步时长、脚踝扭转角和转向角的关系；陈志远等[31]建立学生流微观仿真模型，通过学生累计数量-时间关系折线图的直观对比，分析拥堵区域。上述研究虽然可以获得两者是否匹配的大致关系,但是拟合是否有效很大程度上依赖于研究者的经验推断。

在定性拟合主导研究的基础上,也有一些研究对模拟与实测数据开展了量化拟合分析,但是主要关注公共空间整体人流量的量化拟合分析,缺乏对空间局部和特定要素的量化拟合方法,因此拟合后的模型在细节方面的贴合度仍然不高。例如,郭昊栩等[48]建立了宏观行为模型,对商业空间人流进行模拟,应用 Depthmap 和 SPSS 软件对不同空间组织模式下的购物中心加以拟合分析,虽然模型对总体空间的人流分布预测较好,但是对各层人流分布的预测准确度一般。

少数研究将定性与定量拟合分析相结合,一定程度上提高了拟合结果的准确性。例如,朱玮等[49]将上海市南京东路现场消费者活动过程和多代理模型做比较,对不同活动和各街道段的消费者数量随时间变化的折线图走向、峰值、拐点等进行直观对比;同时,对商店消费者人次和延时采用散点图和数理统计进行量化分析。研究对消费者活动的总体数量级和趋势拟合较为精准,但是由于缺少局部空间分析,对通行步行行为、非步行街道段、单个商店等的模拟结果拟合仍然欠佳。

针对滨水复杂要素和多样行为,定性拟合方法可能无法做到精细检验。因此,定量拟合分析的纳入十分必要。

2.3 公共空间的品质诊断

以"滨水"或"waterfront"、"步行行为"或"walking/pedestrian behavior"为检索词进行检索,搜索结果为外文文献 11 篇,中文文献 8 篇,文献数量较少。扩大检索范围,以"建成环境"或"built environment"、"公共空间"或"public space"、"步行行为"或"walking/pedestrian behavior"、"评价"或"evaluation/assessment"、"影响"或"influence"为检索词进行检索,再经过细致的人工筛选,获得相关外文文献 1 171 篇,中文文献 125 篇。

从文献的时间分布来看,外文文献 2000 年前数量很少,年文献量不足 5 篇,2000—2008 年文献量逐步增多,2008 年有 34 篇,之后文献量增长较快,2019 年达到最多的年文献量 221 篇。中文文献 2002 年前数量很少;2002—2011 年的年文献量逐渐由 5 篇增长至 26 篇;之后快速增长,最多的年文献量为 2015 年的 129 篇;近年来每年都稳定在 120 篇左右。

从关键词共词分析来看,国外研究热点前 5 位依次为 environment(环境,787 频次),walking(步行,702 频次),physical activity(体育活动,651 频次),behavior(行为,508 频次)和 health(健康,289 频次)等;国内研究热点分散,频次较为接近,前 5 位依次为公共空间(45 频次),街道(30 频次),空间句法(28 频次),行为心理(28 频次)和老年人(21 频次)等。

从外文文献的聚类分析来看,随着空间与行为关系认知的逐步深化,研究主题从普通步行行为发展到"♯5 school travel mode choice"(通学模式)和"♯3 physical activity"(体育活动)等。子聚类显示研究主题细化为无障碍、舒缓压力、可移动性等,研究人群细分为儿童、青年、老人、残障人士等,表明研究向纵深发展。研究关注户外公共空间对步行行为的影响和评价,包括"♯2 ecologic milieu"(步行行为与生态环境的关系)、"♯8 demographic difference"(步行行为与人口分布的关系)、"♯4 interactive effect"(互动效应)、"♯1 walk score"(步行指数评价)等。行为模拟作为新技术被引入研究中,2003 年出现了"♯0 agent-based walking model"(多代理步行模型),开始运用多代理模型研究疏散行为,2017 年又出现了子聚类社会力模型等,通过公共空间使用状况的仿真模拟推动研究向可视化和精细化发展(见图 2.2)。

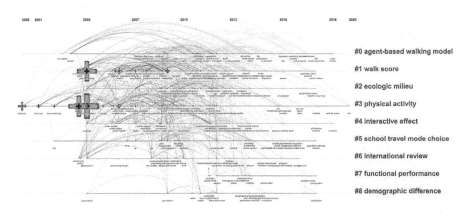

图 2.2 "公共空间的品质诊断"文献聚类分析

结合上述研究热点和趋向,对筛选出的国内外文献,从现场诊断、非现场诊断、诊断新方法和新技术、品质诊断指标和分析这 4 个方面对公共空间品质诊断的已有研究进行梳理和总结。

2.3.1 现场诊断

公共空间品质诊断的深度和细致度有赖于场地数据收集的方法与质量。现场诊断是较为传统的研究方法,是指根据现场人工调研的数据进行问题诊断。

现场诊断的数据收集方式经过了长时间的积累和更新,较为多样。国外从 20 世纪 60 年代起就有问卷、行为地图、跟踪、录像等多种人工调研方法[50-52],直观有效,但费时费力、样本量小、连续性弱,难以准确把握空间与行为的关系。之后,一些新工具被逐步引入,如红外线传感器、手持式全球定位系统(global positioning system,GPS)、Wi-Fi 探针、可穿戴设备等[53-54],数据更加精细,可以实时记录,连续性强,但有时会因受试者配合度低而导致数据缺失。

现场诊断方法较为典型的包括使用后评估(post-occupancy evaluation,POE)和 PSPL 调研分析(public space and public life survey)。

(1) 使用后评估

使用后评估始于 20 世纪 60 年代初的环境心理学和环境行为学领域,是一种通过系统而严密的诊断过程对建成环境的空间绩效和性能进行诊断的方法。国外将使用后评估的研究方法分为十大类,包括问卷调查、访谈、行为观察、参与性观察、量表分析、实验分析、影像分析、认知地图、行为痕迹分析、档案资料分析等。国内则常常根据研究目标采取其中部分研究方法相结合进行使用后评估。使用后评估在建筑领域主要涉及建筑能耗及空间使用、环境行为学循证设计分析、可持续空间等[55]。目前,针对滨水公共空间的研究主要包括滨水步行环境使用后评估、城市滨水公园使用后评估、滨水空间再生设计,以及热舒适环境使用后评估[56-59]等,研究多以单一问题为导向,尚未形成完整体系,且诊断结果较少能反映到设计中去。

(2) PSPL 调研分析

PSPL 调研分析是由盖尔(Gehl)提出的一种针对城市公共空间品质与居民公共生活状况的现场诊断方法,诊断的核心为空间中的人与活动[60]。盖尔指出,城市街道空间品质的诊断标准并不在于街道上的行人数量,而是使用者在空间中的行为类型、视线状况及停留的时间长度。因此,PSPL 调研分析包括公共空间物质环境和公共生活两个部分,前者关注空间质量、空间尺度、沿街立面等,后者侧重使用者的出行方式、流量、驻留活动等,通过了解公共空间中活动的质量,为公共空间设计与改造提供支撑。PSPL 调研分析由地图标记、现场计数、实地考察、访谈 4 种方法构成,它们相互补充,获得较为完整的信息与数据,使空间环境的实际使用状况可以从多角度呈现,空间使用问题也易于凸显。这种方法适用于街道、广场、公园、滨水等各类公共空间[61-64]。

2.3.2 非现场诊断

非现场诊断即不用开展现场调研即可获得数据以供深入分析。非现场诊断方法的有效性依赖于数据的精准获取，可以借助网络数据和空间模型等。2000年之后，多源数据兴起，范围广、时段全，为时间维度的记录、模拟、重演提供了支撑，如交通数据和定位数据反映了市民出行行为与空间、时间的关系，用于支持动态分析[65-66]，但由于仅能获取现在与过去已经发生的数据，所以只能对现有场地的使用状况进行分析，并且精度有限，缺失个体行为细节的信息，因此主要用于宏观与中观层面的研究。例如，王伟强和马晓娇、周广坤和林轶南、王鲁帅[67-69]分别通过多源数据对上海市黄浦江滨水公共空间活力进行了评价，研究偏中观层面。

非现场诊断方法根据其诊断数据类型的差异，大致可归纳为空间环境诊断、行为活动诊断、"空间-行为"诊断等。

(1) 空间环境诊断

传统空间环境诊断主要借助规划指标、人口信息、年鉴、经济专项等统计数据，进行宏观和中观尺度的诊断。前者如曾佑海[70]、徐林和曹红华[71]通过绿化覆盖率等数据分析城市空间生态品质，后者如李建伟和刘兴昌[72]、张悦和郭海[73]分别提取机动车路网密度和地块容积率信息，从道路可达性、开发强度等角度对城市滨水公共空间进行诊断。由于这些统计数据的时间跨度多以"年"，甚至"十年"为单位，数据精度有限，且实时更新效果较差，导致诊断结果有误差和滞后性。

随着互联网电子地图服务与LBS(location based service)应用的普及，以兴趣点(points of interest，POI)、网络点评为主的空间数据和以街景照片、道路网络为主的地理信息数据迅速得到发展。这些数据更新频率快、数据量大，为城市公共空间的诊断提供了更具时效性和准确性的数据。例如，陈蔚珊等[74]和卢晓晨(Lu)等[75]分别以广州和济南商业空间网络为例，提取商业中心、购物与餐饮场所的POI数据进行核密度分析，解析不同零售业态对商业集聚的区位选择具有显著差异性的原因，以及影响商业网点现状布局的因素。对于街道全景图数据，可以通过卷积神经网络(convolutional neural networks，CNN)和深度置信网络(deep belief nets，DBN)等进行机器学习，识别街道空间环境要素，获得街景绿视率、天空可见度、建筑立面、步行道空间、道路机动化程度、界面多样性等街道空间特征。例如，徐磊青等[76]通过百度街景图片的安全感评定，梳理对安全感起显著作用的绿视率、管理程度、车道数等街道空间要素。道路网络数据可以借助公开地图(OpenStreetMap)等开源地图获取，与空间句法(space syntax)相结合，为空间量化研究提供数据支撑。例如，麦考马克(Mccormack)等[77]通过加拿大卡尔加里街道网络的空间句法分析，形成街道整合度与可步行性指标等，对道路网络进行诊断。

(2) 行为活动诊断

行为活动诊断的研究对象为空间环境中的人群,主要通过手机信令、GPS 数据、LBS 数据、百度热力图等位置数据,统计人群的出行活动信息,再通过分析不同时长、不同时段的通行和驻留活动信息来评价公共空间的使用状况。

手机信令、LBS 和 GPS 分别通过手机使用者与运营商基站之间的通信数据、无线电信网络与外部定位,以及全球卫星导航定位系统采集居民的静态或动态信息,获得广域、实时的居民交通出行、行为活动数据,结合地理信息系统进行数据计算与可视化分析。百度热力图基于网络大数据、借助可视化分析技术形成的百度平台产品,通过 LBS 数据采集、空间处理,形成不同人群聚集度的热力地图。例如,付益帆等[78]结合空间句法与 LBS 大数据对杭州市公园的使用强度、可达性进行诊断。

(3) "空间-行为"诊断

随着研究的进一步拓展,有些学者将上述两种非现场诊断数据结合,形成"空间-行为"的关联性诊断。例如,尹衍群等[79]结合空间句法与百度热力图对历史街区各部分空间的活力进行诊断,计算最佳游览范围;康勇俊(Kang)等[65]通过 GPS 数据对社区的休闲步行行为进行诊断,分析住宅单元密度、交叉口密度等建筑环境特征与居民步行行为的内在联系。

针对城市滨水公共空间的诊断既有基于调查、使用后评估的现场诊断,也有基于空间环境、行为活动、"空间-行为"结合的非现场诊断。多数研究更加重视物质空间环境,少数研究则关注使用者行为,甚至把空间与行为两者结合起来进行研究,而这些研究多停留于宏观和中观层面。

2.3.3　诊断新方法和新技术

更丰富的调研方法和数据来源也推动着更多诊断新方法和新技术的涌现,从而获得对城市公共空间的多元化的分析方法。较早开始运用的专家打分法[80]依托多位相关研究方向的学者和实践者,借助他们的经验对问卷进行打分与评价,将各种难以定量化处理的指标通过打分法转化为可定量归纳的诊断数据,从而合理估算空间要素的影响力;李克特量表(Likert scale)[81]通过被调查者对于每个设问多类陈述的选择,获得受试者的分项得分与总分,呈现人们对公共空间局部和整体的评价结果;语义差异法(semantic differential)[82]让受访者将自己的心理感受进行解释,获得人们对要素的心理分级评价。此外,还出现了显示性偏好法(reveal preference method)[83]和叙述性偏好法(state preference method),常用于对街道、广场等城市公共空间进行评价。显示性偏好法注重真实环境,但难以量化环境因素对步行行为的影响;叙述性偏好法考察非真实环境,通过预设实景图片、轴测图片或虚拟现实场景,让受试者打分,可以准确测算出空间要素对步行行为偏好的影响程度[84-86]。

近年来,一些研究强调对实际场景的仿真呈现,将虚拟现实和行为模拟等新兴技术运用到研究中。虚拟现实技术支持对实际空间环境的展现,为受试者提供沉浸式体验,常用于寻路实验、空间视觉认知、社会效用测度[87-88]等;行为模拟技术支持对实际空间环境和行为活动的仿真,通过预设的行人代理粒子在仿真环境中的运行,可以真实呈现实际空间环境中的自组织行为状况,实现全时动态模拟、分项场景展示、未来情境预演等,结果既可以辅助现状空间使用效率的评价,也能为未来空间使用状况的评估提供依据。

2.3.4 品质诊断指标和分析

依据场地空间要素和行为特征,可以选择合适的诊断方法和技术,对公共空间的使用状况进行诊断,当然首先需要确立诊断尺度以及诊断视角、维度和指标。

(1) 诊断尺度

宏观、中观与微观3类诊断尺度的关注点不同。宏观和中观尺度的诊断主要关注空间中的人群活动状况,对人群的分布情况进行分析,如刘博敏[89]借助宏观行人密度大数据,分析了秦淮河滨水区城市活力的动态时空模式;赵庆镇(Zoh)等[38]以首尔滨水公共空间为例,将活动人数和密度等大数据作为参考,通过相关性分析获知游客行为驱动因素。微观尺度的评价主要关注个体行为状况,依托行为地图、跟踪等传统调研方法,或是 GPS、红外线传感器、Wi-Fi 探针等新技术,获得步行行为轨迹的实时记录并进行分析[53-54]。

(2) 诊断视角、维度和指标

诊断视角包括空间视角和行为视角,不同的诊断视角决定了诊断指标的不同取向。从空间视角出发的研究更多关注物质环境要素,诊断维度主要参考塞维罗和科克尔曼(Cervero & Kockelman)[90]提出的密度、多样性、设计的 3D 维度,以及在此基础上尤因(Ewing)[91]引入目的地可达性、交通距离而形成的 5D 维度。诊断指标以空间要素的面积、尺度、数量等静态指标为主,如卡米诺西特[92]和芦原义信[93]分别对广场尺寸、街道高宽比进行研究,提出面宽比、高宽比等空间界面特征指标;比尔·希列尔(Bill Hillier)提出空间句法理论,建立对空间形态的量化描述体系,形成连接度、集成度、深度值等形态分析变量。

　　随着对人本的关注,从行为视角出发的研究逐渐受到重视,诊断指标面向空间要素和使用者行为两个方面,通过两者的关系分析为空间使用状况的诊断提供基础(见表2.3)。近年来,行为视角的研究逐渐引入了对行为过程的诊断[94],即对一段时间内的连续行为过程进行评价,相应地出现了设施重访率、人群数量波动指数等诊断指标。它们与行人数量、分布密度等瞬时性诊断指标相结合,可以更加全面地诊断使用者的动态行为过程。

表 2.3　行为视角的公共空间诊断指标梳理

行为	研究对象	诊断指标	空 间 变 量	空间-行为关系分析方法	文献来源
步行	通行活动 轨交站点	绕路系数	街区边长、街区尺度、街区数量、道路密度、交叉口数量、交叉口密度、路段节点比、红绿灯等候时间	相关性分析、交互分析、李克特量表法	陈泳和何宁
		步行等候系数			
		步行心理			
	休闲步行 城市步行环境	出行特征	公交可达性、商服设施可达性、路网便捷性、通行安全性、社会治安、环境舒适性	统计法、相关性分析、李克特量表法	陈泳和毛婕
		步行意愿			
		步行环境满意度			
驻留	消费活动 商业街	活动密度	人行道尺寸、店面密度、透明度、开敞度、座椅设施总长	线性回归分析	徐磊青和康琦
	游览活动 园林空间	分布密度	可达性、空间转换关系、驻点面积、景观丰富度、休憩设施	聚类分析	丁绍刚
		人均密度			
		驻点密度			
		驻点分布律			
		驻点吸引力			
		驻留率			
	游憩活动 滨水公共空间	驻留线密度	空间吸引力、岸线、基面、设施要素	相关性分析	杨春侠和邵彬
		驻留面密度			
		驻留量			

续 表

行为		研究对象	诊断指标	空间变量	空间-行为关系分析方法	文献来源
驻留	停驻活动	历史街区	停驻强度	街道与建筑形态、过渡性临街空间、底层沿街空间特征、建筑材质与色彩、商品陈设	计算机学习、相关性分析、因子旋转、多元线性回归	张章和徐高峰
商业	消费活动	商业街	消费路径	空间距离、地块相邻、步行街、联络通道	多项分对数模型	朱玮和王德
			消费内容			
			消费金额			
		商业区	行人数量	设计元素、路网形态、建筑设计、交通方式、业态混合	GPS实验、相关性分析	咸元瑛 (Hahm)等
			停留时间			

总体来看,已有文献的诊断维度和指标多样而分散,针对休闲空间,大致可以梳理出通行、驻留、活力等维度,以及若干空间与行为、静态或动态的指标,为城市滨水公共空间综合诊断指标体系的建立提供参考[95](见表2.4)。

表 2.4 休闲空间品质诊断视角、维度和指标梳理

诊断维度	一级指标	二级指标	诊断视角	文献来源
通行	外部可达性	街巷密度、通行宽度、开放界面长度、人行网络可达性	空间	博斯特(Borst)等;尤因(Ewing)等;赫斯(Hess);奥古斯塔(Augusta);邢谷锐等
		视觉走廊、视觉延续性、视觉可达性	行为	劳罗(Rauno);黄翼
		步行距离、步行时长、绕路系数、步行等候系数	行为	伟默(Weimo)等;康勇俊(Kang)等;盖尔(Gehl);陈泳等
	内部通畅性	无障碍性、岸边高度、活动性	空间	汀(Ting)等;劳罗(Rauno)
		通行人流量、行人流密度、通行速度、出入口不均匀度	行为	弗洛因(Fruin);威廉(William)等
驻留	群体驻留性	亲水度、设施完善度、混合度、密度、驻点数量、面积、分布率、驻点量比	空间	奥古斯塔;劳罗(Rauno);张悦等;丁绍刚

续　表

诊断维度	一级指标	二级指标	诊断视角	文献来源
驻留	群体驻留性	驻留量、驻留率、停留活动复合度、停留活动密度、停留活动均匀度、停驻强度、驻点人群分布密度、凹凸岸线线密度	行为	郑丽君;张章等;杨春侠和邵彬;徐磊青和徐梦阳;杨春侠等;丁绍刚
		广场有效停留系数	行为	徐磊青等
	个体驻留性	驻留活动类型、娱乐活动多样性	行为	汀等;张章等
		驻留次数、驻留时间	行为	咸元瑛等;杨春侠等
活力	整体活力	公共空间密度、系数、空地率、空间利用率	空间	徐磊青等
		人群数量、人群密度	行为	何智英等;齐梦
		人群数量波动指数	行为	张露
	局部活力	设施访问时长、访问率、访问量、重访率	行为	亚历山大;朱玮和王德

(3) 滨水公共空间诊断尺度、视角、维度和指标

文献检索出少量面向城市滨水公共空间诊断的研究。诊断尺度偏向宏观和中观层面,诊断视角主要为静态的空间诊断。诊断维度方面,宏观层面的诊断维度主要包括空间的区位性、交通性、功能性以及基于空间句法的空间结构性;中观层面的诊断维度主要包括安全性、可达性、连通性、亲水性、文化性和生态性6个方面;微观层面的诊断维度主要涉及滨水座椅、景观小品等空间要素的设施水平。诊断指标则根据诊断维度的不同差异较大(见表2.5)。

表2.5　城市滨水公共空间诊断尺度、视角、维度和指标梳理

诊断尺度	诊断维度	诊断指标	诊断视角	数据获取	文献来源
宏观	区位性	与市中心距离	空间	实际步行距离	代佳每
	交通性	公交站点密度、路网密度	空间	百度地图、现场调研	李建伟等

续 表

诊断尺度	诊断维度	诊断指标	诊断视角	数据获取	文献来源
宏观	结构性	全局整合度、局部整合度	空间	空间句法分析	董姣姣等；徐婉庭等
	功能性	建筑密度、开发强度、POI核密度	空间	POI大数据、城市用地信息	王伟强等；张悦等
中观	安全性	防汛墙安全、救助设施布局、夜间照明率	空间	现场调研	周广坤等；奥古斯塔
	可达性	交通设施站点布局、开放界面长度、人行网络可达性	空间	现场调研	周广坤等
	连通性	周围建筑物高度	空间	现场调研	奥古斯塔
		视线可达率、内部慢行通道贯通度	行为	现场调研	奥古斯塔
	亲水性	水的亲近、护岸类型	空间	问卷、现场调研	李建伟等
		亲水度、线密度	行为	问卷、现场调研	杨春侠等
	文化性	互联网关注度、遗存建筑保护再生、展示教育	空间	问卷	黄翼
	生态性	河岸特征、水体特征、生态走廊、自然栖息环境连续度、多样绿化措施	空间	问卷、现场调研	周广坤等
微观	设施水平	座椅设施密度、景观小品丰富度、儿童设施多样性	空间	现场调研	王海洋；苏日等

2.4 现有研究局限与突破方向

2.4.1 现有研究局限

在公共空间的行为模拟方面，以人为中心的行为模拟是研究前沿。但是，从应用范畴来看，已有文献主要关注交通疏散行为的模拟，针对日常休憩行为的研究很少，主要面向建筑室内场所，鲜有针对大型城市户外公共空间的研究,针对城市滨水公共空间的研究更是少之又少;从运行原则来看,相比于概率原则,机制原则更适合模拟休闲行为,但现有机制原则大多针对单一休闲行为,或是人对环境、环境对人的单项影响,针对复杂空间与多样行为相互交织的机制原则的系统研究方法较少;从模型建构来看,主要借助既有模型或是在既有模型基础上进行改进,少数研究尝试构建组合模型来模拟复杂疏散行为,但是对休闲公共空间中的随机行为活动缺少成熟的组合模型构建手段;从拟合方法来看,主要采用行为模拟图示与实际场景图示的直观对比,缺乏对模拟与实测数据的量化对比,关注总体空间中整体人群分布的比较,缺少对公共空间局部和特定要素的量化拟合分析。

在公共空间的品质诊断方面,随着公共空间类型、行为个体、行为研究主题等向多元化发展,城市公共空间品质诊断的研究方法也越来越多样。从现场诊断来看,经过长时间的研究积累和更新,调研与诊断方法多样,但是费时费力,样本量小,难以全方位把握空间与行为的关系;从非现场诊断来看,多源数据的兴起提升了数据获取的效率,但是往往精度有限,缺失个体行为细节的信息,对微观层面的研究支撑不足,也缺乏空间与行为的关联研究;从诊断新方法和新技术来看,近年兴起的偏好法、虚拟现实和行为模拟的加持,为空间对行为的量化影响、空间中的行为活动仿真等提供了可能,可以有效辅助现状空间使用效率的评价,也能为未来空间使用状况的评估提供依据,但是需要深耕;从品质诊断指标和分析来看,诊断尺度从宏观、中观尺度向微观尺度拓展,更加关注个体行为状况,诊断视角从空间视角向行为视角拓展,但是不同文献采用的评价指标与方法多样而分散,难以形成对公共空间全方位综合评价的系统框架。

当研究指向滨水公共空间这一特定对象时,空间复杂性和行为随机性增加,因此迫切需要对空间与行为关系的不同研究方法进行整合与优化,并进行关键环节的探索。

2.4.2 如何更精准地掌握滨水公共空间使用者的行为偏好

上述研究表明,结合场地调研的偏好法是专门针对行为偏好的研究方法,但以个人陈述和经验判断为依据;行为模拟可以直观地呈现空间对人的影响,但需要有准确的空间与行为交互关系作为运行原则。因此,可以将偏好分析与行为模拟相结合,通过偏好分析获取使用者的个人判断,用行为模型开展基于行为偏好的模拟与拟合,更加精准地掌握滨水公共空间要素影响行为偏好的规律。

2.4.3 如何使行为模拟过程更加贴近使用者行为活动状况

行为模拟模型的运行过程能否真实反映空间中的实际行为状况,仿真情境与实际场景的拟合是关键。但是,两者的拟合是许多文献研究的薄弱环节,往往较多地采用定性拟合方法,过分依赖研究者的个人经验判断。因此,需要加强量化拟合措施,并将量化拟合分析应用于公共空间整体、局部以及特定要素等多个方面。考虑到城市滨水公共空间中的使用者主要受到空间要素吸引点的吸引而改变行为类型或行为轨迹,因此可以将各吸引点附近的驻留量实测与模拟数据作为公共空间节点量化拟合的依据,进行数理分析,提高模型的拟合度,从而使仿真情境更加贴近实际场景。

2.4.4 如何对滨水公共空间的使用状况进行更精细的诊断

上述研究将滨水使用者行为归为慢行、驻留和亲水 3 类。行为视角的公共空间诊断梳理出步行、驻留、商业 3 类维度,其中步行、驻留与本研究相关(见表 2.3);休闲空间品质诊断梳理出通行、驻留、活力 3 类维度,均与本研究相关(见表 2.4)。综合来看,慢行与步行可以并入通行研究;驻留在几项研究中均有涉及;而亲水活动是滨水公共空间因特殊区位有别于其他城市腹地公共空间的特有活动,能反映滨水休闲空间品质的活力。因此,从通行、驻留和亲水等方面梳理诊断维度,有可能对城市滨水公共空间的全方位诊断提供依据;同时,参照上述研究,纳入指标时兼顾外部与内部、群体与个体、整体与局部,希望提供更加精细的诊断结果。

2.5 小 结

本章首先探索了空间环境与使用者行为的关系演变,并对滨水公共空间要素和使用者行为进行了细分。然后,以 Web of Science 和中国知网分别作为国外和国内文献数据库,采用 OriginLab 和 CiteSpace 软件作为辅助研究工具,从公共空间的行为模拟和公共空间的品质诊断两个方面对相关领域的已有文献进行梳理和归纳,总结研究的热点和局限。最后,总结已有研究的局限,并指出当研究指向城市滨水公共空间这一特定对象时,空间复杂性和行为随机性会增加,因此从精准探寻滨水使用者的行为偏好、提升量化行为模拟拟合方法、确定适合滨水公共空间的诊断指标 3 个关键环节提出了初步的探索方向。

参考文献

［1］柴彦威,颜亚宁,冈本耕平.西方行为地理学的研究历程及最新进展[J].人文地理,
    2008(6)：1-6,59.

［2］Williams A. Behavioral Geography, Cartography, and Spatial Cognition：A review
    essay[J]. *Geo Journal*, 1997(3)：294-296.

［3］Yanwei C, Na T, Jing M. The Socio-spatial Dimension of Behavior Analysis：
    Frontiers and Progress in Chinese Behavioral Geography[J]. *Journal of Geographical
    Sciences*, 2016(8)：1243-1260.

［4］钱芳,金广君.健康导向下的城市滨水区空间设计探讨[J].城市建筑,2010(2)：
    23-26.

［5］Karin M, Gerald R, Gernot L. Impact of Urban Street Lighting on Road Users'
    Perception of Public Space and Mobility Behavior[J]. *Building and Environment*,
    2019(1)：32-43.

［6］Curtis C, Babb C, Olaru D. Built Environment and Children's Travel to School
    [J]. *Transport Policy*, 2015(8)：21-33.

［7］钱欣.城市滨水区设计控制要素体系研究[J].中国园林,2004(11)：28-33.

［8］孙鹏,赵岩,刘金海.城市滨水区设计的控制性要素分析：以胶州三里河公园为例
    [J].林业科技开发,2008(1)：112-116.

［9］臧玥.城市滨水空间要素整合研究[D].同济大学,2008.

［10］吴倩倩.三河古镇小南河滨水空间要素整合研究[D].合肥工业大学,2012.

［11］杨戈.基于聚类分析的湖泊型公园滨水空间与游憩行为的关联性研究[D].合肥工
    业大学,2018.

［12］Knatz G. Port of Los Angeles[J]. *Inbound logistics*, 2012, 32(1)：462.

［13］Senlier N, Salihoglu T, Yildiz R. A Comparative Investigation of Spatial Organization
    and Industrial Location Interaction in Context of the Automotive Industry[J]. *Gazi
    University Journal of Science*, 2011(3)：573-584.

［14］刘莹.城市滨水区空间形态分析[D].天津大学,2004.

［15］冯悦.基于可步行性体验的滨水慢行空间设计：以新加坡圣淘沙跨海步行道为例
    [J].装饰,2017(8)：130-131.

［16］邵瑜.滨水绿道慢行空间规划设计方法探讨[J].现代园艺,2021(20)：111-114.

［17］Jae-Yeup Y, Eun-Sil C. A Fundamental Study on Sequence Landscape Analysis in
    Terms of Waterfront Walking Space[J]. *Journal of Basic Design & Art*, 2013
    (14)：77-86.

［18］Seokjin K. A Study of Analysis of Present Condition and Users' Behavior on
    Waterfront in Local City-focusing on Nam River, Taewha River, Gumho River
    [J].*Journal of the Korean Institute of Rural Architecture*, 2014(14)：53-62.

［19］陈莉.桥梁及两岸城市慢行驻留空间的体系建构研究：以上海市苏州河河口地区
    为例[D].同济大学,2013.

［20］韩琦.基于慢行驻留的城市滨水区设计研究[D].同济大学,2016.

［21］丛磊,徐峰.现代滨水场所建设的关键：亲水规划设计[J].农业科技与信息(现代园

林),2007(6):26-29.

[22] 张蕾,张伟明,林华.寒地城市户外亲水设施规划设计[J].装饰,2012(11):120-122.

[23] 黄建华.基于安全角度的城市公园亲水空间游人环境行为分析[J].安徽农业科学,2014(19):6290-6291,6477.

[24] Chen Y, Yang J. Historic Neighborhood Design Based on Facility Heatmap and Pedestrian Simulation: Case Study in China[J]. *Journal of Urban Planning and Development*, 2020(2):1-12.

[25] Fujii N, Kaihara T, Nonaka T, Nogami S. Layout Design by Integration of Multi-agent Based on Simulation and Optimization Application to Underground Shopping Streets[J]. *Advances in Information and Communication Technology*, 2014(404):375-382.

[26] Onishi M, Hamada T, Kasuya T. Human Behavior Observation and Pedestrian Flow Simulation for Improving an Existing Underground Plaza[C]. *Advances in Underground Space Development*, 2013:2.

[27] Kevin M, Matthias B, Felix K, Silvia T. Nearby Outdoor Recreation Modelling: An Agent-based Approach[J]. *Urban Forestry & Urban Greening*, 2019(40):286-298.

[28] Valentin M, Valeria V K, Peter M A S. Models of Pedestrian Adaptive Behavior in Hot Outdoor Public Spaces[C]. International Conference on Computational Science, Zurich, Switzerland, 2017.

[29] 王德,王灿,朱玮,鲁洪强,王召强等.基于参观者行为模拟的空间规划与管理研究:青岛世园会的案例[J].城市规划,2015(2):65-70.

[30] 王硕.基于 GIS 的景区游人游憩模型及可视化系统[D].北京交通大学,2018.

[31] 陈志远,杨帆,朱萍,顾杰.基于 Anylogic 的校园行人流研究分析[J].江苏科技信息,2019(11):63-67.

[32] Liu Y, Kaneda T. Using Agent-based Simulation for Public Space Design Based on the Shanghai Bund Waterfront Crowd Disaster[J]. *Artificial Intelligence for Engineering Design Analysis and Manufacturing*, 2020(1):1-15.

[33] Sidi J, Fa L W, Junaini S N. Simulation of Traffic Congestion at the Tourist Attraction Spot of Kuching Waterfront, Sarawak[C]. International Conference on Computer Technology & Development, 2009.

[34] 朱玮,王德,齐藤参郎.南京东路消费者的入口消费行为研究[J].城市规划,2005(5):14-21.

[35] Saito S, Ishibashi K. Forecasting Consumer's Shop-around Behaviors Within a City Center Retail Environment after Its Redevelopments Using Markov Chain Model with Covariates[J]. *Paperson City Planning*, 1992(27):439-444.

[36] 朱玮,王德,齐藤参郎.南京东路消费者的回游消费行为研究[J].城市规划,2006(2):9-17.

[37] 李高梅.基于行人模拟的商业街空间布局优化设计研究:以石家庄勒泰中心庄里街为例[D].河北工程大学,2020.

[38] Zoh K J, Kim Y G, Kim Y H, A Study on Visitor Motivation and Satisfaction of

Urban Open Space：In the Case of Waterfront Open Space in Seoul[J]. *Journal of the Korean Institute of Landscape Architecture*，2014(42)：27-40.

[39] 许奇.城市轨道交通站台乘客拥挤感知及行为动力学建模[D].北京交通大学,2014.

[40] 连海涛.基于视觉注意力理论的智能体购物行为模型[J].装饰,2018(11)：128-129.

[41] 宋秀全.株洲湘江河西风光带游憩机会谱的构建与应用研究[D].中南林业科技大学,2011.

[42] Shen Y J. System Dynamics Model of Long Island Marine Stone Forest Park Based on Recreational Opportunity Spectrum[J]. *Journal of Costal Research*，2019(94)：648-652.

[43] Chiung-Hui C. Attention Theory-based Agent System：Using Shopping Street Design Simulation as an Example[J]. *Journal of the Chinese Institute of Engineers*，2011(1)：155-168.

[44] Song X，Sun J，Xie H，et al. Characteristic Time Based Social Force Model Improvement and Exit Assignment Strategy for Pedestrian Evacuation[J]. *Physica A: Statistical Mechanics and its Applications*，2018(505)：530-548.

[45] Uno K，Kashiyama K. Development of Simulation System for the Disaster Evacuation Based on Multi-Agent Model Using GIS[J]. Tsinghua Science and Technology，2008，13(S1)：348-353.

[46] 唐方勤,史文中,任爱珠.基于多层协作机制的人员疏散模拟研究[J].清华大学学报（自然科学版),2008(3)：325-328+332.

[47] 黄中意.基于双足模型和微观评价方法的行人运动模拟与预测[D].中国科学技术大学,2019.

[48] 郭昊栩,李颜,邓孟仁,赵飞翔.基于空间句法分析的商业体空间人流分布模拟[J].华南理工大学学报(自然科学版),2014(10)：131-137.

[49] 朱玮,王德,Harry TIMMERMANS.多代理人系统在商业街消费者行为模拟中的应用：以上海南京东路为例[J].地理学报,2009(4)：445-455.

[50] Lynch C. *The Image of The City*[M]. Boston：MIT Press，1960.

[51] Jacobs J. *The Death and Life of Great American Cities*[M]. New York：Random House，1961.

[52] Whyte W H. *The Social Life of Small Urban Spaces*[M]. D.C.：Conservation Foundation，1980.

[53] Hahm Y，Yoon H，Choi Y. The Effect of Built Environments on the Walking and Shopping Behaviors of Pedestrians：A Study with GPS Experiment in Sinchon Retail District in Seoul，South Korea[J]. *Cities*，2019(89)：1-13.

[54] Alexandra B，Bilal F. A Dynamic Mixed Logit Model with Agent Effect for Pedestrian Next Location Choice Using Ubiquitous Wi-Fi Network Data[J]. *International Journal of Transportation Science and Technology*，2019(3)：280-289.

[55] 许若奇,朱宇恒.国内外建筑使用后评估理论应用领域研究综述[J].建筑与文化,2018(10)：51-59.

[56] 梁晨,曾坚.城市滨水区步行环境使用后评价(POE)研究[J].建筑节能,2018(12)：

72-78.

[57] 周彦伶,杨毅.城市滨水公园使用后评价研究:以昆明海埂公园为例[J].建筑与文化,2021(8):149-150.

[58] Sairinen R, Kumpulainen S. Assessing Social Impacts in Urban Waterfront Regeneration[J]. *Environmental Impact Assessment Review*, 2005(1):18-82.

[59] 苏媛,王琳玮,王璐源.寒地滨海城市绿色建筑夏季室内热舒适后评估[J].建筑与文化,2019(7):202-204.

[60] 扬·盖尔.公共空间·公共生活[M].北京:中国建筑工业出版社,2003.

[61] 陈元清,史争光.基于 PSPL 法的城市街道公共空间品质研究:以上海市徐汇区钦州北路(桂林路—宜山路段)为例[J].城市建筑,2021(4):169-174.

[62] 孙士博,徐熙焱,艾斯特·伊格拉斯·加西亚,刘伟.基于 PSPL 调研法解读面状公共空间和公共生活:以西班牙马德里蒂尔索德莫利纳广场为例[J].建筑与文化,2017(1):130-132.

[63] 李相逸,曹磊.基于 PSPL 调研方法的历史文化街区公共空间改造:以天津市中心公园地块为例[J].建筑与文化,2014(11):145-146.

[64] 王量量,袁伟伟,罗超.城市滨水公共空间公共性研究:以厦门大学周边滨水空间为例[J].城市建筑,2020(13):92-95,102.

[65] Kang B, Moudon A V, Hurvitz P M, et al. Differences in Behavior, Time, Location, and Built Environment Between Objectively Measured Utilitarian and Recreational Walking[J]. *Transportation Research Part D: Transport and Environment*, 2017, 57:185-194.

[66] 毛晓汶.基于手机信令技术的区域交通出行特征研究[D].重庆交通大学,2014.

[67] 王伟强,马晓娇.基于多源数据的滨水公共空间活力评价研究[J].城市规划学刊,2020(1):48-56.

[68] 周广坤,林轶南.黄浦江两岸地区公共空间综合评价体系研究[J].城市规划,2020(5):62-73.

[69] 王鲁帅.基于手机信令数据的城市滨水区时空活力模式研究:以上海黄浦江中段为例[C].成就与挑战:中国城市规划年会论文集,2016:10.

[70] 曾佑海.城市公共空间品质评价及分析研究[D].重庆大学硕士学位论文,2015.

[71] 徐林,曹红华.城市品质:中国城市化模式的一种匡正:基于国内 31 个城市的数据[J].经济社会体制比较,2014(1):148-160.

[72] 李建伟,刘兴昌.城市滨水空间评价方法初探[C].2005 城市规划年会论文集(下),2005:1054-1059.

[73] 张悦,郭海.健康城市理念下的城市滨水空间活力评价研究[J].城市住宅,2019(12):79-84.

[74] 陈蔚珊,柳林,梁育填.基于 POI 数据的广州零售商业中心热点识别与业态集聚特征分析[J].地理研究,2016(4):703-716.

[75] Lu X C, Xing H Q, Yu M Y, et al. Study on Spatial Distribution of Commercial Network in Jinan Based on POI Information-taking Food and Shopping Network for Example[C]. Proceedings of the 2nd International Conference on Big Data Research (ICBDR), Weihai, China, Oct 27-29, 2018. Assoc Computing Machinery: New

York，2018.

［76］徐磊青，江文津，陈筝.公共空间安全感研究：以上海城市街景感知为例[J].风景园林,2018(7)：23-29.

［77］Mccormack G R，Koohsari M J，Turley L，et al. Evidence for Urban Design and Public Health Policy and Practice：Space Syntax Metrics and Neighborhood Walking[J]. *Health Place*，2021，67：5.

［78］付益帆,杨凡,包志毅.基于空间句法和 LBS 大数据的杭州市综合公园可达性研究[J].风景园林,2021(2)：69-75.

［79］尹衍群,陈坤,王英姿.基于空间句法与百度热力图综合测度的历史街区活力研究[J].中外建筑,2021(8)：101-106.

［80］Ewing R，Handy S. Measuring the Unmeasurable：Urban Design Qualities Related to Walkability[J]. *Journal of Urban Design*，2009(1)：65-84.

［81］汪婷,刘惠锋,傅德亮.基于 AHP 法的大学校园绿地总体景观评价：以上海交通大学闵行校区为例[J].上海交通大学学报(农业科学版),2009(4)：418-423.

［82］Camen L，Alvaro F. Differential Semantics as a Kansei Engineering Tool for Analyzing the Emotional Impressions Which Determine the Choice of Neighborhood：The Case of Valencia，Spain[J]. *Landscape and Urban Planning*，2008(4)：247-257.

［83］Koen F，Tieskens B T，Van Z，Catharina J E. Schulp P H V. Aesthetic Appreciation of the Cultural Landscape Through Social Media：An Analysis of Revealed Preference in the Dutch River Landscape[J]. *Landscape and Urban Planning*，2018(177)：128-137.

［84］Evans C J，Akar G. Street Seen Visual Survey Tool for Determining Factors That Make a Street Attractive for Bicycling[J]. *Transportation Research Record Journal Transportation Research Board*，2014，2468(1)：19-27.

［85］刘珺,王德,王昊阳.上海市老年人休闲步行环境评价研究：基于步行行为偏好的实证案例[J].上海城市规划,2017(1)：43-49.

［86］叶宇,周锡辉,王桢栋.高层建筑低区公共空间社会效用的定量测度与导控：以虚拟现实与生理传感技术为实现途径[J].时代建筑,2019(6)：152-159.

［87］Dijkstra J，Vries D，Jessurun J. Wayfinding Search Strategies and Matching Familiarity in the Built Environment Through Virtual Navigation[J]. *Transportation Research Procedia*. 2014(9)：141-148.

［88］苑思楠,张寒,何蓓洁,张玉坤.基于 VR 实验的传统村落空间视认知行为研究：以闽北下梅和城村为例[J].新建筑,2019(6)：36-40.

［89］刘博敏.基于百度热力图的城市滨水活力时空模式研究：以南京秦淮河为例[C].持续发展,理性规划：中国城市规划年会论文集,2017：457-466.

［90］Cervero R，Kockelman K. Travel Demand and 3Ds：Density，Diversity，and Design[J]. *Transportation Research Record*，1997(3)：199-219.

［91］Ewing R H. Characteristics，Causes，and Effects of Sprawl：A Literature Review[M]. Boston：Springer，2008.

［92］卡米诺西特.城市建设艺术[M].南京：江苏科学技术出版社,2017.

［93］芦原义信.街道的美学[M].天津：百花文艺出版社,2007.

[94] 李宇阳,俞传飞.从静态量化指标到动态数据评价：城市设计相关数据及评价标准的动态转变初探[C].全国建筑院系建筑数字技术教学与研究学术研讨会论文集,2020：7.

[95] 吴韶宸.从南昌市红谷滩新区滨江带城市设计看国内滨水城市空间的发展趋势[D].南昌大学,2008.

3 研 究 设 计

从对国内多个城市滨水区更新的比较来看,上海市黄浦江滨水区的开发较早,发展水平也处于较为领先的地位。本章在考察黄浦江沿岸各个区段现状的基础上,首先,选取较为典型的城市滨水公共空间区段作为研究对象并展开基本情况分析;其次,进行行为模拟模型及仿真模拟平台的选择;再次,考虑游憩机会谱理论以及所选仿真模拟平台的特点,对建模流程进行改进;又次,基于模拟输出特征,提出滨水公共空间的指标架构;最后,设计适用于城市滨水公共空间游憩行为的研究流程,指导接下来各章研究工作的开展。

3.1 城市滨水公共空间场地样本选取

3.1.1 上海市黄浦江滨水开发与问题

20 世纪 90 年代以前,上海市黄浦江两岸的滨水区段大多属于生产性岸线,码头、仓库、船厂集聚,水上客运和货运繁忙。1990 年,党中央统筹把握改革发展大局,做出了开发开放上海浦东的重大决策,黄浦江从原本城市中心区的边缘地带一跃而成为浦西与浦东之间的城市核心地带。20 世纪 90 年代中后期开始,浦西外滩和浦东小陆家嘴地区实现了一定程度的休闲化更新。

进入 21 世纪,我国各大城市的扩张与更新进入高潮,越来越重视对滨水区的开发与重建,上海滨水区的发展更是走在全国前列。2002 年,黄浦江两岸的综合开发工作正式启动,两岸滨水地区的休闲化进程进入快速发展期,港口、船厂等向郊区滨水区段迁移,中心区滨水两岸从传统的工业仓储功能向综合休闲职能转变。2016 年出台的《黄浦江两岸地区发展"十三五"规划》[1]中,提出贯通黄浦江两岸 45 千米公共空间的设想,将滨水沿岸作为城市发展和规划的重要组成部分,逐步将工作重心聚焦到滨水公共空间建设上来。2017年末,从杨浦大桥到徐浦大桥的两岸滨水公共空间实现全面贯通,多处公共空间断点被打通,将上海最精华、最核心的黄浦江沿岸开放给全体市民,让老百姓有切实的获得感和幸福感。2018年,发布了《上海市城市总体规划(2017—2035年)》,提出建设世界一流旅游目的地城市的目标,黄浦江和苏州河作为上海城市发展的重要纽带[2],是上海落实党的十九大精神和新一轮总体规划的重要抓手。2019年,习近平总书记在考察黄浦江重要区段杨浦滨江时,提出"人民城市人民建,人民城市为人民"的重要理念[3]。一方面,要求把握"人民城市"的人本价值,更好满足人民群众对美好生活的向往,把更多公共空间和绿色空间留给人民,建设好"一江一河",建设好"生活秀带",让市民更加舒心地享受宜居生活;另一方面,需要更科学地推进城市精细化管理,确保城市各领域、各环节、各方面的运行更顺畅、更高效、更可持续化。2021年,上海正式对外发布了《上海市"一江一河"发展"十四五"规划》[4],深入践行习近平总书记"人民城市人民建,人民城市为人民"的重要理念,努力将黄浦江两岸打造成为具有国际影响力的世界级城市会客厅。总的来说,当前黄浦江两岸的更新发展已经从基本开发重建阶段逐渐转变为精细化更新建设阶段。但是,城市滨水公共空间仍然存在下列问题。

(1) 滨水公共空间因区段差异而活力不均

黄浦江蜿蜒曲折,漫长岸线容纳了不同功能定位的区域,又因为腹地因素、内部布局、对岸景观等差异,滨水公共空间活力不均。例如,有着"生活秀带"之称的杨浦滨江紧邻居住区,有周边人流的支撑,内部保留了历史构筑物,包括铁轨、铁锚、钢架等,又有杨树浦水厂作为历史工业建筑展示,因此每到节假日都人流密集;与其相邻的虹口北外滩稍显逊色,改造前由于邮轮码头不开放,滨水岸线不能为市民共享,因此吸引人流不多;而世博滨江外围居住区还处于待开发状态,缺失了周边人流的支撑,虽然场地内部建设比较完善,但是依然人数寥寥。

(2) 公共活动设施和高质量驻留空间不足

有的滨水区段缺少健身、坐憩等活动设施,以及商业、文化等服务设施,有的区段公共空间虽然宽敞,但是因舒适性欠缺而不适宜驻留,这些都降低了市民前往滨水公共空间的意愿。例如,位于老码头附近的黄浦江畔首个人工沙滩,刚兴建时人头攒动,但很快就无人问津,究其原因,这片区域被围栏阻隔,需要买门票才能进入,内部服务费用较高,又缺乏厕所等必要配套设施,市民自然不愿意进入;而第一轮改造后的船厂地区虽然面积较大,但是内部配套设施跟不上,因此空旷而少人。这些滨水区段还有一个共同的问题——由于多为混凝土地面,种植灌木而缺少乔木,所以在天气炎热时人们不愿意使用,即使在游客众多的外滩,也存在夏日少荫的窘境。

(3) 高筑的防汛设施阻隔亲水活动

黄浦江有高达 6.9 米的千年一遇高标准防汛要求,沿岸大多数滨水区段都是混凝土堤坝高筑,辅以实体围墙或混凝土栏杆,阻隔了人群的亲水行为。有些堤坝很高,使得从城市一侧看不到水,如外滩从南京路一侧看去,视线被防汛箱体所阻挡,无法感受到水滨的存在。当然,也有一些滨水公共空间采用面向水体跌落的平台,低处的平台可以在雨季被水淹没,以此提高亲水的机会,如位于小陆家嘴地区的浦东滨江公园;还有一些滨水公共空间将水体引入内部,沿岸处用作湿地滩涂,恢复了原本的自然生态岸地,如紧邻世博园的后滩公园。

(4) 过强的监控管理力度降低使用灵活性

城市滨水公共空间的秩序十分重要,但是过于生硬的监控与管理却会让空间的灵活性缺失。例如,许多滨水公共空间都安放了禁止标语牌,对野餐、广场舞、遛狗等行为实施规避,虽然在一定程度上可以减少对滨水公共空间环境和人群观瞻的影响,但是也限制了行为活动的丰富性;还有一些绿地用围栏圈起禁止人群入内,使得绿化空间虽大,但实际使用面积很小,降低了驻留的可能性。因此,需要有限度地予以放开。徐汇滨江就专门设置了遛狗的公园,做出了人性化的落地举措。

3.1.2 滨水公共空间研究区段的选取

黄浦江两岸滨水区段功能定位存在差异。在 2017 年印发的《黄浦江两岸地区公共空间建设设计导则(2017 年版)》[5] 中,根据腹地功能定位、区域空间特征和人群活动特点等,将滨水公共空间分为自然生态型、文化活力型和历史风貌型 3 种区段类型。自然生态型区段以林地、湿地、农田等多样绿色植被作为主要景观元素,强调生态环境的较高质量,营造丰富的活动环境,吸引步行、慢跑、骑车、自然教育等活动;文化活力型区段以公园和绿地为主体,容纳适量的商业、文化、展览等功能性建筑,为市民开展休闲健身、购物娱乐、博览体验等提供完善的服务支撑;历史风貌型区段往往具有遗留的建筑物或构筑物,是有历史价值的场所,可以对历史要素进行保留或更新利用,同时引入多样的现代化功能,成为历史与现代特征交融的滨水场所(见表 3.1)。

表 3.1　黄浦江滨水公共空间类型

类　型	空　间　特　征	场地特色	活　动　内　容
自然生态型	以林地、湿地、农田等生态植被为景观主题,多种活动流线穿插其间	生态环境	跑步、自行车、徒步、自然教育等
文化活力型	以城市公园和开放绿地为主体,以活动场所为特色,提供适量的文化、休闲、商业等服务设施	活力场所	文化、商业、休闲健身、探索漫步等
历史风貌型	以有特色的保护保留建筑与环境为特征,通过城市更新引入多样功能	历史遗迹	文化、博览、商业、观光旅游、办公等

资料来源:改绘自上海市黄浦江两岸开发领导小组.黄浦江两岸地区公共空间建设设计导则:2017年版[Z].2017.

本研究根据以下四个原则对黄浦江滨水公共空间进行样本筛选。

(1)空间和功能的丰富性

丰富的空间、多样的功能是形成城市公共空间活力的前提条件。同时,考虑到多代理行为模拟模型的建构,丰富的空间类型有利于对空间要素的吸引力权重进行多样本的分析比较,从而形成有效的指标参考值。

(2)亲水性

亲水性是城市滨水公共空间有别于其他城市腹地公共空间的核心空间特征,但是由于堤坝的阻挡,黄浦江沿岸区段的亲水性不尽相同,因此样本选取会进行差异化考虑,供后期进行样本间的比较研究。

(3)调研可操作性

调研可操作性是获取周边及场地内空间要素和行为活动信息的基本条件。为保证样本数据采集的准确性,宜选取具有可操作性的滨水公共空间开展场地调研,排除正在改造、禁止进入或周边处于开发状态的场地。

(4)场地活力

城市滨水公共空间活力受到样本所在城市区域的影响较大,为了保证多代理行为模拟时有一定的粒子集聚度和明显的粒子运行变化,宜选取相对有活力的公共空间进行研究。

上海中心城区黄浦江两岸的文化活力型滨水公共空间区段较多,此类型区段的空间要素比较丰富,人与水的互动较多,人群聚集度也较高。因此,研究样本选取的所有区段均为文化活力型滨水公共空间,包含不同区位、不同功能定位,岸线长度相近的,3对两两相邻的,共计6个文化活力型滨水公共空间区段,由北向南分别为民生码头、船厂滨江、东昌滨江、老白渡滨江、徐汇滨江和龙腾水岸,作为行为模拟和品质诊断的初步构建和验证样本。此外,又选取北外滩置阳段滨水公共空间,以其改造前后的使用状况对比,作为优化预判的研究样本。进而根据场地周边情况和实际使用情况,将上述 7 个滨水区段根据主要功能划分为商住型、旅居型和文博型滨水区段。经过前期调研,初步梳理出各研究样本的空间与行为特征,如图 3.1 和表 3.2 所示。

图 3.1 黄浦江滨水公共空间区段选取

表 3.2 文化活力型滨水公共空间区段样本类型细分

分类	滨水区段	岸线长度	空间进深	建筑功能	主要行为活动
商住型	民生码头	824 m	53 m	文化/展览	观景/坐憩/散步/玩耍/跑步/健身
	船厂滨江	880 m	217 m	办公/商业	观景/拍照/坐憩/跑步/散步/购物/玩耍
	北外滩置阳段	800 m	190 m	文化/办公	观景/坐憩/散步/玩耍/跑步/健身/办公/餐饮

分类	滨水区段	岸线长度	空间进深	建筑功能	主要行为活动
旅居型	东昌滨江	800 m	58 m	文化/驿站	拍照/坐憩/打球/玩耍/健身/观景
	老白渡滨江	885 m	67 m	文化/驿站	慢步/玩耍/跑步/聊天/餐饮/购物
文博型	徐汇滨江	876 m	240 m	文化/驿站	观景/集会/露营/跑步/健身/餐饮/坐憩/拍照/遛狗
	龙腾水岸	860 m	90 m	文化/餐饮	观景/坐憩/散步/骑行/拍照

　　商住型滨水区段包括民生码头、船厂滨江和北外滩置阳段,腹地为陆家嘴金融城和北外滩商务区,高楼林立,商务办公人士较多,周边也有许多居住区,因此滨水公共空间活动人群中城市居民和办公人员占比较大。东昌滨江和老白渡滨江为旅居型滨水区段,场地周围遍布居住区,又邻近陆家嘴、浦东滨江公园,滨水公共空间活动人群大部分为附近居民和外来游客。文博型滨水区段包含徐汇滨江和龙腾水岸,徐汇滨江有大量由废弃筒仓、厂房、仓库、船坞等改造成的美术馆、展览馆,龙腾水岸则将曾为上海龙华机场服务的一组废弃航油罐改造成油罐艺术中心,这两个滨水区段周边仍处于建设阶段,附近居民较少,这些文化建筑无形中为这一地区带来活力,因此滨水公共空间活动人群以游客居多,常常停留较长时间。

3.2　微观行为模拟模型和平台选择

3.2.1　智能体和社会力组合模型

　　前述研究比较了常用的微观模型后(见表 2.2)发现:社会力模型是最佳动力学模型,行人粒子更加接近社会的人,运行更加接近实际行为活动过程;智能体模型能以数据驱动捕捉智能体的个性来弥补动力学模型的不足。以下对两者的运行特点进行细致研究。

　　社会力模型由德国交通专家黑尔宾和摩尔纳(Helbing & Molnar)于1995 年提出,通过抽象的社会力描述人与人之间,以及人与环境物体之间的相互作用,将行人运动过程通过牛顿运动定律来表达。其假定行人受到物理与社会心理的共同作用,物理作用又分为驱动力、粒子之间排斥力、粒子与障碍物之间排斥力,在它们的共同作用下运动。社会力模型摆脱了类似元胞自动机模型单元格的束缚,行人可以朝任意方向自由移动,更加接近实际行为活动过程。但是,社会力模型智能性不够,无法处理复杂模型内部计算量过大的情况,模拟过程中粒子可能会碰撞重叠,因此对于高密度下的复杂行为模拟还有待完善。

智能体模型由著名计算机学家和人工智能学科创始人之一的民斯基(Minsky)于 1986 年提出。智能体也称代理(agent),是指能够感知环境并做出反应的智能个体。在行人仿真过程中一个智能体就代表一个行人,可为其赋予不同属性和环境感知、交互感知、心理压力度感知等主观意志。智能体模型通过控制虚拟的智能个体之间的交互规则来模仿行人运动,智能个体能够感知环境信息并进行实时交互,从而做出相应决策,多个智能个体也可以通过信息交流相互协作。智能体模型能够与其他微观模型较好地结合,以适用于复杂环境中的多样行为模拟。但是,智能体模型运算量较大,运行机制需要研究者自主设计。

前述研究也表明,近期研究中组合模型逐渐出现,可以适应更加复杂的空间与行为模拟,往往能够提高模型的拟真度;而为了提高粒子的自主性,组合中常包含智能体模型。本研究基于滨水公共空间使用者行为分析、行为模拟需求和各类微观行为模拟模型的特点与优势,选取智能体模型和社会力模型构建组合模型。以智能体模型主导游人路径决策,置入基于社会力模型建构的仿真环境中,动态呈现使用者的行为过程。其中,智能体模型的参数设置要考虑人群差异,既要反映各类人群的运动、视觉、环境反应等基本特征,也要表达各类人群在离水不同距离时的行为偏好差异,建立游人行为状态转变的决策依据。社会力模型要仿真再现游人所处的滨水公共空间环境,以及模拟一般行为流程,通过行为活动链表达游人从哪里来、去向哪里的路径选择。在上述智能体模型和社会力模型的组合作用下,代理粒子在连续流程的每一步进都可以综合仿真空间内所受的各种吸引力和排斥力,做出自主行为决策,从而动态呈现使用者的自组织行为过程。

3.2.2 Anylogic 微观仿真模拟平台

微观仿真模拟软件平台能基于使用者行为偏好特征再现特定空间内的行为状态。目前国内外常用的仿真模拟软件平台有 Anylogic、VisWalk、UAF、NOMAD、SimWalk、STEPS、Legion、EXODUS 等,以下将对这些软件平台进行对比分析,以选择合适的仿真模拟平台进行行为模拟模型建构(见表 3.3)。

表3.3 常用的仿真模拟软件对比

软件名称	Anylogic	VisWalk	UAF	NOMAD	SimWalk	STEPS	Legion	EXODUS
适用模型	社会力模型	社会力模型	社会力模型	社会力模型	基于社会力模型的势场模型	元胞自动机模型	元胞自动机模型	元胞自动机模型
输入	创建环境对象并设置属性；创建行为流程并设置置对象属性	创建环境对象并设置属性，设置行人表属性，设置行人表组织发展表(organization development, OD)，定义其他参数	建筑空间布局，步行速度，行人的横向位移，行人流组成和步行参数	仿真区域建立、活动内容生成、事件背景设定、行人流组成和步行参数	建筑空间布局，仿真全局参数，创建起始点、退出点等待点等并定义参数	建筑空间布局，行人的三维尺寸、耐性，步行速度，对周围环境的熟悉程度	建筑空间布局，实体物理半径、步行速度、行人的横向摆动位移，行人空间等	建筑空间布局图，人员情况，影响疏散时间的所有参数
输出	行人数目，密度，停留时间等数据，可以动画呈现	人流密度，步行时间，疏散时间，步队长率，空间利用率等动画呈现	人车路径，速度，交通流密度，排队长度和延误，服务水平等	交通板纽各区域组之间的行流量、速度、密度等	事件统计、个体统计、人群统计，出口统计，以截图和动画呈现	人群流量和密度、所使用的出口、空间利用率等，可以动画呈现	人流密度，疏散时间，步行速度，排队长度，利用率等	人员随时间变化的分布图，平均疏散时间等
二次开发	具有开放式的体系结构，支持二次开发	通过COM接口进行二次开发，方便程度不如Anylogic	基于C++的应用程序接口(API)编制适当的插件	不支持二次开发	不支持二次开发	不支持二次开发	不支持二次开发	不支持二次开发
获取	易	易	难	难	难	难	难	难
应用场景	交通板纽仿真、物流模拟等	行人交通仿真等	交通运营评估、商业区域人流分析等	交通板纽仿真等	街道人流模拟、人员疏散模拟等	地铁、飞机场、办公楼等场所人员疏散模拟等	大型活动、赛事人群疏散模拟等	建筑空间人员疏散模拟等

综合各种仿真模拟软件平台的建模原理、输入和输出数据、软件获取难易程度、软件操作便捷度等因素，Anylogic 软件平台比较有优势，特别是考虑到研究涉及滨水随机行为，需要通过二次开发来改变多数软件平台主要应用于交通疏散模拟的现状；因而，本研究最终选取 Anylogic 软件，在其平台上构建智能体与社会力的组合模型，开展城市滨水公共空间和随机行为的模拟模型建构。

Anylogic 是由俄罗斯 XJ Technologies 公司研发的一款由基础仿真平台和特定行业库组成的综合性仿真软件，可以用于模拟离散、连续，以及离散连续混合的系统行为。该仿真模拟平台主要有以下优势：

(1) 便于跨专业结合研究

Anylogic 软件被广泛应用于生产制造、交通工程、仓储物流、建筑设计等多种行业，软件发展已相当成熟，涵盖了跨行业模拟的基本知识和主要功能应用，并有较多国内外成熟案例可供参考借鉴。本研究也属于交通工程和建筑设计的跨专业结合，因此该软件提供了适用于本研究的跨行业研究平台。在 Anylogic 软件官网获取的个人学习版软件虽有一定的功能限制，但配合使用专业评估版软件，可以满足本研究所需的模型建构要求。

(2) 支持多方法组合建模

Anylogic 是第一个引入多方法仿真模拟建模的软件平台，且目前仍是唯一具有这种能力的软件平台。它支持基于智能体、离散事件和系统动力学 3 种建模方法的任意组合，方便对任意复杂程度的系统进行模拟，而多种方法的结合模拟可以克服单一建模方法的局限性，充分发挥每种方法的优势，构建高效且易于操控的模型。Anylogic 软件平台针对不同行业的仿真模拟配备特定的行业库。针对建筑设计及城市规划的行人库基于社会力模型搭建，其中行人按照社会力模型移动，且避免与其他物体相撞，可较好反映人员集散现象。同时，行人和仿真环境要素均可作为单独智能体来设置特定属性参数，反映模拟环境及人群个性化特征。因此，可以在 Anylogic 软件平台上将智能体模型与社会力模型组合运用，提高行为模拟模型的仿真度，而这正符合本研究的需求。

(3) 拟真可视且实时动态

Anylogic 软件平台支持嵌入 Auto CAD 图纸，可结合行人库的墙壁、吸引点等空间标记元素，进行二维或三维模型的搭建，从而真实还原场地环境中各类空间要素的布局情况，仿真构建行人活动环境。仿真环境的搭建使行为模拟过程和结果输出具有良好的可视性，模拟过程中可以随时观察模型运行情况，实时动态地呈现行人分布情况。Anylogic 软件还提供简单算法，能获得动态、瞬时的区域行人密度、行人数量等人流数据，输出结果清晰明确，便于之后的分析与规律总结。

3.3 基于游憩机会谱的建模流程

3.3.1 Anylogic 软件平台的建模流程

基于 Anylogic 软件平台的建模流程主要包含四个方面（见图 3.2）。

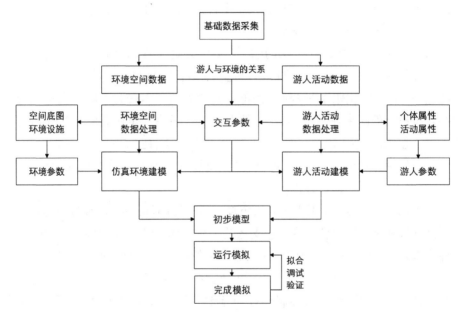

图 3.2 Anylogic 软件平台的建模流程

（1）现场调研采集基础数据

基础数据包含环境空间数据与游人活动数据。环境空间数据包括场地空间底图和场地内各类空间要素的位置、尺寸和数量等参数。游人活动数据包括性别、年龄、活动类型等个体属性，以及行人移动速度、移动方向、停留时间、游憩时间等活动属性。这些数据需要通过现场调研获得。

（2）数据分析获得模型参数

通过现场调研数据的整理与分析，寻找滨水公共空间要素与使用者行为活动之间的规律性关系，并量化表达为仿真环境和代理粒子之间的交互参数，从而建立调研数据与模型参数之间的联系。

（3）环境空间与行为流程建模

环境空间建模首先需要将依据环境空间基础数据整理的 Auto CAD 文

件导入软件平台,运用行人库的环境模块对场地环境进行转译绘制,设置相应参数,建立仿真空间环境。行为流程建模需要根据调研获得的使用者行为偏好和模型设计流程规则,运用行人库的行为模块以流程图方式描述使用者在滨水公共空间的行为流程,并设置智能体相关属性参数,使之与环境模块发生关联。

(4) 运行拟合输出模拟结果

在模型搭建之后,进行仿真环境内的粒子模拟运行,将模型输出结果与实际调研数据进行对比,对不符合的地方进行拟合调试,经过多轮优化之后获得仿真程度较高的模型,按研究需要输出模拟结果。

3.3.2 基于游憩机会谱的建模流程改进

游憩机会谱的核心思想是将活动因子与环境因子有机组合的游憩机会序列,这与 Anylogic 软件平台上基于游人与环境关系来建立交互参数基本吻合。不同的是,游憩机会谱更加关注游人游憩的多样化需求,即游人拥有根据其偏好选择环境及游憩活动类型的权利或机会。因此,在游憩机会谱理论指导下,结合 Anylogic 软件平台的建模流程,提出基于游憩机会谱的改进建模流程,建立智能体和社会力的组合模型,更加强调不同游憩活动类型的表达,不同活动类型使用者对各类空间要素的偏好,以及由此形成的最为核心的随机行为模拟模型运行机制(见图 3.3)。

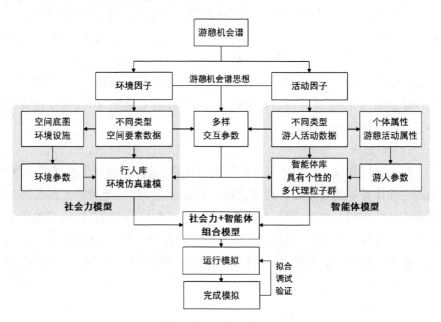

图 3.3　基于游憩机会谱的建模流程改进

首先,通过现场调研完成对环境空间基础数据与使用者不同类型游憩活动数据的采集;其次,基于游憩机会谱理论,对调研获得的各类空间要素与不同行为活动数据分别进行关联性分析,获得滨水公共空间要素与使用者行为之间复杂的规律性关系,转译成多样交互参数,确定反映滨水随机行为的模型运行机制;再次,运用 Anylogic 行人库的环境模块进行仿真环境建模,基于行为模块构建行为流程,再按照游憩机会谱对于游憩活动的细分,运用 Anylogic 智能体库构建带个体属性特征与不同类型游憩活动特征的智能体粒子群组,形成具有个性的多代理粒子群,置入仿真环境中,基于之前确定的模型运行机制开展仿真活动,模拟使用者在滨水公共空间中的随机游憩行为;最后,在上述初步模型运行的基础上,将调研实测结果与仿真模拟结果进行比对,并不断调整各个交互参数,以提高模型的精确度。

3.4 结合模拟输出特征的指标架构

城市滨水公共空间品质的综合诊断指标架构既要考虑滨水场地特征,也要结合行为模拟模型输出的场地形态数据特征和行人状态数据特征。

3.4.1 遵循滨水指标体系构建原则

一方面,由于整个指标体系是对城市滨水公共空间的使用状况进行诊断,为简化诊断工作,在选择指标时不能包含方方面面,而需重点突出、目标明确,因此诊断指标应具有普适性和可比性,能准确地描述城市滨水公共空间的使用状况;另一方面,本研究和多代理行为模拟密切结合,对人的行为进行定量描述、动态仿真,然后依据输出的指标进行诊断,因此也要注意指标的可操作性和特殊性。

(1) 普适性

指标选择和确立的最终目的是给规划决策、项目管理提供参考依据[6],因此指标体系应当建立在普适的价值取向基础上,并可适用于大部分的城市滨水公共空间。然而,同类城市滨水公共空间之间可能有空间要素和形态特征的差异,使用同一诊断指标体系对它们进行诊断时,难免存在一定的系统误差。因此,构建诊断指标体系时应当适当控制指标体系的灵敏度,使之具有普适性。

(2) 可比性

诊断必须以价值为依据,考察不同场地之间的相对优劣,因此须在平等、可比的体系下进行评价和判断。可比性要求各个指标的内涵都应当是明确的、可量化的、可比较的,可以适用于同一场地不同时段和不同空间范围的比较,现状情况与未来方案预期的比较,不同场地同一时段和相似要素组合空间的比较等。

(3) 可操作性

可操作性是形成有效诊断的前提,诊断指标应具有高度的概括性,能清晰明确地反映城市滨水公共空间的使用状况特征。本研究依托多代理行为模拟对城市滨水公共空间进行诊断,诊断指标应与模型输出结果或参数提取等密切结合,尽可能方便诊断,既可以采用既有的模型诊断指标,如密度、速度、时长等,也可以采用由既有指标进行内涵转化而获得的反映滨水特征的诊断指标。

(4) 特殊性

滨水公共空间是一类特殊的城市公共空间,因此诊断指标既要体现滨水空间环境的特征,也要体现滨水随机行为的特征。滨水空间环境具有基面、岸线等特殊要素,水体对使用者的行为取向也有影响,并与距水体距离远近有一定的关联;滨水随机行为种类多样,驻留行为就包括观赏、休憩、消费等丰富的类型,而亲水行为也是不同于城市腹地公共空间的特殊行为。指标的设定要反映滨水空间环境和行为的特殊性。

3.4.2 结合多代理行为模拟输出特征

指标体系构建原则提及要考虑多代理行为模拟对研究的支撑,因此需要研究多代理行为模拟的输出特征。基于 Anylogic 软件平台建构多代理行为模拟模型可分为环境建模、行人粒子建模以及行为流程图 3 个部分。其中,环境建模是对场地形态的抽象表达,行人粒子建模与行为流程图则是对行人在场地中的活动状态的反映。因此,从空间和行为的关系出发,将模型输出参数分为场地形态和行人状态两大部分。通过模型输出、运算与转化,形成诊断指标的数据底板,结合代理粒子参数设定与 Java 语言二次开发完成数据输出。

(1) 场地形态

Anylogic 软件平台模拟输出的场地形态参数主要包括环境模块的空间特征和行人统计两个部分。

① 空间特征。环境模块的空间特征指代理环境模块的长度(Length)、高度(Height)、面积(Area)、承载力(Capacity)等空间特征描述,通过特定函数可调用环境模块的空间特征信息(见表 3.4)。

表 3.4　空间特征调用函数

函　数　名	函　数　功　能
double Length()	获取环境模块长度,单位为 m
double Area()	获取环境模块面积,单位为 m²
double getHeight()	获取环境模块的高度,单位为 m
agent.targetElement.capacity	获取环境模块承载力,单位为人

　　② 行人统计。环境模块内的行人统计指代特定环境模块内场地热力图(Density Map)、行人粒子数量(Number)、行人粒子密度(Density)、行人粒子流量(Flow)、行人粒子流强度(Intensity)等统计。其中,场地热力图可直接调用行人库中的密度图(Density Map)模块,以色彩密度图的形式直接在模型中呈现实时的行人粒子密度。通过特定函数可调用环境模块中的粒子统计信息(见表 3.5)。

表 3.5　行人统计调用函数

函　数　名	函　数　功　能
int size()	获取区域内行人粒子数量,单位为人
double getMax()	获取区域内行人粒子数量最大值,单位为人
double getMin()	获取区域内行人粒子数量最小值,单位为人
double density()	获取区域内行人粒子密度,单位为人/平方米
long countPeds()	获取通过截面的行人粒子总数,单位为人
double traffic()	获取单位时间通过截面的行人粒子数量,单位为人/小时
double intensity()	获取行人粒子流强度,单位为人/(米 * 小时)

(2) 行人状态

Anylogic 软件平台输出的行人状态参数主要分为静态参数和动态参数两个部分。

　　① 静态参数。静态参数指代行人粒子固有的属性,如年龄(Age)、性别(Gender)、视线角度(Angle)、安全距离(Diameter)等。

② 动态参数。动态参数指代行人粒子在运行模拟过程中,随运动状态变化而变化的参数,如位置(Position)、速度(Speed)、加速度(Acceleration)、时间(Time)等。通过特定函数可调用粒子动态参数信息(见表 3.6)。

表 3.6　行人状态调用函数

函　数　名	函　数　功　能
double getX();double getY()	获取粒子(X, Y)坐标
double getSpeed()	获取粒子当前速度,单位为 m/s
double getAcceleration()	获取粒子加速度,单位为 m/s²
double getTime()	获取粒子运动时间,单位为 s

在指标体系构建原则的指导下,结合多代理行为模拟输出特征,可以初步确定城市滨水公共空间品质诊断的指标架构。鉴于研究的"人本"考量,可以选取微观行为视角,以使用者行为状态为诊断标准。因此,指标体系要与使用者行为活动相关联,同时也要能体现滨水空间的各个方面,可以将模型输出的常规指标与滨水空间和行为相关联,转换后纳入指标体系,细致反映滨水局部空间状况或个体行为状态。

3.5　研究流程设计

在多代理行为模拟辅助下,建立"基础研究—行为模拟—品质诊断—优化预判—精细治理"的研究流程(见图 3.4)。

3.5.1　基础研究

(1) 特征分析提取

模型是空间与行为特征的结构性呈现,而非单个要素与个体行为的具体表达,因此需要基于场地调研,对特征进行提取。一方面,提取不同空间要素的特征,包括基面、岸线、建筑、设施及其子类要素,分析这些要素在形式、功能、与水体关系等方面的特征,为建构仿真空间提供依据;另一方面,分析不同游憩行为类型的特征,包括观赏、休憩、文娱、运动、消费等,为代理粒子群进行个性化的参数赋值提供依据。

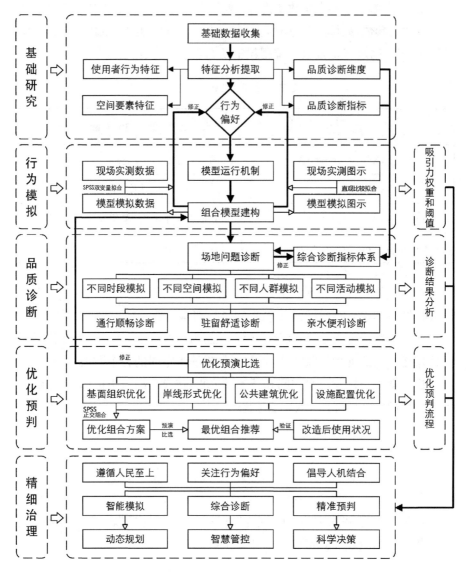

图 3.4　研究流程

（2）行为偏好分析

　　与商业消费行为研究主要考虑商店这一项要素的影响不同,滨水公共空间要细致分析各类要素的影响权重,表达在多个要素共同作用下不同行为活动类型的多样化改变。结合游憩机会谱理论表达这种复杂空间与行为的交互关系,通过对调研获得的分时段行为记录图的整理,获得各个场地各空间要素的初始吸引力权重,之后通过拟合分析更加精准地推导出吸引力权重,探寻滨水公共空间要素对使用者行为偏好的规律性关系。

(3) 诊断指标构建

结合滨水行为特征,建立诊断维度,考虑外部与内部、群体与个体、总体与沿岸等分类。确定指标时,要分析模型输出的常规指标与滨水空间和行为特征的关系,转换与纳入指标体系,使之可以充分反映外部可达和内部通畅、群体驻留和个体驻留、总体亲水和沿岸亲水的状况。

3.5.2　行为模拟

(1) 组合模型建构

结合智能体模型与社会力模型的优势,在 Anylogic 平台上,结合软件二次开发,对代理粒子与仿真环境进行表达,通过对代理粒子行为决策规则的设置,粒子在连续流程的每一个步进中都可以对下一组吸引点做出自主选择,被哪个吸引点吸引、驻留或直接跳过,模拟走向吸引点、驻足停留、不被吸引继续前进等行为,由此建立智能体与社会力组合模型。

(2) 运行拟合调校

采用定性与定量拟合方法,先对组合模型开展分项情境模拟,并与调研结果进行图示比较,调整不符合实际场地情况的空间要素吸引力权重,经多次调校使模拟与实测结果贴近;在此基础上,考虑到空间要素的吸引是人群改变行为状态、促成行为随机性的主因,因此对要素吸引范围内人流量的实测和模拟数据进行 SPSS 双变量相关性分析,确认上述定性拟合结果可靠;再通过多场地样本的验证,证明模型建构与拟合方法有效,并推导出各子类空间要素对不同类型活动的吸引力权重和阈值,及其关键影响空间要素。

3.5.3　品质诊断

(1) 模型指标输出

建立指标输出方法,以便于从动态模型中自动导出不同场地、不同时段各个诊断维度的细分指标数据,通过数据归一化消除量纲影响、全天数据取均值、综合诊断数据加权等方法,提供可以进行指标之间、案例之间比较的诊断结果。

(2) 场地品质诊断

对场地的综合品质、各维度品质、各子类指标品质进行诊断和分析,梳理出存在问题的要素,为城市设计方案优化提供依据。同时,通过多个滨水区段的应用和对比,推导出诊断指标阈值及时空规律,诊断指标的关键影响空间要素。

3.5.4 优化预判

(1) 改造前优化预判

采用"要素改进—人流预测—组合精简—预演比选"的系统方法,根据诊断出的场地主要问题,按照基面、岸线、建筑、设施等将问题要素进行归类,逐个提出改进选项并进行模拟运行;选取要素改进模拟结果较好者,与场地预测的未来不同等级人流量、不同的特征时间段进行组合,运用 SPSS 正交组合,获得最精简的优化组合方案;模拟预演不同组合方案的未来场景,进行诊断和比选,获得岸线开放、入口增设、功能置换等不同场地前置条件下,以及不同等级人流条件下的最优组合推荐,为更新决策指明方向。

(2) 改造后结果验证

分析改造内容要点,比较优化组合方案,获知与哪个组合更加接近,然后将该组合的预演结果与调研获得的改造后使用状况进行比对,选取重点指标,涉及整体人群分布、关键截面流量、各出入口人数、吸引点访问人数等,分析改造前后的相似与不同,结合与其他场地的量化诊断结果对比,提出未来可能改进的方向。

3.5.5 精细治理

(1) 精细化治理的核心理念

在城市治理向智慧化演进过程中,结合以"人民为中心"的城市工作基石,从治理过程中人民角色是什么、人群需求如何满足、人际关系如何处理等方面,思考多代理行为模拟辅助城市滨水公共空间精细化治理的核心理念。

(2) 行为模拟辅助精细治理

建立行为模拟过程的关键节点、关键影响空间要素、相关权重和阈值等前述研究结论与规划、管控、决策等治理过程的关联,细化智能模拟辅助动态规划、综合诊断提升智慧管控、精准预判支持科学决策等方面的具体措施,推动城市治理效能的提升。

在上述流程指导下,就可以开展各章节的研究工作。第 4 章"空间要素与行为偏好"和第 5 章"诊断维度与指标构建"对应流程 1 基础研究,第 6 章至第 9 章与流程 2 至 5 相匹配。

3.6 小 结

本章基于各类微观行为模拟模型的比较分析,选择结合智能体与社会力模型优势构建多代理组合模型,以适应对城市滨水公共空间复杂要素和随机行为的模拟。同时,对各种模拟软件进行对比分析后,选择支持多方法组合建模的 Anylogic 软件作为模型构建平台,基于游憩机会谱对 Anylogic 模型建构流程进行改进。考虑滨水场地特征,并结合行为模拟模型输出的场地形态数据特征和行人状态数据特征,确立城市滨水公共空间品质的综合诊断指标架构。在此基础上,在多代理行为模拟辅助下,对城市滨水公共空间建立"基础研究—行为模拟—品质诊断—优化预判—精细治理"的流程,用以指导接下来的研究。这一流程虽然是以黄浦江滨水公共空间为研究对象,但是整个流程经过检验也希望能指导其他城市滨水公共空间的研究,同时经过合理的调整能应用于其他城市公共空间的研究,使其更具普适性。

参考文献

[1] 黄浦江两岸地区发展"十三五"规划[J].上海市人民政府公报,2017(1):6-15.
[2] 上海市人民政府.上海市城市总体规划(2017—2035)[Z].2017.
[3] 人民城市人民建,人民城市为人民[N].文汇报,2021.06.30.
[4] 上海市人民政府.上海市"一江一河"发展"十四五"规划[Z].2021.
[5] 上海市黄浦江两岸开发领导小组.黄浦江两岸地区公共空间建设设计导则:2017年版[Z].2017.
[6] 吴韶宸.从南昌市红谷滩新区滨江带城市设计看国内滨水城市空间的发展趋势[D].南昌大学,2008.

4 空间要素与行为偏好

本章在前文文献研究及案例基础数据收集的基础上,对空间要素及使用者行为活动的类型及特征进行总结和梳理,并探讨空间要素与行为活动的相互影响。进而在游憩机会谱理论的指导下,将这种交互作用关系用空间要素吸引力权重来量化表达,为多代理行为模拟模型的运行原则提供基础。

4.1 城市滨水公共空间要素类型及特征

4.1.1 空间要素类型

第 2 章对城市滨水公共空间的要素类型做了初步解读,已有文献从宏观、中观和微观层面对滨水要素进行归类。本研究关注使用者行为,因此排除宏观层面要素,从中、微观层面进行梳理。一些研究从中观层面将滨水公共空间要素分为水体、岸线、护岸、道路、桥梁、建筑和绿化,考虑到 Anylogic 平台仿真环境转换语言的简洁性与可行性,本研究将道路和绿化归为基面,岸线、护岸与水体合并为岸线,由于场地内无桥梁因此暂不纳入,同时增加为使用者提供服务的设施类别。微观层面则关注场地的细节,包括花坛、栈道、绿化、座椅、台阶等,纳入中观层面要素分类框架。由此,将城市滨水公共空间要素分为基面、岸线、建筑和设施 4 类及若干子类(见表 4.1)。

表 4.1 城市滨水公共空间要素分类

要素类别	要素类别细分	具 体 空 间 要 素
基面	垂直划分	滨水漫步道、林荫跑道、景观平台、休息平台
	水平划分	活动广场、硬质铺地、木制栈道、花坛草地、可进入绿化、不可进入绿化

续　表

要素类别	要素类别细分	具体空间要素
岸线	平直岸线	亲水平台、木制平台
	凸岸线	亲水漫步道、滨水栈道
	凹岸线	游艇码头、木制栈道
建筑	文化建筑	美术馆、展览馆
	商业建筑	餐厅、咖啡厅
	办公建筑	办公楼
	其他建筑	望江驿
设施	公共休憩设施	正式座椅、非正式座椅、休息亭、休息廊架
	健身娱乐设施	健身器材、球场、攀岩墙、沙地、攀爬网架
	信息导视设施	导览牌、导视图、广告牌
	卫生服务设施	公共厕所、垃圾桶、垃圾房、洗手饮水池
	夜间照明设施	各类路灯、泛光灯、嵌地灯、射灯等

（1）基面

城市滨水公共空间因有相应的防汛要求，其主要空间很少在同一标高基面展开，大多从水岸向城市方向呈现"低—高—低"或是"高—低"的趋势。在垂直于水体的方向可以划分为标准基面、抬升基面和下沉基面，而在水平于水体的方向又可划分为硬质铺地、木制栈道、可进入绿化及不可进入绿化等形式。以上海市黄浦江沿岸的滨水公共空间为例，因防汛要求，其两岸全线均设置高于地面约 2 米的防潮防汛墙，限制了人们的亲水体验。在进行黄浦江两岸贯通工程时，局部运用绿化景观缓坡覆盖、观景步道跨越、休息台阶隐藏等方式，一定程度上消除了垂直防汛墙对滨水体验的阻隔和限制，并在不同标高基面设置滨水漫步道、休闲跑道、活动广场、景观平台等空间。

（2）岸线

研究表明，人们倾向于在空间的边界处开展驻留活动[5]，城市滨水公共空间的主要边界是岸线，是视野开放的边界，是亲水活动的载体，也是滨水公共空间独特的要素。相较于江河湖海自然冲刷形成的岸线，城市滨水公共空间岸线的形式受到较多的人为干预；不同区段城市滨水公共空间岸线的原始情况、功能要求、对岸景观和使用者需求不尽相同;岸线形式也大致分为平直岸线、凸岸线和凹岸线3种形式。目前,黄浦江两岸滨水公共空间岸线形式以平直岸线为主,仅有少数区段存在凹岸线,因受蓝线的控制,凸岸线更少,因此岸线变化不是很丰富。

(3)建筑

滨水各类行为活动需要有服务支撑,而公共建筑就是提供服务的主要载体,包括新建和保留改造的建筑。城市滨水公共空间大多经历了工业仓储阶段,存在大量的工业遗存,如厂房、筒仓、码头等,在进行滨水区更新与重建时,一些历史建筑并未直接拆除,而是被改造成展览馆、美术馆等文化建筑,或是商业建筑和办公建筑,成为吸引人流、提供服务支撑的重要载体。例如,位于徐汇滨江的运煤码头被改造成龙美术馆西岸馆;位于龙腾水岸的、曾为上海龙华机场服务的一组废弃航油罐被改造成油罐艺术中心;民生码头的8万吨筒仓被改造成艺术中心;老白渡滨江的煤仓被改造成艺仓美术馆;船厂滨江的上海船厂被改造成容纳剧院、餐饮、商业、展览等复合功能的城市综合体;等等。这些公共建筑一定程度上带动了所在滨水区段的活力,同时保留了历史的记忆,是吸引人群长久驻留水滨的核心空间要素。

(4)设施

滨水公共空间作为城市重要的游憩场所,其设施配置水平将在很大程度上影响使用者在滨水区段的活动体验。其设施大致可以分为公共休憩、健身娱乐、信息导视、卫生服务和夜间照明设施。公共休憩设施包含正式座椅、非正式座椅(如台阶、矮墙等)、休息亭及休息廊架等;健身娱乐设施包含公共健身器材、球场,以及攀岩墙、沙地、攀爬网架等儿童娱乐设施;信息导视设施指各类导览牌、导视图、广告牌等;卫生服务设施包含公共厕所、垃圾桶、垃圾房、洗手饮水池等;夜间照明设施指各类路灯、泛光灯、嵌地灯、射灯等。

4.1.2 空间要素特征

(1)类型丰富性

相比于其他城市公共空间,城市滨水公共空间的要素类型更为丰富,既有广场、步道、绿化等其他公共空间共同具备的要素,也有滨水独特的要素,如基面、堤坝、岸线等。要素多样、空间交织,分别由规划、交通、水务、环保、绿化等多个部门负责管控,使城市滨水公共空间的设计、建设和管理相比其他城市场所更为复杂。

(2)距水差异性

不同类型的滨水公共空间要素分布存在距水差异性,远水、近水与临水部分的要素类型并不十分相同。例如,漫步道、观景平台等结合岸线布置的要素往往存在于临水部分,公共建筑、望江驿等一般设置在近水部分。同一类空间要素的吸引力也存在距水差异性,如公共休憩、健身娱乐、信息导视等设施虽然分布在滨水公共空间的各个部分,服务于整个场地人群,但是离水近的和离水远的同一种设施可能对人群的吸引力不同,这就可能导致使用状况的不同,如近水处座椅占用率较高而远水处座椅无人问津。

(3) 良好驻留性

城市滨水公共空间要素为了能方便人群驻留,就要有良好的驻留适宜性与驻留吸引性。滨水要素围合、组成的空间大小适合、场地开敞能够为使用者活动提供服务,这些都提升了驻留的适宜性。一些要素本身具有吸引性,引发人群靠近和驻足停留,如保留改造的铁锚、轨道等;要素所处的场所也会吸引人,如水上平台吸引人亲水和观赏对岸景等,这些都有助于吸引驻留活动。

4.2　城市滨水公共空间行为类型及特征

4.2.1　行为活动类型

第 2 章梳理了城市滨水公共空间的使用者行为活动类型,将其分为慢行行为、驻留行为和亲水行为。结合 Anylogic 平台行为模拟流程的可操作性,本研究更加关注不同活动特性的细致行为分类,慢行行为主要考虑散步和跑步,亲水行为以代理粒子是否紧邻水体来表达。通过黄浦江两岸实地调研,将使用者行为归纳为观赏型、休憩型、文娱型、运动型和消费型 5 大类活动及各子类,并分析它们的发生空间和活动特点(见表 4.2)。

表 4.2　城市滨水公共空间使用者行为活动分类

观赏型活动		活动子类	● 观景 ● 拍照
		发生空间	● 滨水岸线 ● 观景平台 ● 休息平台 ● 标志性构筑物周边
		活动特点	驻足眺望或拍照记录江景和对岸景,或在滨水公共空间内部驻足观看或拍照记录标志性建筑物、景观小品、雕塑、历史遗存等

		活动子类	● 坐憩 ● 站立聊天 ● 散步漫步 ● 露营
休憩型 活动		发生空间	● 正式座椅 ● 非正式座椅 ● 望江驿 ● 可进入式草坪
		活动特点	在各类正式座椅或花坛边缘、台阶等非正式座椅上，进行坐、躺、倚靠等休憩或交流活动；以及在可进入式草坪进行露营休憩等活动
文娱型 活动		活动子类	● 玩耍 ● 室外集会 ● 弹奏乐器 ● 活动集合 ● 跳舞
		发生空间	● 滨水漫步道 ● 广场 ● 休息平台
		活动特点	在文化建筑周边，非定期举办文创市集、展览、演出等文化娱乐活动

续　表

运动型 活动		活动子类	● 遛狗 ● 广场舞 ● 太极 ● 健身 ● 滑板骑行 ● 打球
		发生空间	● 滨水漫步道 ● 滨水广场 ● 篮球场 ● 休息平台
		活动特点	利用体育设施或场地进行的健身活动,如在滨水跑道跑步或快走、在篮球场打球、在休息平台拉伸或压腿等
消费型 活动		活动子类	● 购物 ● 餐饮
		发生空间	● 自助售卖机 ● 餐厅及外摆 ● 望江驿
		活动特点	在自助售卖机和望江驿等处购买水和零食,或在餐厅或餐厅外摆处就餐

4.2.2　行为活动特征

城市滨水公共空间使用者行为表现出类型多样性和活动随机性,并且带有明显的群体差异性与时间差异性。

(1) 类型多样性

如上文所述,城市滨水公共空间中要素丰富,要素交织组成的空间形式也多样。空间直接影响使用者行为,由此引发的使用者行为活动类型也多样且复杂。以黄浦江两岸多个典型滨水区段的人群行为活动为例,包括观景、拍照、坐憩、站立聊天、散步、遛狗、广场舞、玩耍、室外集会、压腿、健身、滑板骑行、购物、餐饮、露营、弹奏乐器、活动集合、跳舞等多种类型。

（2）活动随机性

城市滨水公共空间中绝大多数使用者并没有很强的目的性，行为活动的随机性较强，被要素吸引而产生的行为活动类型和轨迹的改变也更频繁。一些空间要素可能引发人群驻足停留，如岸线、对岸景、座椅等，使行为活动类型在途中发生改变；一些空间要素则可能引发行为路径的改变，如建筑和设施等，使行为轨迹不确定性增加。

（3）群体差异性

城市滨水公共空间中使用者的人口统计学特征如年龄、性别等对滨水行为活动的影响显著。不同年龄层次、不同性别的使用者在不同时段的行为偏好和活动类型具有明显的差异。因此，在构建行为模拟模型时，应综合考虑使用者行为偏好的差异，按照人群特性进行分类，并建立相应的多代理粒子群。

（4）时间差异性

各个滨水区段从早到晚的人群总数并非均匀分布，会随时间迁移而变化。不同滨水区段调研数据分析和比较显示，周边场地环境和功能定位相同的滨水区段中，一天内使用者数量变化趋势基本相同：商住型滨水区段如船厂滨江和民生码头的使用者人数全天不断上升，夜间达到峰值；旅居型滨水区段如东昌滨江及老白渡滨江的使用者人数全天呈上升再下降的趋势，傍晚达到峰值，夜间人数缓慢减少；文博型滨水区段如徐汇滨江与龙腾水岸的峰值同样在傍晚，但夜间人数下降明显。此外，各类活动发生的时段也呈现明显差异。例如，运动型活动较多出现在早晨及傍晚，消费型活动则较多出现在午间及夜间。

4.3 空间要素与行为活动的数据采集

根据 Anylogic 软件平台的建模流程可知，建构行为模拟模型的第一步是模型相关基础数据的采集，包含环境空间数据与使用者行为活动数据两个方面。环境空间数据包括所选各个滨水区段环境的基底以及各类空间要素分布情况；使用者行为活动数据包括不同人群在各时段的行为活动类型和位置分布、不同时段各个区域和重要位置的人流量等。

笔者选择气候舒适、适宜出行、滨水活力较高的春秋季节，于 2020 年和

2021年开展了2轮调研,分别选取工作日和休息日各6个典型时段,以每2小时为计数单位(7:00—9:00、9:00—11:00、11:00—13:00、13:00—15:00、15:00—17:00、17:00—19:00),对场地信息进行收集。第7个场地北外滩置阳段在2021年初经历了改造,可以作为优化预判和验证的案例,因此调研在改造前后分别开展,改造前调研发生在2019年6月的工作日和休息日,改造后调研选取2022年1月2日星期日场地较有活力的时段(见表4.3)。

表4.3 黄浦江各滨水公共空间区段调研时间

秋季调研	编号	滨水区段	第一次调研	第二次调研	调研时段
2020年10月—2020年11月	1	民生码头	2020年10月02日	2020年10月13日	
	2	船厂滨江	2020年10月03日	2020年10月15日	
	3	东昌滨江	2020年10月02日	2020年10月15日	
	4	老白渡滨江	2020年10月03日	2020年10月19日	
	5	徐汇滨江	2020年10月11日	2020年11月02日	
	6	龙腾水岸	2020年10月17日	2020年11月03日	7:00—9:00 9:00—11:00 11:00—13:00 13:00—15:00 15:00—17:00 17:00—19:00
春季调研	编号	滨水区段	第一次调研	第二次调研	
2021年4月—2021年6月	1	民生码头	2021年06月08日	2021年06月12日	
	2	船厂滨江	2021年06月01日	2021年06月05日	
	3	东昌滨江	2021年04月17日	2021年04月25日	
	4	老白渡滨江	2021年04月21日	2021年04月24日	
	5	徐汇滨江	2021年05月18日	2021年05月22日	
	6	龙腾水岸	2021年05月02日	2021年05月12日	
改造前调研	7	北外滩置阳段	2019年06月04日	2019年06月16日	
改造后调研			2022年01月02日		14:30—15:30

在正式调研开始之前,根据网络资料绘制调研场地的大致平面图,方便后续现场勘察后进一步完善环境底图。另外,根据调研目标准备好用于现场记录的表格模板,包括行为活动类型及数量记录表、驻留时长记录表等。

工具和材料方面,准备用于计数的秒表、计数器,用于现场记录的纸笔、硬本夹、相机等。

采用PSPL复合调研方法进行调研,可以弥补单一方法的局限。既调查公共空间物质环境,也关注公共生活状况;不仅对行人数量进行统计,更重要的是获得行人属性、行为类型、视线状况、停留时长等与使用者行为相关的微观特征。具体调研方法包括现场勘测、行为地图、流量计数和问卷访谈。

4.3.1 空间要素数据采集

空间要素数据采集以现场勘测为主要方法,依托城市滨水公共空间环境调研,在根据网络资料绘制的底图基础上,参照滨水区段实际情况进行修改及完善。

在记录空间要素位置、形式、尺寸等基本信息的基础上,关注空间驻留性、空间可达性,以及设施共享性。空间驻留性可能涉及空间的尺度大小以及要素的丰富度;空间可达性既包含人群的视线达水,也包括行为达水,堤坝高度、场地进深和基面划分等都会对空间可达性产生影响;设施共享性则与设施的数量、类型和位置等相关。

同时,注意观察同类要素的细微差别,这可能会引起在要素上面或附近行为活动的差异。例如,关注要素的离水距离,观察同类要素距水远近不同对人群的不同吸引情况;关注座椅是否有树荫遮蔽,观察日照条件差异可能在不同时段引发人群的不同使用状况;关注移动型要素,如餐车、移动厕所等,观察其在不同时段的数量以及位置变化引发的不同人群集聚情况;关注餐厅、展馆等,记录其开放时间,这会引发不同时段人流的变化。

基于实际场地调研结果,在Auto CAD平台上绘制底图,作为建立仿真环境的基底。

4.3.2 行为活动数据采集

行为活动数据采集主要采用行为地图、流量计数和问卷访谈3类方法。下面以徐汇滨江龙美术馆段周末7:00—9:00时段调研结果为例进行说明。

（1）行为地图

行为地图（Mapping）注记的对象为各个城市滨水公共空间区段样本中的人群,每个滨水区段根据场地情况划分成多个100—200 m的分区段,在每个时段对各分区段进行全景拍照或摄像记录,并进行行为地图注记,记录使用者年龄、性别、行为类型以及活动位置等(见附录 J,K,L,M)。

活动注记细分为多个小类,包括观景、拍照、坐憩、站立聊天、散步、遛狗、广场舞、玩耍、室外集会、跑步、健身、滑板骑行、购物、餐饮、露营、弹奏乐器、活动集合、跳舞等。基于以上活动分类方式每半小时记录一次,之后通过识别照片和现场记录的行为地图将每一类型活动用不同的符号在滨水公共空间区段底图中进行定点标注,并用颜色及图层区别进行同类型活动的不同年龄段人群(见图 4.1)。统计游客在滨水区段内的行为分布情况,将每半个小时人群空间分布图叠加,并排除驻足不动的人群,取每两个小时作为一个时段,以供之后研究全天内各个时段使用者在滨水区段中的分布密度以及频度。

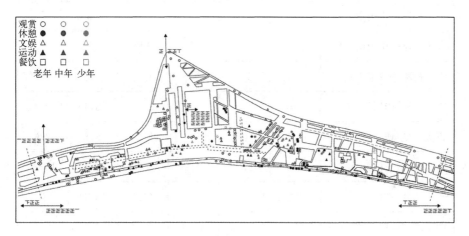

图 4.1 徐汇滨江龙美术馆段公共空间行为地图

(2) 流量计数

主要统计周边人流量、公共空间出入口人流量以及场地内部人流量 3 类数据。

周边人流量观察点包括与外部路网连接的街道接口、地铁站出入口、公交站、地块或建筑出入口。以 5 分钟为基本观察时间单元,在这些出入口分别统计人群进出流量,得到街道接口人流量(见表 4.4),再换算成相应时段的周边人流量。

公共空间出入口人流量观察点主要可以分为街道接口和公共空间接口两类。以 5 分钟为基本观察时间单元,在上述接口处分别对人群的进出流量进行统计,获得空间出入口人流量(见表 4.5),再换算成相应时段的公共空间出入口人流量。

表 4.4　徐汇滨江龙美术馆段周边人流量数据

周末7:00—9:00周边人流量数据(进入场地/离开场地,单位为人/5分钟)					
东安路—瑞宁路	1/1	20/3	19/16	17/4	11/12	1/8
东安路—瑞平路	1/0	11/7	15/12	12/14	3/11	6/6
东安路—龙华中路	1/1	7/4	21/13	23/24	16/20	22/31
东安路—中山南二路	10/8	23/11	20/11	26/15	15/25	12/27
船厂路—中山南二路	2/4	5/6	4/3	6/6	6/18	4/9
枫林路—中山南二路	3/2	10/10	7/3	14/5	3/6	1/5
小木桥路—中山南二路	4/0	3/7	3/0	6/10	3/0	3/3
大木桥路—中山南二路	5/4	7/3	3/5	5/8	1/4	0/3
大木桥路—龙华中路	0/0	0/1	0/1	0/0	2/0	0/0
正大乐城(南门)	0/0	1/5	12/15	8/17	18/12	19/11
正大乐城(西门)	2/1	5/2	7/3	11/9	8/8	3/0
正大乐城(正门)	0/3	0/3	9/2	5/4	14/12	16/12
正大乐城(东门)	1/2	3/4	5/2	11/7	13/11	13/3
中山南二路船厂路站	3/6	5/10	18/3	2/5	0/8	0/0
龙腾大道瑞宁路站	1/2	3/2	9/11	10/24	6/18	6/12

表 4.5　徐汇滨江龙美术馆段出入口人流量数据

周末7:00—9:00公共空间出入口人流量数据(进入场地/离开场地,单位为人/5分钟)					
东安路街道接口	12/8	32/19	44/30	56/42	36/32	44/59
枫林路街道接口	15/17	22/32	40/28	64/53	54/44	12/32
瑞宁路东侧街道接口	6/3	14/6	16/11	35/37	30/32	17/25
西侧公共空间接口	23/23	49/34	33/39	109/68	54/55	77/109
东侧公共空间接口	14/16	12/25	37/19	68/40	55/44	59/47

场地内部重要断面人流量数据使用秒表和计数器记录,如滨水漫步道、临水跑道等,以 5 分钟为基本观察时间单元,记录同一个断面两个方向的人流量数据(见表 4.6),制作相应时段的内部人流量数据表。

表 4.6　徐汇滨江龙美术馆段内部人流量数据

周末 7:00—9:00 重要断面人流量数据(双向,单位为人/5 分钟)					
滨水漫步道	5	11	19	26	21	38
邻水跑道	7	12	22	15	19	27
林荫跑道	3	8	4	14	13	18
广场	15	23	27	18	17	29
可进入草坪	0	2	2	5	13	8

(3) 问卷访谈

将人群分为老年(＞65 岁)、中青年(19—65 岁)和儿童/少年(＜18 岁),在各个时段发放问卷(见附录 A),获取不同年龄使用者的基本情况、极限游憩时间、偏好驻留时长等信息,为行为模拟时粒子游程控制提供依据,同时获取不同年龄使用者对不同空间要素的偏好程度,为单个要素吸引力权重的设置提供参考。

4.4　行为活动对空间要素的偏好选择

4.4.1　游憩机会谱与偏好选择

"一种游憩机会＝一种游憩体验＝游憩环境＋游憩活动"[6],管理者通过将游憩环境与游憩活动两两组合,提供多样化的游憩机会,使游客获得丰富的游憩体验。由于关注点和研究领域的差异,相关学者对游憩机会谱概念的理解会有所不同,但核心思想都认为它是将人群活动因子和环境因子(物质、社会和管理属性)有机组合的游憩机会序列(见图 4.2)。那究竟是什么将人群活动因子和环境因子组合成游憩机会序列的呢? 游憩机会谱的基本逻辑是"针对游客游憩的多样化需求,游客拥有根据其偏好选择环境及游憩活动的权利和机会"[7]。因此这种游憩机会序列的生成关键在于不同人群偏好差异而引发的多样化选择。在复杂的城市公共空间环境中,不同的环境因子都在向人群不断地释放着各种各样的信息,而不同的人有选择地接收信息并有所反映,表现为对某些环境因子的偏好。正是基于偏好的选择才使得这个人选择开展这类活动、那个人选择进行那类活动,呈现多样化的游憩活动特征和错综复杂的游憩机会序列。

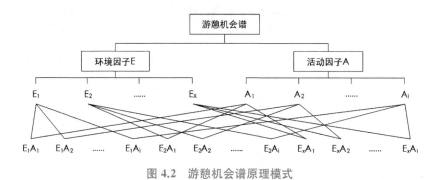

图 4.2　游憩机会谱原理模式

资料来源:林广思,李雪丹,茌文秀.城市公园的环境-活动游憩机会谱模型研究:以广州珠江公园为例[J].风景园林,2019,26(6):72-78.

4.4.2　基于游憩机会谱的空间与行为交互

根据前文分类,城市滨水公共空间环境因子可以分成基面、岸线、建筑和设施 4 大类及各子类要素,各种要素的不同组合形成了各个滨水区段独特的场地特征;在周围环境因子的共同作用下,人群受个体属性与行为偏好的差异影响,也形成了不同活动人群的活动特征,促成了观赏型、休憩型、运动型、文娱型和消费型活动的产生。对复杂的滨水场地特征与多样的人群活动特征进行分类,两者的交互作用形成了人群在场地内的丰富活动状态(见图 4.3 和图 4.4)。

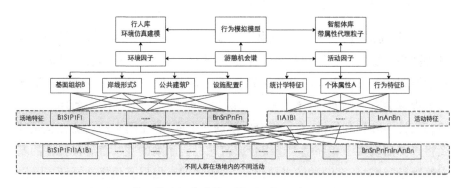

图 4.3　基于游憩机会谱的环境因子与活动因子交互作用

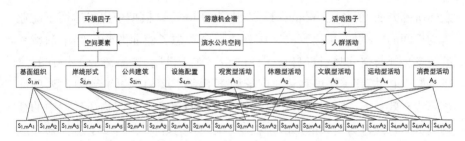

图 4.4　基于游憩机会谱的城市滨水公共空间要素与行为活动交互作用

4.5　空间要素吸引力表达滨水行为偏好

游憩机会序列的生成关键在于不同人群偏好差异而引发的多样化选择,那么不同环境因子是如何激发人群的不同偏好而产生多样活动的呢?在对城市滨水公共空间要素与使用者行为转译之后,还需要探讨两者之间的相互影响关系,这既可以看作使用者因对空间要素的偏好而引发的行为状态改变,也可以看成空间要素对使用者的吸引而激发的自发性行为活动,是促成滨水自组织行为的主因。相对而言,人群的偏好是一种心理作用,难以准确表达,因此探讨城市滨水公共空间要素对使用者的吸引作用也许能为模型运行机制的建构提供依据。

一般研究公共空间对人群行为的影响会考虑空间可达性和吸引力。户外公共空间可达性影响使用者对于出行目的地的选取,常用指数函数形式的距离衰减函数来量化表达距离对于使用者选择目的地的影响程度。本研究将探讨如何用空间要素吸引力权重(spatial attraction weight,SWA)来量化表达滨水公共空间中微观要素与使用者行为活动之间的规律性关系,并结合距水差异性和不同年龄人群特征,研究水体远近和年龄因素对空间要素吸引力的影响,为之后对吸引力权重的调校做准备。

4.5.1　空间要素吸引力的量化表达

空间要素因位置、尺度、数量、组织方式等不同会对使用者行为产生不同程度的影响,可以表达为空间要素对人群行为的吸引程度或吸引力。一些学者对此展开研究,并把空间要素与使用者的互动关系用函数进行表达。在住区空间研究方面,白茹雪[8]和孙琳[9]分别基于陈义勇和刘涛[10]提出的社区开放空间吸引线性回归方程,计算居住区外部各个活动空间对各类人群的吸引力大小,并基于量化数据模拟居住区户外休憩活动情况。在商业空间研究方面,王伟立(Wang)等[11]在 CityFlow-U 模型中提出适用于商业购物空间的"吸引力量化算法",该算法综合考虑了商业购物空间中消费者的视觉特征与空间吸引点自身属性的相互作用机制;连海涛等[12-13]在石家庄泰勒中心、邯郸美乐城和天鸿广场构建了消费者休闲购物行为模型,验证该算法有效。上述吸引力量化算法的关注重点是商业空间物质环境中的视觉吸引对行人行为决策的影响。在此基础上,王若楠[14]增加了店铺知名度信息,考虑其对消费者的综合吸引力,之后模拟消费者感知环境并做出决策的过程。当然,也有一些学者对更大范围的城市区域空间、地铁与城市综合体转换空间等进行了空间要素与行为互动关系的函数表达(见表 4.7)。

表 4.7　已有研究中空间要素吸引力计算方法

分　类	具 体 空 间	吸引力计算公式	公　式　解　释
休闲出行目的地吸引力	城市及区域 辛磊[15](2019)	$A_{ij} = \dfrac{KO_j^{\alpha}P_i^{\lambda}C_i^{\gamma}}{e^{\beta r_{ij}}}$	A_{ij} 为目的地 j 对客源地 i 出游吸引力水平; K 为归一化系数; O_j 为目的地 j 拥有的旅游资源水平指标; α 为资源水平系数; P_i 为客源地 i 的人口规模水平指标; λ 为人口规模水平系数; C_i 为客源地 i 的居民收入水平指标; γ 为居民收入水平系数; r_{ij} 为客源地 i 与目的地 j 之间的阻抗,该阻抗可能是两地间的距离、交通时间、交通费用等; β 为阻抗系数
室外开放空间空间吸引力	生活性街道 孙宏亮[16](2019)	$\vec{f}_{ip_e}(t) = E_i \exp\left[\dfrac{r_{ip_e} - d_{ip_e}}{F_i}\right]\vec{n}_{ip_e}$	i 为行人; P_e 为摊位; E_i 为行人与摊位 P_e 之间相互作用的强度,取值为负数; F_i 为吸引力的作用范围; d_{ip_e} 为行人 i 和摊位 P_e 的中心间距; r_{ip_e} 为行人 i 的半径和摊位 P_e 的半径之和; n_{ip_e} 为摊位 P_e 到行人 i 的标准矢量,其与 d_{ip_e} 均具有时间依赖性

续　表

分　类	具体空间	吸引力计算公式	公　式　解　释
室外开放空间空间吸引力	住区活动空间 陈义勇(2016) 白茹雪(2018) 孙琳(2020)	$P_i = \alpha \times S_i + \beta \times F_i + \gamma \times L_i + \varepsilon$	P_i 为活动空间吸引力； α 为场地情况相关系数； S_i 为场地情况要素； β 为设施情况要素相关系数； F_i 为设施情况要素； γ 为景观环境特征要素相关系数； L_i 为景观环境特征要素； ε 为扰动项
	室外商业街 连海涛(2020)	$A_{ij} = a_{ij} \times [\omega_v \times P_v + \omega_d \times P_d] + C$	A_{ij} 为店铺 j 对行人 i 的综合吸引力； a_{ij} 为行人 i 视域内店铺 j 的自身吸引力； P_v 为视觉感知； P_d 为距离感知； ω_v 为视觉感知权重系数； ω_d 为距离感知权重系数 $(\omega v + \omega d = 1)$ C 为其他影响因素的随机变量
	商业购物空间 王伟立(2014) 王若楠(2021)		
建筑室内空间空间吸引力	地铁与城市综合体转换空间 崔译文[17](2020)	$P_j = \dfrac{\exp(U_j)}{\sum\limits_{j=1}^{n}\exp(U_j)}$ $U_j = \alpha \parallel C_j \parallel + \beta \parallel P_j \parallel + \zeta$	U_j 为出行者选择第 j 块空间产生的价值； C_j 为第 j 块空间的场所中心性，即商业空间聚集度，由空间句法的集成度分析给出； P_j 为场所功能，即出行者对第 j 块空间的选择概率； α, β 为各自的权重系数； ζ 为随机误差项

城市滨水公共空间与上述住区、商业等其他城市公共空间相比，空间要素更为复杂多样，使用者行为会受到多种空间要素的综合影响，且因个体差异，这种影响又有较大的不同，更具多样性和随机性。本研究重点关注特定滨水公共空间环境下的使用者活动与分布情况，参考上述行为仿真空间吸引力表达方式，采用要素吸引力权重来量化表达滨水公共空间中各类空间要素与不同行为活动之间的作用关系。另外，由于调研显示滨水公共空间中不同空间要素在不同时段对各类人群活动的吸引力不同，即使用者在不同时段趋向各个空间要素进行不同活动的概率不同，因此也需加以考虑。

综合以上因素,定义城市滨水公共空间中要素基本吸引力权重计算公式为:

$$SWA_{(xy)} = \frac{\sum_x^y N(S_{i,m}A_n)}{\sum_x^y N(T)} \qquad (4.1)$$

$S_{i,m}A_n$ 表示在 $S_{i,m}$ 类空间要素上进行 A_n 类型游憩活动的人,其中,$i=$ 1,2,3,4,S_1 指基面,S_2 为岸线,S_3 为建筑,S_4 为设施,$m>0$。$S_{i,m}$ 表示这 4 个类型空间要素的子类型,根据不同场地情况有所区别。A_n 代表 5 类滨水游憩活动,其中 $n=1,2,3,4,5$。A_1 为观赏型活动,A_2 为休憩型活动,A_3 为文娱型活动,A_4 为运动型活动,A_5 为消费型活动。例如 $S_{1.1}A_1$ 表示在滨水基面观景平台进行观赏型活动的使用者(图 4.4)。

$\sum_x^y N(S_{i,m}A_n)$ 表示 x 到 y 时段内,场地内(临水部分、近水部分、远水部分)在要素 $S_{i,m}$ 上进行 A_n 类型游憩活动的人数总和。例如,$\sum_7^9 N(S_{1.1}A_1)$ 表示 7:00—9:00 时段在滨水基面观景平台进行观赏型活动的使用者总数。

$\sum_x^y N(T)$ 表示 x 到 y 时段内,场地内(临水部分、近水部分、远水部分)进行所有游憩活动的人数总和。例如,$\sum_7^9 N(T)$ 表示 7:00—9:00 时段在临水、近水或远水部分进行游憩活动的使用者总数。

考虑到滨水公共空间中要素吸引力权重影响有吸引和排斥之分,采用系数 β(吸引 $\beta>0$,排斥 $\beta<0$)对上述公式进行修正,获得空间要素吸引力权重计算公式,结果用百分数表达:

$$SWA_{(xy)} = (1+\beta) \times \frac{\sum_x^y N(S_{i,m}A_n)}{\sum_x^y N(T)} \qquad (4.2)$$

通过对调研获得的分时段行为记录信息的整理,获得 6 个场地各空间要素的基本吸引力权重。6 个场地分为 3 类滨水区段,即商住型、旅居型和文博型滨水区段,各类空间要素基本吸引力权重由同类型两个区段的该类空间要素基本吸引力权重取均值获得(见附录 N,O,P)。然后,将其作为行为模拟模型中仿真环境空间和使用者代理粒子关系架构的量化初始值,再通过拟合调校,更加精准地推导出关键影响要素和权重,获得城市滨水公共空间要素与使用者行为偏好的规律性关系。

4.5.2　距水远近对空间要素吸引力的影响

从前文空间要素的距水差异性特征来看,不同类型的空间要素分布,以及同一类空间要素的吸引力都会受到离水距离的影响,所以需要对城市滨水公共空间的远水、近水、临水 3 个部分的影响权重进行分析。在此基础上,本书将基面与岸线两类主要限定空间的要素合并为环境要素,将建筑与设施两类主要提供服务的要素合并为实体要素,探讨它们的影响权重。

首先,初步构建城市滨水公共空间的目标层和准则层(见表 4.8)。

表 4.8　城市滨水公共空间的目标层和准则层

目标层	A1 远水部分		A2 近水部分		A3 临水部分	
准则层	B1 环境要素 (基面+ 岸线)	B2 实体要素 (建筑+ 设施)	B3 环境要素 (基面+ 岸线)	B4 实体要素 (建筑+ 设施)	B5 环境要素 (基面+ 岸线)	B6 实体要素 (建筑+ 设施)

其次,进行问卷设定。按照两两比较的 9 分支标度方法(见表 4.9)设定问卷(见表 4.10 和表 4.11),如假设"B1 环境要素"与"B2 实体要素"相对于"A1 远水部分"的关系是稍微重要,即"B1=3B2",则判定为 3,反之则为 1/3。

表 4.9　9 分支标度方法

标　　　度	内　　涵
1	表示两个要素具有相同重要性
3	表示一个要素比另一个要素稍微重要
5	表示一个要素比另一个要素明显重要
7	表示一个要素比另一个要素强烈重要
9	表示一个要素比另一个要素极端重要
2,4,6,8	介于上述两相邻判断中间值
取上述倒数(1/2,1/3,1/4,1/5, 1/6,1/7,1/8,1/9)	一个要素比另一个要素的重要性与上述相反

表 4.10　城市滨水公共空间的目标层对比问卷

位　　置	A1 远水部分	A2 近水部分	A3 临水部分
A1 远水部分	1		
A2 近水部分		1	
A3 临水部分			1

表 4.11 城市滨水公共空间的准则层对比问卷

A1 远水部分	B1 环境要素(基面＋岸线)	B2 实体要素(建筑＋设施)
B1 环境要素(基面＋岸线)	1	
B2 实体要素(建筑＋设施)		1
A2 近水部分	B3 环境要素(基面＋岸线)	B4 实体要素(建筑＋设施)
B3 环境要素(基面＋岸线)	1	
B4 实体要素(建筑＋设施)		1
A3 临水部分	B5 环境要素(基面＋岸线)	B6 实体要素(建筑＋设施)
B5 环境要素(基面＋岸线)	1	
B6 实体要素(建筑＋设施)		1

　　最后,邀请相关领域的专家共计 20 位,开展专家打分,其中建筑、规划、景观领域的专家各 5 位,其他领域专家 5 位。采用层次分析法(analytic hierarchy process, AHP)来获得影响权重。层次分析法是一种层次化、数量化和系统化的分析方法,将一个复杂问题看成一个系统,根据系统内因素之间的隶属关系,将复杂问题转化为条理有序的层次,以层次递推图的方式反映系统内部不同因素之间的相互关系,从而将复杂需求决策问题分解为相对简单的子系统来求解并逐层综合。以一位专家对远水部分的问卷结果为例,分析计算过程见表 4.12。

表 4.12 准则层对目标层的判断矩阵

A1 远水部分	B1 环境要素(基面＋岸线)	B2 实体要素(建筑＋设施)
B1 环境要素(基面＋岸线)	1	1/7
B2 实体要素(建筑＋设施)	7	1

　　根据准则层对目标层的问卷表格构造判断矩阵如下:

$$\boldsymbol{P} = \begin{bmatrix} 1 & 1/7 \\ 7 & 1 \end{bmatrix}$$

接着用和积法计算，步骤如下。

① 对判断矩阵每一列进行数据归一化处理。

因为每个数据可能有着不同的量纲并且对应了不同的量纲单位，为消除量纲对结果的影响，采用数据归一化的方法，即通过将数据映射到指定的区间范围，对数据进行压缩处理，去除不同数据的量纲：

$$\begin{bmatrix} 0.875 & 0.875 \\ 0.125 & 0.125 \end{bmatrix}$$

② 将数据归一化后的矩阵每行相加。

$$\vec{W}_1 = 0.875 + 0.875 = 1.750$$
$$\vec{W}_2 = 0.125 + 0.125 = 0.250$$

③ 对向量 $\vec{W} = (1.750, 0.250)^T$ 进行数据归一化处理。

$$\sum_{i=1}^{2} \vec{W}_i = 1.750 + 0.250 = 2.000$$
$$\vec{W}_1 = 1.750 \div 2.000 = 0.875$$
$$\vec{W}_2 = 0.250 \div 2.000 = 0.125$$

得到：

$$\vec{W} = (0.875, 0.125)^T$$

即为判断矩阵 P 的特征向量。

④ 计算判断矩阵的最大特征根 $\lambda_{\max}$。

由：

$$PW = \begin{bmatrix} 1 & 1/7 \\ 7 & 1 \end{bmatrix} \times \begin{bmatrix} 0.875 \\ 0.125 \end{bmatrix} = \begin{bmatrix} 1.750 \\ 0.250 \end{bmatrix}$$

得：$(PW)_1 = 1.750$；$(PW)_2 = 0.250$

$$\lambda_{\max} = \frac{1}{2} \left(\frac{1.750}{0.875} + \frac{0.250}{0.125} \right) = 2.000$$

⑤ 一致性检验。

计算一致性指标：

$$CI = (\lambda_{\max} - n) / (n - 1) = (2.000 - 2) / (2 - 1) = 0$$

计算一致性比率：

查表得：$RI = 0.00$，$CI = RI = 0.00$

表明结果符合要求。

由此按照上述方法，计算得到远水、近水、临水 3 个部分的相对权重，以及环境要素和实体要素的相对权重，即城市滨水公共空间要素重要性的初步排序（见表 4.13）。

表 4.13　城市滨水公共空间目标层及准则层权重

目标层	A1 远水部分		A2 近水部分		A3 临水部分	
权　重	0.099 4		0.475 4		0.425 2	
准则层	B1 环境要素 （基面＋ 岸线）	B2 实体要素 （建筑＋ 设施）	B3 环境要素 （基面＋ 岸线）	B4 实体要素 （建筑＋ 设施）	B5 环境要素 （基面＋ 岸线）	B6 实体要素 （建筑＋ 设施）
权　重	0.616 7	0.383 3	0.581 3	0.418 7	0.745 8	0.254 2

可以发现，近水和临水部分的重要性大大高于远水部分。3 个部分的基面和岸线两类环境要素的重要性都高于建筑和设施两类实体要素，在临水部分尤为突出，远水部分次之，这可能与这两个部分都要解决不同标高基面的高差（远水部分为滨水公共空间与城市街道基面的高差，临水部分为滨水平台与近水部分、滨水平台与水体的高差），以及临水部分不同的岸线布局影响亲水活动相关。

4.5.3　人群年龄对空间要素吸引力的影响

随着年龄的增长，人们对同一类空间要素的偏好会产生变化。因此，在问卷调查中，设置了对各类空间要素的吸引力等级打分，并分为从"完全不吸引我"到"特别吸引我"逐级增加的 5 级偏好选择。根据收到的问卷结果，统计不同年龄人群对各要素的偏好评分，计算各要素偏好评分的均值，以及各要素偏好评分与所有要素评分总和的比值，以百分比计入（见附录 S，T，U）。统计发现，偏好的前 3 位要素，儿童分别为魔都矩阵、运动游乐场地和林荫小道；中青年分别为滨水漫步道、林荫小道和观景平台；老年人分别为滨水漫步道、林荫小道和休息座椅（见表 4.14）。在后续对初步模型进行拟合调校时，这些偏好评分结果和比值结果可以为调整要素吸引力权重大小提供方向指引。

表 4.14 老年人对空间要素吸引点的偏好评分及与评分总和比值

编号	餐厅	咖啡厅	移动餐饮设施	卫生间	魔法矩阵	运动游乐场地	滨水漫步道	林荫小道	硬质铺地	观景平台	休息座椅	异形标志建筑
①	2	2	1	3	4	4	5	4	4	5	4	4
②	1	2	2	4	2	2	5	4	3	3	4	2
③	2	1	1	3	2	4	4	5	3	1	4	5
④	2	2	1	5	3	2	5	5	2	5	5	3
⑤	4	4	4	4	4	4	4	4	4	4	4	4
⑥	2	2	2	4	2	4	5	5	4	3	4	2
⑦	1	1	4	4	4	1	4	4	5	3	5	4
⑧	2	2	2	3	4	4	4	5	4	3	5	1
⑨	1	1	2	3	5	5	5	4	3	5	5	4
⑩	1	3	1	4	2	1	5	4	4	4	4	3
⑪	2	2	2	4	2	3	4	5	2	1	3	5
⑫	1	3	1	5	1	3	5	5	2	5	5	3
⑬	3	4	3	4	4	4	4	4	4	4	4	4
⑭	2	2	2	4	4	3	5	5	4	3	5	4
⑮	1	3	4	4	4	1	4	4	5	3	5	4
⑯	2	2	3	3	4	4	5	5	3	3	5	2
⑰	1	3	2	4	3	4	4	4	2	5	5	4
⑱	2	2	1	4	1	2	5	4	3	3	4	2
⑲	1	1	1	4	2	4	4	5	2	2	2	5
⑳	3	2	1	5	3	1	5	5	2	5	5	4
㉑	4	4	3	4	4	3	4	3	4	4	4	4
㉒	2	3	2	4	2	4	4	5	5	3	5	3
㉓	1	3	4	4	5	2	5	4	5	3	5	4

编号	餐厅	咖啡厅	移动餐饮设施	卫生间	魔法矩阵	运动游乐场地	滨水漫步道	林荫小道	硬质铺地	观景平台	休息座椅	异形标志建筑
㉔	2	1	2	3	4	4	4	5	1	4	5	2
㉕	2	1	2	4	2	3	5	4	3	3	4	3
㉖	2	2	1	4	1	1	5	5	3	3	3	2
㉗	2	1	2	3	3	2	4	4	2	3	4	1
㉘	1	1	1	4	2	2	5	5	3	2	3	2
㉙	2	2	2	3	2	2	4	5	4	3	4	1
㉚	2	2	1	4	1	1	5	5	3	3	4	2
均值	1.87	2.13	2.00	3.83	2.87	2.77	4.53	4.50	3.27	3.37	4.27	3.13
比值	0.05	0.06	0.05	0.10	0.07	0.07	0.12	0.12	0.08	0.09	0.11	0.08

　　分析距水远近和人群年龄对空间要素吸引力的影响而产生的结论对于城市滨水公共空间要素的吸引力权重量化表达有一定的辅助作用,对于多代理行为模拟模型拟合过程中吸引力权重的调校有一定的引导作用,对于城市滨水区精细治理时的项目审批也有一定的指导作用。

4.6　小　结

　　本章基于文献梳理,结合实地调研,首先把城市滨水公共空间要素梳理为基面、岸线、建筑与设施4大类,将使用者的滨水行为活动分为观赏型、休憩型、运动型、文娱型和消费型5大类,并细化要素和行为的各个子类。总结城市滨水公共空间要素和使用者行为的特征,并开展基础数据采集。其次,基于游憩机会谱理论,对空间要素与使用者行为进行转译。最后探讨空间要素与使用者行为之间的相互影响关系,为多代理行为模拟模型建构的核心即运行机制提供基础。一方面,归纳其他公共空间研究中的吸引力量化算法,提出表达空间要素与使用者行为关联性的城市滨水公共空间要素吸引力权重函数方程,量化表达两者互为影响的规律性关系;另一方面,采用层次分析法,计算得到远水、近水、临水3个部分的相对权重,以及环境要素和实体要素在3个部分重要性的初步排序,同时采用问卷调查,统计获得不同年龄人群对空间要素吸引点的偏好程度,为后续吸引力权重的调校做准备。

参考文献

［1］Hall E T. *The Hidden Dimension*［M］. Anchor,1966.

［2］王忠君.基于园林生态效益的圆明园公园游憩机会谱构建研究［D］.北京林业大学,2013.

［3］宋秀全.株洲湘江河西风光带游憩机会谱的构建与应用研究［D］.中南林业科技大学,2011.

［4］白茹雪.基于主体建模方法的住区老年人户外休闲活动空间研究:以深圳市桃源村为例［D］.哈尔滨工业大学,2018.

［5］孙琳.基于主体建模方法的住区户外空间休憩活动模拟应用研究:以深圳市典型住区为例［D］.哈尔滨工业大学,2020.

［6］陈义勇,刘涛.社区开放空间吸引力的影响因素探析:基于深圳华侨城社区的调查［J］.建筑学报,2016(2):107-112.

［7］Wang W L, Lo S M, Liu S B, et al. Microscopic Modeling of Pedestrian Movement Behavior: Interacting with Visual Attractors in the Environment［J］. *Transportation Research Part C: Emerging Technologies*,2014(44):21-33.

［8］Wang R, Lian H T, Chi F G, Li G M. Research on Validation of the Intelligent Agent Shopping Behavior Model［J］. *Journal of Research in Science and Engineering*,2020(5):22-29.

［9］汪永赫,连海涛,王若楠,池方爱.基于行人模拟的商业广场空间设计优化策略研究:以天鸿广场为例［J］.室内设计与装修,2020(11):10-11.

［10］王若楠.基于行人仿真的室内步行商业空间优化研究［D］.河北工程大学,2021.

［11］辛磊.团队多日休闲出行行为分析和仿真研究［D］.清华大学,2019.

［12］孙宏亮.生活性街道上的行人微观交通及仿真研究［D］.长安大学,2019.

［13］崔译文.基于场所理论的城市综合体与地铁站衔接空间优化设计研究［D］.青岛理工大学,2020.

5 诊断维度与指标构建

建立综合诊断指标体系可以为评价城市滨水公共空间的使用状况、衡量不同滨水区段的空间品质提供一个基准平台。由于城市滨水公共空间涉及的空间要素丰富,行为活动多样,因此诊断内容也复杂繁多。本章在对文献综述内容梳理后,以行为需求为导向,结合城市滨水公共空间要素与使用者行为的关联性,以及多代理行为模拟的输出特征,提炼出适合城市滨水公共空间的品质诊断维度和诊断指标,并基于层次分析法确立诊断维度和诊断指标的权重。

5.1 城市滨水公共空间的品质诊断维度

作为城市滨水公共空间诊断视角的体现,诊断维度的选择既要反映使用者的行为需求,又要有助于空间问题的全面剖析。随着城市高密度发展,人与空间的关系变得日趋紧张和微妙,以行为视角评价空间与时间的效率愈发受到重视[1]。第 2 章从行为视角出发,通过已有文献梳理出针对休闲空间的通行、驻留、活力等诊断维度。在此基础上,结合第 3 章滨水诊断指标体系构建原则以及多代理行为模拟输出特征,本章架构了通行顺畅、驻留舒适和亲水便利 3 个诊断维度,并注重考虑外部与内部、群体与个体、总体与沿岸等关系,以期开展全方位的诊断。

5.1.1 通行顺畅维度

作为人群最为密集的城市公共场所之一,对滨水公共空间人群的聚集管控是许多学者和管理人员关注的重要课题。一方面,城市滨水公共空间内部的通行顺畅是空间合理与舒适使用的基本保障,是人群高度密集时避免拥挤踩踏或影响活动体验的关键;另一方面,城市腹地的人群能方便地抵达水滨,是提升滨水公共空间对外吸引度以及促进内部空间活力的重要依据。因此,通行行为状况的诊断应当结合中观层面的场地外部可达性以及微观层面的场地内部连通性,分别反映周边城市路网与滨水公共空间的结构性关系是否方便或促进人群抵达水滨,场地内部相邻的不同标高基面衔接是否顺畅以及是否考虑各年龄段人群的使用便利。由此,兼顾外部与内部两个视角,从更大的区域范围和三维立体的空间层次来衡量场地的通行顺畅程度。

5.1.2　驻留舒适维度

驻留活动是指人们在公共空间活动时发生的停驻、观景、坐憩等静态行为活动。盖尔认为"更慢速的交通和更长时间的逗留意味着充满活力的城市"[2]。一个空间要有足够的吸引力,人群才有可能驻足停留。因此,驻留活动状态反映了由要素组成的场地整体空间的舒适度,包括视野所及的景观优美性、驻留活动开展的便利度和设施服务水平的完善度等。考虑到使用者个体的差异性,驻留舒适维度可以从群体与个体分别进行诊断。此外,前期研究发现驻留率(驻留人数与同一时间内该区域的慢行驻留总人数的比值)表明空间对使用者的吸引力大小,相比驻留量(某一时间内该区域的驻留人数)更能反映滨水公共空间的品质[3]。因为驻留量可能受到外围区域可达性的影响,即使滨水公共空间本身具有吸引力,但如果外部交通站点相距过远、垂直水岸的道路过少或不通,腹地抵达的人流量就少,驻留量也就会受到影响。而驻留率则与抵达的人流量多少无关,反映的是这些来到滨水公共空间的人当中有多少因被该场地吸引而驻足停留,通过比例来呈现滨水公共空间对人群的吸引程度。因此,驻留舒适维度既要反映场地内驻足的人流量,也要呈现总体人流中驻留人群的占比,应把驻留率作为重要的衡量指标。

5.1.3　亲水便利维度

能进行亲水活动是人们前往滨水区的动力,亲水行为状况反映了城市滨水公共空间的各类要素组织,特别是基面和岸线等亲水特有要素的配置与组织是否合理,是否能促进人群观水、近水或戏水。许多滨水区虽然紧邻水体,但是由于堤坝高筑,人们很难亲近水体,更不用说开展亲水活动;有些岸线单调平直,缺少凹凸变化,较难形成沿着岸线人群的聚合与散布变化;还有些岸线由原本的自然生态岸地改为混凝土硬质岸地,缺失高大植被,在炎热的夏季抑制了亲水活动。因此,基面与岸线形式影响着亲水活动。亲水便利是滨水公共空间有别于其他城市腹地公共空间的特有诊断维度,可以分为总体与沿岸两个层次,前者关注城市滨水公共空间整体范围内是否有更多的人可以感受到水,而后者关注近岸处亲水活动是否可以顺利开展。

5.2 城市滨水公共空间的品质诊断指标

在确立诊断维度的基础上,可以开展诊断指标的梳理和选择。目前,针对城市滨水公共空间的诊断主要关注物质空间环境,需要更多考虑反映使用者行为状况的指标;同时针对3个诊断维度不同的关注点,也要设定相应的诊断指标。通过文献梳理,并考虑结合多代理行为模拟输出特征,总结归纳出适用于城市滨水公共空间的诊断指标,并把它们分为继承、改进和新增3类指标。

5.2.1 通行顺畅维度的诊断指标

依据滨水场地外部与内部的关系,在通行顺畅维度可以将诊断指标分为外部可达性和内部通畅性两大类。引用街道步行量化中的步行绕路系数和步行时间对滨水外部可达性进行诊断;设定行人流密度和空间利用率对内部整体与局部区域的通行顺畅性进行诊断,在此基础上,增加基面衔接系数反映滨水不同标高基面间步行转化的便捷度,该诊断指标由基面转换时实际行走距离与理想直线距离的比值构成(见表5.1)。

表 5.1 通行顺畅维度诊断指标

诊断维度	诊断指标	指标类型	指 标 内 涵	说 明
外部可达	步行绕路系数	改进	行人实际行走距离与理想直线距离的比值	引用街道步行量化指标
	步行时间	继承	行人行走时间	
内部通畅	行人流密度	继承	行人数量与可通行面积的比值	引用通勤服务水平指标
	空间利用率	改进	人群使用的空间面积与场地总面积的比值	
	基面衔接系数	新增	基面转换时实际行走距离与理想直线距离的比值	—

(1) 步行绕路系数

步行绕路系数又称为步行非直线系数,表示从步行起始点出发前往目的地之间的实际步行距离与始末点之间直线距离的比值关系[4],步行绕路系数越大,则步行者绕行的道路越长。步行绕路系数从步行的实际行走状况来反映街道的连通性能,表达通往某个目的地的步行可达性和便捷性。

传统的步行绕路系数诊断方法是首先选取一个城市中心点或轨交站点作为步行活动出发的基准点,然后诊断其一定范围内(500 m、800 m 等半径)的绕路系数[5],进而得到基准点附近街区的步行可达性。滨水公共空间和城市腹地的连接往往是以街道为划分的较长的城市界面,无法通过单一基准点对城市滨水区步行绕路系数进行诊断;同时,行人从城市腹地前往滨水公共空间的行为具有明显的目标导向性,因此,本研究通过对比行人从轨交站点、公交站点和小区出入口等前往滨水公共空间过程中的实际步行距离与理想直线距离,对行人前往滨水公共空间的绕路过程进行诊断。

结合多代理行为模拟模型输出特征,提取代理粒子从出发到到达滨水公共空间入口过程的起始点和进入点坐标,可以计算粒子行走的理想直线距离,同时每隔 1 s 对粒子坐标进行定位累积,从而获得粒子的实际行走距离。步行绕路系数计算公式如下:

$$PRD = \frac{\sum_{i=1}^{N} \sqrt{(X_i - X_{i+1})^2 + (Y_i - Y_{i+1})^2}}{\sqrt{(X_0 - X_e)^2 + (Y_0 - Y_e)^2}} \qquad (5.1)$$

式中:(X_i, y_i)——粒子的瞬时坐标;

(X_0, y_0)——粒子出发点坐标;

(X_e, y_e)——粒子到达城市滨水公共空间入口坐标。

(2) 步行时间

步行时间代表从城市腹地走向滨水公共空间所需要花费的时间,以人群步行前往滨水公共空间的耗时来反映滨水区路网系统的可达性。步行时间计算公式如下:

$$Time = T_e - T_0 \qquad (5.2)$$

式中:T_e——粒子到达滨水公共空间入口时间,单位为 min;

T_0——粒子出发时间,单位为 min。

(3) 行人流密度

行人流密度代表人行道或排队区域内单位面积上的行人数[6],从一个侧面反映了城市滨水公共空间的通行质量,以及通行空间的安全度与舒适性。行人流密度越小,人均可利用步行空间越大,人与人之间的相互作用越小;反之,行人流密度越大,场地越拥挤,人与人之间的相互作用越大,步行速度和舒适度也会随之下降。当行人流密度达到拥挤状态时,行走会变得困难,甚至产生踩踏等安全事故。根据国际上常采用的步行人流服务水平标准,即弗洛因(Fruin)人员密度服务水平评价指标[7],可以将城市滨水公共空间步行服务水平等级划分为 A、B、C、D、E、F 6 个等级,分别对应≤0.30 人/平方米,0.31—0.42 人/平方米,0.43—0.71 人/平方米,0.72—1.08人/平方米,1.09—2.13 人/平方米,以及>2.13 人/平方米 6 种平均行人流密度区段。

结合多代理行为模拟模型输出特征,可以提取步行区域内场地面积与粒子数量来计算行人流密度,计算公式如下:

$$D = \frac{Q_r}{S_r} \qquad (5.3)$$

式中:Q_r——区域 r 内粒子数量,单位为人;

$\quad\quad S_r$——区域 r 可步行活动面积,单位为 m^2。

(4) 空间利用率

空间利用率常用于对交通枢纽室内空间的诊断,通过对交通枢纽内行人行走和停留的空间面积与建筑空间总面积的比值对枢纽设计的合理程度进行诊断[8],空间利用率越大,行人可支配空间越大。已有研究中,空间利用率是一个固定值,与空间的实时使用状态无关,因此较难反映真实状况下空间的动态使用过程。本研究对空间利用率常规指标定义进行改进,通过人群使用的空间面积与场地总面积的比值对城市滨水公共空间实时的空间使用状况进行诊断。根据《道路通行能力手册》对行人空间需求的分析,可以将行人的空间需求分为两类,一类是慢行状态下的人,其最基本的行走空间为一个 0.5 m×0.6 m 的简化椭圆,面积约为 0.3 m²;另一类为驻留状态的人,其最基本的活动空间为一个 1.0 m×1.0 m 的简化圆形,面积约为0.75 m²[6]。

结合多代理行为模拟模型输出特征,提取慢行与驻留的粒子位置,计算粒子活动空间的重叠面积,获得滨水公共空间利用率,计算公式如下:

$$V = \frac{\sum S_w + \sum S_l - S_c}{S} \qquad (5.4)$$

式中:S_w——慢行粒子空间需求,单位为 m^2;

$\quad\quad S_l$——驻留粒子空间需求,单位为 m^2;

S_c——粒子重叠面积,单位为 m^2;

S——区域总面积,单位为 m^2。

(5) 基面衔接系数

为满足城市防汛要求,滨水防汛基面往往与城市腹地存在高差,因此城市滨水公共空间常建有多个不同标高的基面,来弥合防汛基面和城市腹地的高差。梁瑜[9]总结了黄浦江滨水公共空间的 5 类高差过渡方式,即缓坡、台阶、台地、平直和陡坎等,它们的布局方式影响了滨水公共空间内部不同基面转换的通畅性。本研究的基面衔接系数引用了步行绕路系数的诊断思路,为基面转换时人们的实际行走距离与理想直线距离的比值,并对 5 类高差过渡方式设置了影响系数,计算公式如下:

$$R = \frac{\rho \sum_{i=1}^{N} \sqrt{(M_i - M_{i+1})^2 + (N_i - N_{i+1})^2}}{\sqrt{(M_0 - M_e)^2 + (N_0 - N_e)^2}} \tag{5.5}$$

式中:(M_i, N_i)——粒子的瞬时坐标;

(M_0, N_0)——粒子开始基面转换的起始点坐标;

(M_e, N_e)——粒子完成基面转换的终点坐标;

ρ——缓坡、台阶、台地、平直和陡坎的影响系数。

5.2.2　驻留舒适维度的诊断指标

驻留活动的时间和数量等与场地的活力息息相关,姜蕾[10]将驻留时间作为街道活力表征的评估指标;徐磊青等[11]通过轨交站域自发性停留活动量观察上海市中心区轨交站域公共空间供应的微观品质,从而预测城市活力。

本书结合场地特征,将驻留活动的时间和数量进一步细化,以确定驻留舒适维度的具体诊断指标。依据群体和个体的划分,设定驻留量、驻留率、驻留面密度对群体驻留性进行诊断,设定驻留活动类型、人均驻留时间、人均驻留次数对个体驻留性进行诊断。在群体驻留指标的基础上,增加吸引点利用率和吸引点平均访问率两个指标,反映场地内不同吸引点对驻留行为吸引水平的质与量,分别由吸引点影响范围内驻留人群数量与总人数的比值,以及吸引点的平均访问次数来表达(见表 5.2)。

(1) 驻留量

要确定驻留量,需要先对停留多久计为驻留活动进行界定。关于驻留时长的定义目前尚未统一,梅塔(Mehta)[12]以 15 min 作为驻留活动的记录时长,将驻留时间分为 1 min、3 min、5 min、10 min 和 15 min;尤班克-阿伦斯(Eubank-Ahrens)[13]提出以 5 min 为时间间隔对街道的驻留活动进行记录;姜蕾[10]

表 5.2　驻留舒适维度诊断指标

诊断维度	诊断指标	指标类型	指标内涵	说明
群体驻留	驻留量	继承	驻留超过 3 min 的人群数量	引用滨水驻留量化指标
	驻留率	改进	驻留人数与同一时间内该区域的慢行驻留总人数的比值	
	驻留面密度	继承	驻留量与可驻留面积的比值	
	吸引点利用率	新增	吸引点影响范围内驻留人群数量与总人数的比值	—
	吸引点平均访问率	新增	吸引点被访问概率	—
个体驻留	驻留活动类型	改进	驻留活动的类型数量	引用历史街道量化指标
	人均驻留时间	继承	个体驻留时间的平均值	引用街道步行量化指标
	人均驻留次数	继承	个体在整个行为过程中驻留次数的平均值	引用消费模型量化指标

将驻留时长分为 0—1 min、1—5 min、5—10 min、10—15 min、15 min 以上 5 类,对街道活动人群驻留时间进行统计。本研究对多代理行为模拟模型进行分析,结合现场人群活动的长期观察,确定以 3 min 作为滨水公共空间的基本驻留时长。通过对粒子驻留时间进行统计和筛选,即可获得研究样本的驻留量。

(2) 驻留率

前期研究显示,相比于驻留量,驻留率能更加真实地反映驻留空间的吸引力,驻留人数与同一时间内该区域的慢行驻留总人数的比值计为驻留率[3]。驻留率越大,说明空间中愿意停留驻足的人群比例越高,一定程度上表明空间对行人的吸引力越强。驻留率的计算公式如下:

$$D_l = \frac{Q_l}{Q} \tag{5.6}$$

式中：Q_l——区域内驻留时长超过 3 分钟的粒子数量,单位为人。

　　　　Q——区域内慢行到达总粒子数量,单位为人。

(3) 驻留面密度

驻留面密度即驻留量与城市滨水公共空间可驻留面积的比值[3]。其中,可驻留面积为排除行人不可进入的水体、景观绿化场地、实体构筑物等非驻留空间后所计算获得的面积。驻留面密度越大,说明同等空间面积下,场地内驻留的人群数量越多,驻留行为越密集。驻留面密度计算公式如下:

$$D_s = \frac{Q_l}{S_p} \tag{5.7}$$

式中:Q_l——区域内驻留时长超过 3 min 的粒子数量,单位为人;

S_p——区域内可驻留面积,单位为 m^2。

(4) 吸引点利用率

所有空间要素吸引点影响范围内的驻留人群数量与场地内总人数的比值即为吸引点利用率。吸引点利用率越大,与该吸引点发生互动行为的粒子越多,表明该吸引点的利用频率越高。与反映场地整体情况的驻留率相比,吸引点利用率更加关注场地内的吸引点,如座椅、健身器材、平台等对周边人群的影响,可以体现节点空间的吸引度和活跃度。吸引点利用率计算公式如下:

$$D_c = \frac{Q_c}{Q} \tag{5.8}$$

式中:Q_c——区域内被吸引的粒子数量,单位为人;

Q——区域内慢行到达的总粒子数量,单位为人。

(5) 吸引点平均访问率

吸引点平均访问率即吸引点被访问的概率,可以用场地内人群被吸引的总次数相比吸引点数量和场地内曾到达人数的乘积所得的值。吸引点平均访问率可以对场地内一段时间内的“空间-行为”互动关系进行诊断。吸引点平均访问率越高,一定程度上表明该区域越有活力。计算公式如下:

$$D_q = \frac{Q_{cs}}{q \times Q} \tag{5.9}$$

式中:Q_{cs}——区域内人群累计被吸引的总次数,单位为次;

q——区域内吸引点数量,单位为个;

Q——区域内慢行到达总人数,单位为人。

(6) 驻留活动类型

引用历史街道微观建成环境中的游客停驻行为表征指标体系,针对城市滨水公共空间的 5 类驻留活动进行停驻强度赋分[14]。其中,观赏型、休憩型活动驻留强度为 1 分,文娱型、运动型活动驻留强度为 2 分,消费型活

动驻留强度为 3 分,据此构建驻留活动类型指标。驻留活动类型计算公式如下:

$$L = \frac{\sum(\alpha_i \times Q_i)}{Q_c} \tag{5.10}$$

式中:α_i——某类驻留活动的驻留强度;

$\quad\quad Q_i$——区域内此类驻留活动粒子的数量,单位为人;

$\quad\quad Q_c$——区域内被吸引的粒子数量,单位为人。

(7) 人均驻留时间

人均驻留时间即总体驻留时间与该区域的慢行到达总人数的比值。本研究借助多代理行为模拟模型能全时段模拟和记录粒子活动状态的特征,对粒子驻留时间进行统计和诊断。人均驻留时间计算公式如下:

$$T = \frac{\sum(T_1 - T_2)}{Q} \tag{5.11}$$

式中:T_1、T_2——粒子驻留活动的始末时间,单位为 min;

$\quad\quad Q$——区域内慢行到达总人数,单位为人。

(8) 人均驻留次数

人均驻留次数与驻留频率相关,而驻留频率是公共空间活力的重要依据。已有研究主要针对消费行为,如朱玮[15]通过建立消费者入口模型,测算商业空间的消费者活动人次,对南京东路回游消费行为进行分析,揭示消费者的行为特征与选择偏好。本研究将人均驻留次数作为衡量城市滨水公共空间对行人驻留吸引力强度的重要指标。人均驻留次数越高,空间的有效吸引点越多,空间越有活力。人均驻留次数计算公式如下:

$$N = \frac{N_s}{Q} \tag{5.12}$$

式中:N_s——粒子驻留活动总次数,单位为次;

$\quad\quad Q$——区域内慢行到达总人数,单位为人。

5.2.3 亲水便利维度的诊断指标

在亲水便利维度,设定视线达水率、岸线线密度、沿岸人群数量波动指数等指标对总体和沿岸亲水性进行诊断。在此基础上,增加垂水人流密度和不同高程岸线亲水度两个指标,分别反映基面进深和高程差异对亲水便利的影响(见表 5.3)。

表 5.3　亲水便利维度诊断指标

诊断维度	诊断指标	指标类型	指 标 内 涵	说 明
总体亲水	视线达水率	改进	看到水滨的粒子数量占比	—
	垂水人流密度	新增	垂水空间人群数量与界面进深的比值	—
沿岸亲水	岸线线密度	继承	平、凹、凸岸人群数量与该段岸线长度的比值	引用滨水驻留量化指标
	不同高程岸线亲水度	新增	不同高程岸线人群数量与该段水岸高差的比值	—
	沿岸人群数量波动指数	改进	人群数量最大值与最小值的比值	—

(1) 视线达水率

视线的开敞性是城市滨水空间的重要特征,而对使用者来说,视线达水性是空间感知和行为激发的重要前提。已有研究主要从空间视角出发,关注第一界面建筑高度[16]、滨水公共空间进深等空间要素属性对人群视线开敞度的影响,与视线达水性有一定的关联。本研究从行为视角出发,在行为动态模拟过程中,计算行人粒子在运行过程中看到水滨的数量,由此对视线达水率进行诊断,计算公式如下:

$$V_w = \frac{Q_w}{Q}\qquad(5.13)$$

式中:Q_w——区域内能看到水滨的粒子数量,单位为人;

　　　Q——区域内慢行到达总人数,单位为人。

(2) 垂水人流密度

垂水人流密度即垂直水体空间中的人群数量与基面进深的比值。通过垂水人流密度分析基面进深对使用者行为活动偏好选择的影响,分别统计远水、近水、临水 3 部分基面的行人数量、可活动空间面积、基面进深,推导出垂水人流密度,计算公式如下:

$$D_v = \sum \frac{Q_i}{S_i / L_i}\qquad(5.14)$$

式中:Q_i——远水、近水、临水基面的粒子数量,单位为人;

　　　S_i——远水、近水、临水基面可活动空间面积,单位为 m^2。

　　　L_i——远水、近水、临水基面的进深,单位为 m。

(3) 岸线线密度

亲水基面人群数量与岸线开口长度的比值记为岸线线密度,可以反映河流岸线对使用者行为活动的影响。以多代理行为模拟模型输出结果来统计亲水基面行人数量,计算其与沿岸岸线开口长度的比值,获得岸线线密度,计算公式如下:

$$D_w = \frac{Q_o}{L_w} \tag{5.15}$$

式中:Q_o——亲水基面粒子数量,单位为人;

L_w——沿岸岸线开口长度,单位为 m。

(4) 不同高程岸线亲水度

考虑不同基面的高程对亲水行为可能有影响,本研究采用某个基面人群数量与该基面高程之间的比值来表达不同高程岸线亲水度,计算公式如下:

$$V_h = \sum \frac{Q_i}{H_i} \tag{5.16}$$

式中:Q_i——远水、近水、临水基面粒子数量,单位为人;

H_i——远水、近水、临水基面与水面高差,单位为 m。

(5) 沿岸人群数量波动指数

波动指数常源于宏观大数据中特定时段内人群活动数量的变化值,用来描述空间活力水平随时间变化的波动程度[17],可以在一定程度上反映空间的活力变化特征。本研究将波动指数运用于沿岸亲水性的诊断上,对不同时间段滨水沿岸人群的变化水平进行统计,数值越大,说明该时段内沿岸活力变化越剧烈。将亲水基面人数最大值与最小值之差和亲水基面可活动面积的比值记为沿岸人群数量波动指数,计算公式如下:

$$V_v = \frac{Q_{max} - Q_{min}}{S_w} \tag{5.17}$$

式中:Q_{max},Q_{min}——特定时段内亲水基面粒子数量的最大值、最小值,单位为人;

S_w——亲水基面空间可活动面积,单位为 m^2。

5.3　城市滨水公共空间的品质诊断指标属性

综合上述 3 个诊断维度及子类诊断指标,构建出城市滨水公共空间品

质综合诊断指标体系。细致分析各个诊断指标,具有一定的指标倾向性和
时空属性。

5.3.1 诊断指标倾向性

诊断指标具有倾向性,可分为正向型、逆向型与适中型。正向型诊断指
标的数值越大,对城市滨水公共空间综合品质的正向影响越高,如驻留量、
驻留率、吸引点利用率、吸引点平均访问率、驻留活动类型、人均驻留时间、
人均驻留次数和视线达水率;逆向型诊断指标的数值越大,对综合品质的负
面影响越大,如步行绕路系数、步行时间和基面衔接系数;而适中型诊断指
标对综合品质的影响要视具体情况而定(见表 5.4)。

表 5.4 诊断指标倾向

诊 断 维 度		诊 断 指 标	指标倾向
X 通行顺畅	Xa 外部可达性	Xa1:步行绕路系数	↓
		Xa2:步行时间	↓
	Xb 内部通畅性	Xb1:行人流密度	—
		Xb2:空间利用率	—
		Xb3:基面衔接系数	↓
Y 驻留舒适	Ya 群体驻留性	Ya1:驻留量	↑
		Ya2:驻留率	↑
		Ya3:驻留面密度	—
		Ya4:吸引点利用率	↑
		Ya5:吸引点平均访问率	↑
	Yb 个体驻留性	Yb1:驻留活动类型	↑
		Yb2:人均驻留时间	↑
		Yb3:人均驻留次数	↑
Z 亲水便利	Za 总体亲水性	Za1:视线达水率	↑
		Za2:垂水人流密度	—

诊 断 维 度		诊 断 指 标	指标倾向
Z 亲水便利	Zb 沿岸亲水性性	Zb1：岸线线密度	—
		Zb2：不同高程岸线亲水度	—
		Zb3：沿岸人群数量波动指数	—

注：↑表示正向型诊断指标，↓表示逆向型诊断指标，—表示适中型诊断指标。

5.3.2 诊断指标时空属性

诊断指标也具有时空属性，可以分为静态指标和动态指标两大类，前者反映在某一特定时间点上一定空间范围内的某种状况，所表示的是公共空间中瞬时静止的情况；后者则反映在某一特定时间段内一定空间范围的数量累计特征或者将这些数量累计特征在不同的时间进行对比计算的统计指标，所表示的是公共空间的动态变化过程。

基于以上关于城市滨水公共空间品质综合诊断指标的研究结论，从通行顺畅、驻留舒适、亲水便利 3 个维度，根据诊断指标的具体内涵形成量化的指标数据构成与指标状态分类（见表 5.5）。可以看到，指标数据构成都是多代理行为模拟输出的常规数据，包括表示空间状况的场地面积、基面进深、基面高度和岸线长度；表示行为状况的粒子数量、位置参数、移动时间、停留时长、粒子活动类型和粒子视线状况等。选取其中一个或数个数据，通过上述转换公式变成反映滨水特征的诊断指标。例如，驻留舒适维度的驻留面密度就是由模型输出的场地面积、粒子数量和停留时长共同构成并转换而来。其中，多数指标为动态指标，与移动时间或停留时长相关联，这与多代理行为模拟技术的动态特征吻合；仅少数指标为静态指标，且静态指标表达的是该时刻的实时状态，指标数值会随时间变化而增减，因此也只是相对而言的静态指标。

表 5.5　诊断指标数据构成和指标状态

诊断维度	诊 断 指 标	指标数据构成	指标状态
X 通行顺畅	Xa1：步行绕路系数	位置参数	动态
	Xa2：步行时间	移动时间	动态

续　表

诊断维度	诊断指标	指标数据构成			指标状态
X 通行顺畅	Xb1：行人流密度	粒子数量	场地面积		静态
	Xb2：空间利用率	粒子数量	场地面积	运动状态	静态
	Xb3：基面衔接系数	位置参数			动态
Y 驻留舒适	Ya1：驻留量	粒子数量	停留时长		动态
	Ya2：驻留率	粒子数量	停留时长		动态
	Ya3：驻留面密度	粒子数量	停留时长	场地面积	动态
	Ya4：吸引点利用率	粒子数量			静态
	Ya5：吸引点平均访问率	粒子数量	停留时长		动态
	Yb1：驻留活动类型	粒子活动类型	停留时长		动态
	Yb2：人均驻留时间	粒子数量	停留时长		动态
	Yb3：人均驻留次数	粒子数量	停留次数		动态
Z 亲水便利	Za1：视线达水率	粒子视线状况			静态
	Za2：垂水人流密度	粒子数量	基面进深		静态
	Zb1：岸线线密度	粒子数量	岸线长度		静态
	Zb2：不同高程岸线亲水度	粒子数量	基面高度		静态
	Zb3：沿岸人群数量波动指数	粒子数量	场地面积		动态

5.4 城市滨水公共空间各诊断维度和指标权重分析

诊断维度和诊断指标的权重可以视为该维度或指标对城市滨水公共空间综合品质的影响程度或贡献大小，可以获知该维度或指标在滨水公共空间品质诊断中的重要性。

5.4.1 各诊断维度和诊断指标权重

指标权重的分析方法多种多样,如张明丹[18]和梁瑜[9]分别通过专家问卷和层次分析法研究幼儿园游戏活动区域的环境评价指标与滨水公共空间要素的权重。本研究将前文初步整理形成的诊断指标按不同的诊断维度分类,邀请20位专业领域的专家进行问卷调研,其中建筑、规划、景观领域的专家各5位,其他领域专家5位,对各类诊断维度和诊断指标进行两两比较评分。通过层次分析法建立层次结构模型,得到诊断维度和诊断指标的权重。

以一位专家问卷计算过程为例,具体过程如下。

① 建构判断矩阵。

使用9分支标度方法对通行顺畅、驻留舒适、亲水便利这3个维度进行重要程度评分(见表5.6)。

表5.6 3个维度的判断矩阵

判断矩阵	X 通行顺畅	Y 驻留舒适	Z 亲水便利
X 通行顺畅	1	1/7	1/7
Y 驻留舒适	7	1	1
Z 亲水便利	7	1	1

由此构建判断矩阵:

$$A = \begin{bmatrix} 1 & 1/7 & 1/7 \\ 7 & 1 & 1 \\ 7 & 1 & 1 \end{bmatrix}$$

② 将判断矩阵进行归一化处理。

$$\begin{bmatrix} 0.067 & 0.067 & 0.067 \\ 0.467 & 0.467 & 0.467 \\ 0.467 & 0.467 & 0.467 \end{bmatrix}$$

计算特征向量:
由

$$\vec{W}_1 = \frac{0.066\,7 + 0.066\,7 + 0.066\,7}{3} = 0.067$$

$$\vec{W}_2 = \frac{0.466\,7 + 0.466\,7 + 0.466\,7}{3} = 0.467$$

$$\vec{W}_3 = \frac{0.466\,7 + 0.466\,7 + 0.466\,7}{3} = 0.467$$

得：

$$\vec{W} = [0.067,\ 0.467,\ 0.467]^T$$

计算最大特征根：

由

$$A\vec{W} = \begin{bmatrix} 1 & 1/7 & 1/7 \\ 7 & 1 & 1 \\ 7 & 1 & 1 \end{bmatrix} * \begin{bmatrix} 0.067 \\ 0.467 \\ 0.467 \end{bmatrix} = \begin{bmatrix} 0.200 \\ 1.400 \\ 1.400 \end{bmatrix}$$

得：$(A\vec{W})_1 = 0.200$；$(A\vec{W})_2 = 1.400$；$(A\vec{W})_3 = 1.400$

$$\lambda_{max} = \sum_{i=1}^{n} \frac{(A\vec{W})_i}{n\vec{W}_i} = \frac{1}{3}\left(\frac{0.200}{0.067} + \frac{1.40}{0.467} + \frac{1.40}{0.467}\right) = 3.000$$

③ 一致性检验。

$$CI = \frac{\lambda_{max} - n}{n - 1} = \frac{3.000 - 3}{3 - 1} = 0$$

当 $N=3$ 时，$RI = 0.58$，验证一致性比率：

$$CR = \frac{CI}{RI} = 0 < 0.1$$

判断矩阵的一致性程度合理。

④ 层次总排序与一致性验证。

表 5.7 专家打分表示例

X	Xa	Xb
Xa	1	1/3
Xb	3	1

Y	Ya	Yb
Ya	1	1/5
Yb	1/5	1

Z	Za	Zb
Za	1	1/7
Zb	7	1

Xa	Xa1	Xa2
Xa1	1	1
Xa2	1	1

Xb	Xb1	Xb2	Xb3
Xb1	1	1/5	1
Xb2	5	1	5
Xb3	1	1/5	1

Ya	$Ya1$	$Ya2$	$Ya3$	$Ya4$	$Ya5$
$Ya1$	1	1/3	1	1/3	1/3
$Ya2$	3	1	3	5	5
$Ya3$	1	1/3	1	1	1
$Ya4$	3	1/5	1	1	1
$Ya5$	3	1/5	1	1	1

Yb	$Yb1$	$Yb2$	$Yb3$
$Yb1$	1	1	1
$Yb2$	1	1	1
$Yb3$	1	1	1

Za	$Za1$	$Za2$
$Za1$	1	1
$Za2$	1	1

Zb	$Zb1$	$Zb2$	$Zb3$
$Zb1$	1	1	1/3
$Zb2$	1	1	1/3
$Zb3$	3	3	1

依据专家打分表(见表 5.7),依次计算各层判断矩阵一致性,$X—Z$ 层为 $0.000,0.000,0.000$;Xa、Xb、Ya、Yb、Za、Zb 层为 $0.000,0.000,0.084$,$0.000,0.000,0.000$。

验算总排序一致性比例:

$$CR = \frac{\sum_{j=1}^{m} CI(j)\, a_j}{\sum_{j=1}^{m} RI(j)\, a_j} = 0.075 < 0.1$$

验算结果通过,可按照总排序向量表示的结果进行指标权重计算。

将 20 份专家问卷进行数据处理,可获得各诊断维度和诊断指标对于目标层,即城市滨水公共空间品质综合诊断影响的权重(见表 5.8)。

表 5.8　各诊断维度和诊断指标权重

目标层	指标层 1	权重	指标层 2	权重	指 标 层 3	权重
城市滨水公共空间品质综合诊断	X 通行顺畅	0.214 3	Xa 外部可达性	0.101 4	$Xa1$:步行绕路系数	0.048 6
					$Xa2$:步行时间	0.052 8
			Xb 内部通畅性	0.112 8	$Xb1$:行人流密度	0.029 6
					$Xb2$:空间利用率	0.041 3
					$Xb3$:基面衔接系数	0.041 9

续　表

目标层	指标层 1	权重	指标层 2	权重	指　标　层　3	权重
城市滨水公共空间品质综合诊断	Y 驻留舒适	0.535 4	Ya 群体驻留性	0.397 0	Ya1：驻留量	0.076 1
					Ya2：驻留率	0.107 2
					Ya3：驻留面密度	0.052 2
					Ya4：吸引点利用率	0.076 3
					Ya5：吸引点平均访问率	0.085 1
			Yb 个体驻留性	0.138 4	Yb1：驻留活动类型	0.070 4
					Yb2：人均驻留时间	0.042 2
					Yb3：人均驻留次数	0.025 8
	Z 亲水便利	0.250 3	Za 总体亲水性	0.105 3	Za1：视线达水率	0.081 7
					Za2：垂水人流密度	0.023 6
			Zb 沿岸亲水性	0.145 0	Zb1：岸线线密度	0.040 7
					Zb2：不同高程岸线亲水度	0.063 2
					Zb3：沿岸人群数量波动指数	0.041 1

5.4.2　各层次维度和指标权重分析

（1）3 个诊断维度权重对比

根据专家问卷结果，分析得到通行顺畅、驻留舒适和亲水便利 3 个维度对于城市滨水公共空间综合品质的影响权重，获得权重对比结果（见图 5.1）。其

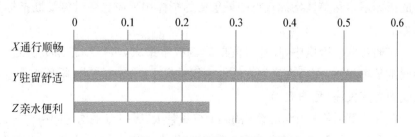

图 5.1　3 个诊断维度权重对比

中,驻留舒适诊断维度最为重要,亲水便利诊断维度次之,并与通行顺畅诊断维度影响权重相差不大,表明城市滨水公共空间中的驻留舒适性是品质诊断的重要关注对象。

(2) 整体诊断指标权重对比

将所有的诊断指标权重对比分析可知,对城市滨水公共空间品质综合诊断最为重要的 3 个指标分别为驻留率、吸引点平均访问率和视线达水率,在品质诊断时需要获得更多的关注;权重最小的 3 个指标则分别为垂水人流密度、人均驻留次数和行人流密度(见图 5.2)。

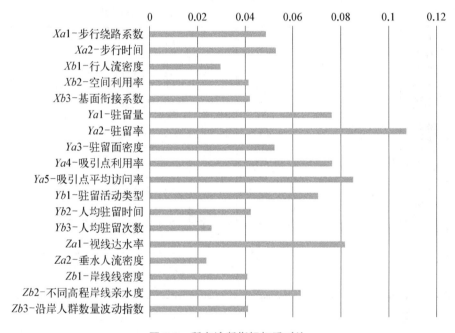

图 5.2　所有诊断指标权重对比

(3) 单个维度诊断指标权重对比

针对通行顺畅、驻留舒适和亲水便利 3 个诊断维度,分别对单个维度下的各诊断指标进行权重对比。根据层次分析法计算结果显示,影响权重最大的指标基本和整体指标权重中最重要的指标相呼应。各维度诊断指标分析如下:

在通行顺畅维度中,步行时间的影响权重最大,步行绕路系数次之,两者权重基本相当,而行人流密度的影响权重最小。表明快速、顺畅地通达水滨受到更多关注(见图 5.3)。

在驻留舒适维度中,驻留率的影响权重最大,吸引点平均访问率次之,驻留量与吸引点利用率的影响权重大致相当,而人均驻留次数、人均驻留时间的影响权重最小和次小。这也证明了前期研究中获知的驻留率指标高低更能表明空间对使用者的吸引力大小，是驻留舒适度的良好呈现（见图5.4）。

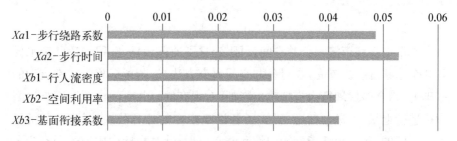

图5.3　通行顺畅维度指标权重对比

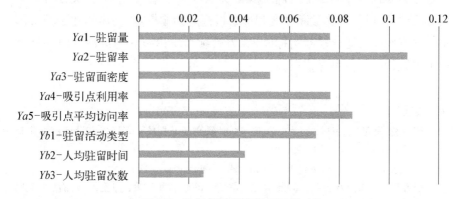

图5.4　驻留舒适维度指标权重对比

在亲水便利维度中，视线达水率的影响权重最大，不同高程岸线亲水度次之，而垂水人流密度的影响权重最小。表明能否看到水，能否方便地靠近水受到最多关注（见图5.5）。

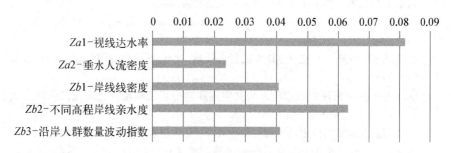

图5.5　亲水便利维度指标权重对比

上述3个诊断维度的影响权重对比，整体指标的影响权重对比，以及单个维度下各诊断指标的影响权重对比，将为第7章开展品质诊断提供更为细致的评判依据，进而可为第9章的项目审批引入关键诊断指标提供参考。

5.5 小 结

本章结合城市滨水公共空间特征,建立了通行顺畅、驻留舒适和亲水便利 3 个诊断维度。首先,在对公共空间研究方法、诊断指标相关文献梳理的基础上,结合多代理行为模拟输出特征,对现有的公共空间诊断维度与诊断指标进行继承、改进与新增,确立了各诊断指标的计算公式。其次,分析了诊断指标的属性,包括指标倾向性和时空属性,针对指标构成的梳理也为多代理行为模拟模型的设定明确了变量提取要求。最后,采用层次分析法开展专家问卷分析,计算诊断维度和诊断指标的影响权重,初步构建了城市滨水公共空间品质综合诊断指标体系,为后续品质诊断和精细治理时的项目审批关键指标提供参考依据。

参考文献

[1] 褚冬竹,马可,魏书祥."行为—空间/时间"研究动态探略:兼议城市设计精细化趋向[J].新建筑,2016(3):92-98.

[2] Gehl J. *Cities for People*[M]. Denmark:Island Press,2010.

[3] 杨春侠,邵彬.滨水公共空间要素对驻留活力的影响和对策:以上海黄浦江两个典型滨水区为例[J].城市建筑,2018(5):40-47.

[4] Randall T A, Baetz B W. Evaluating Pedestrian Connectivity for Suburban Sustainability[J]. *Journal of Urban Planning and Development*, 2001(1):1-15.

[5] 陈泳,何宁.轨道交通站地区宜步行环境及影响因素分析:上海市 12 个生活住区的实证研究[J].城市规划学刊,2012(6):96-104.

[6] 刘小明.道路通行能力手册[M].北京:人民交通出版社,2008.

[7] Fruin J J. *Designing for Pedestrians: A Level-of-service Concept*[M]. New York:American Society of Mechanical Engineers,1971.

[8] 鲁晨,孙健,杨涛.综合交通枢纽客流行人换乘组织优化及仿真[J].系统工程,2020(3):84-91.

[9] 梁瑜.基于驻留偏好的城市滨水公共空间要素分析及环境优化研究[D].同济大学,2019.

[10] 姜蕾.城市街道活力的定量评估与塑造策略[D].大连理工大学,2013.

[11] 徐磊青,刘念,卢济威.公共空间密度、系数与微观品质对城市活力的影响:上海轨交站域的显微观察[J].新建筑,2015(4):21-26.

[12] Mehta V. Lively Streets:Determining Environmental Characteristics to Support Social Behavior[J]. *Journal of Planning Education and Research*, 2007(2):165-187.

[13] Eubank-Ahrens B. *A Closer Look at the Users of Woonerven: In Public Streets for*

Public Use[M]. New York：Columbia University Press，1991.

[14] 张章,徐高峰,李文越,龙瀛,曹哲静.历史街道微观建成环境对游客步行停驻行为的影响：以北京五道营胡同为例[J].建筑学报,2019(3)：96-102.

[15] 朱玮,王德,齐藤参郎.南京东路消费者的入口消费行为研究[J].城市规划,2005(5)：14-21.

[16] Hermida M A，Cabrera-Jara N，Osorio P，et al. Methodology for the Assessment of Connectivity and Comfort of Urban Rivers[J]. *Cities*，2019(95)：14.

[17] 张露.活力视角下的城市滨水空间解析模式探讨[D].东南大学,2018.

[18] 张明丹.幼儿园游戏区域环境评价指标体系研究[D].福建师范大学,2020.

6 行 为 模 拟

前面两章探讨了"空间要素与行为偏好"和"诊断维度与指标构建",分别为本章"行为模拟"和下一章"品质诊断"研究做了前期准备。本章将开展多代理行为模拟:首先,探讨仿真空间要素和微观行为模拟的参数设定,以及模型运行流程,提供通用的模型建构方法;其次,运用上述方法,以旅居型滨水区段东昌滨江为例,在 Anylogic 软件平台上建构智能体和社会力组合模型,并对初步模拟结果进行拟合分析;再次,将调整之后的吸引力权重数据代入同为旅居型滨水区段的老白渡滨江进行检验,再代入商住型和文博型的 4 个滨水区段,调校并验证模型的有效性;最后,对上述 3 类滨水区段的共性空间要素吸引力权重进行整合与分析,获得黄浦江两岸文化活力型滨水公共空间区段吸引力权重阈值,关键影响空间要素及场地特征表现(见图 6.1)。

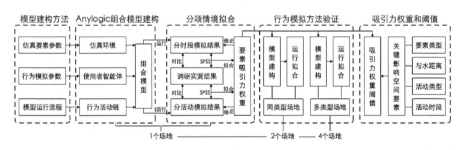

图 6.1 行为模拟路径

6.1 模型建构方法

首先,提出适应城市滨水公共空间要素与行为特点的一般性、通用的行为模拟模型建构方法,包括仿真空间要素和微观行为模拟的参数设定,以及使代理粒子在仿真空间中运动的模型运行流程。

6.1.1 仿真空间要素参数设定

仿真环境是仿真空间要素的集结体,相对于模拟使用者的可移动的智能体粒子,仿真空间要素不会移动,其位置与实际场景中的该要素相对应,以点、线或面状区域的形式存在,代表实际场景中一些对使用者有吸引作用的空间要素或节点区域。城市滨水仿真空间要素可表达为基面、岸线、建筑、设施及它们的子类型。仿真空间要素既能被智能体粒子感知,同时也能够通过自身属性影响到智能体粒子的行为,这种影响主要来自空间要素 3 个方面的基本属性,即服务半径、最大使用者承载量和吸引力权重。

（1）服务半径

城市规划的服务半径指居民到达公共服务设施的最大步行距离或公共服务设施可服务的最大空间距离。参照这一定义,把滨水空间要素的服务半径定义为各类空间要素可服务使用者的最大空间距离或可被使用者感知的最大空间距离。

（2）最大使用者承载量

正如景区具有最大游客承载量,城市滨水公共空间作为城市开放的游憩场所也具有最大使用者承载量。根据国家旅游局颁布的《旅游景区的最大承载能力》[1],最大使用者承载量是一个总的概念,可细分为空间承载量、设施承载量、生态承载量、社会承载量、心理承载量、瞬时承载量、日承载量等概念。其中,使用者在游憩过程中容易直观感受到的是空间承载量和设施承载量,会以瞬时承载量来呈现。因此,城市滨水公共空间中某区域的最大使用者承载量包含区域最大空间承载量和区域中各类设施的最大设施承载量。

空间承载量可按照使用者单位游览面积（即基本空间承载标准）和区域有效可游览面积确定[1],计算公式为:

$$C_1 = \sum \frac{X_i}{Y_i} \tag{6.1}$$

C_1——某区域的空间承载量;

X_i——第 i 区域的有效可游览面积;

Y_i——第 i 区域的游客单位游览面积,即基本空间承载标准。

餐厅、望江驿、卫生间等公共建筑,以及座椅、健身器材、球场等服务设施具有最大设施承载量,因尺寸、面积、座位数量不同而有差异,可根据调研获得。

（3）吸引力权重

由第 4 章获知,空间要素吸引力权重指滨水公共空间内各类空间要素对于不同活动类型人群吸引的程度。各类空间要素的吸引力权重由实地调研数据分析计算获得,再将每类场地中两个滨水区段各个空间要素吸引力权重取均值,可以初步获得商住型、旅居型、文博型 3 类滨水区段中各个空间要素的初始吸引力权重(见附录 N,O,P),后期在模型拟合时会对吸引力权重进行调校。

6.1.2 微观行为模拟参数设定

行为模拟参数是对使用者行为的量化表达,可分为宏观与微观参数。研究关注微观行为模拟,所以暂不考虑呈现粒子群流体特性的宏观参数。微观参数重点关注个体的行为活动特征,包括运动参数,如步幅、步频、步行速度、空间需求、步行影响范围、加速度等,以及活动参数,如活动分类、目的地、行为活动链、空间要素影响、等待特征等。微观参数可依据调研数据转化为仿真模拟平台可识别的模型语言,但相关数据通过调研获取或转化有难有易,而调研和转化的难易程度是本研究选择参数的重要依据(见表 6.1)。

表 6.1 行为模拟参数选择

参 数			定 义	可行性	参数选择
微 观 参 数	运 动 参 数	步幅	步行一步跨越的距离	困难	/
		步频	单位时间内迈步次数	困难	/
		步行速度	单位时间内通过的距离	可行	√
		空间需求	使用者完成活动时占用的空间	可行	√
		步行影响范围	使用者步行时与其他事物发生影响关系	困难	/
		加速度	使用者步行速度的动态变化能力	困难	/
	活 动 参 数	活动分类	使用者活动具体表现	可行	√
		目的地	使用者活动完成点	可行	√
		行为活动链	使用者活动完成顺序	可行	√
		空间要素影响	空间要素对使用者活动的影响、服务半径、承载量等	可行	√
		等待特征	使用者等待活动特征	可行	√

续 表

参　数		定　义	可行性	参数选择
宏观参数	使用者流量	单位时间内通过指定地点或断面的人数	可行	模拟阶段不考虑宏观参数的设置
	使用者通过速率	一小时内通过指定地点或断面的人数	可行	
	使用者流量密度	单位面积内的平均使用者数量	可行	
	使用者空间占有量	单个使用者的平均空间占有量	可行	
	使用者空间占有率	某一区域内使用者占有的空间与该区域空间面积之比	可行	
	时间平均速度	使用者行走一段时间的平均速度	可行	
	空间平均速度	使用者行走一段距离的平均速度	可行	

城市滨水公共空间的使用者人群年龄跨度大,行为活动类型也多样,微观行为模拟参数会因个体初始属性不同而有差异。同时,按照运行阶段将参数分为模拟运行前的初始参数和模拟运行过程中的动态参数。

初始参数是在模拟运行前依据行为个体的初始属性对智能体粒子设置的参数。性别和年龄是最基本的两大初始属性,而依据游憩机会谱对滨水使用者行为的转译(见图4.4),活动类型也是智能体粒子的初始属性,可分为观赏型、休憩型、文娱型、运动型和消费型活动智能体。这些初始属性会影响智能体粒子4个方面的初始参数,即视野范围、计划游憩时间、要素感知半径和基础速度。

动态参数是在模拟过程中表达智能体粒子运动的参数,主要包括移动方向、移动速度和游憩时间。智能体粒子在每个单位时间与仿真环境交互进行一次感知判定,来选择下一步的移动方向和移动速度,并实时计算游憩时间。

(1) 视野范围(初始参数)

在头部和眼球固定不动的情况下,眼睛观看正前方所能看见的空间范围,常用角度来表示。正常人在水平面内的视野范围是双眼视区左右60°以内的区域,即可视角度为120°。超过120°时,用眼睛余光无法对空间和距离精确判定。

（2）计划游憩时间（初始参数）

指游人在滨水公共空间的一般倾向活动时间，在行为模拟时控制智能体粒子在场地内的停留次数。计划游憩时间可以依据现场问卷结果统计获得。

（3）要素感知半径（初始参数）

指智能体粒子能识别仿真环境中空间要素的最大距离。要素感知半径和视野范围共同决定了智能体粒子的要素感知范围，前者限定感知范围距离，后者限定感知范围角度。智能体粒子的要素感知半径与仿真要素的服务半径关系密切，两个半径所画的圆形范围相交时，游人才可能被该要素吸引。一般正常人能清晰看到景物的距离为 25—30 m，为要素感知半径设定提供参考。

（4）基础速度（初始参数）

指智能体粒子进入场地时的初始速度，一般情况下，正常人步行的速度大约是 1 m/s。但是，在结伴情况下，基础速度会受到影响而降低。

（5）移动方向（动态参数）

由智能体粒子目标游憩起止点、仿真空间要素方向、躲避其他粒子方向三者的综合判定来决定。当智能体粒子被仿真空间要素吸引时，不再考虑初始游憩终点方向，而朝该空间要素的方向移动并停留一定的时间后离开，其方向重新变为向游憩终点行进。躲避方向是在确定主要方向的基础上进行指定角度偏移的方向，需要重复判定，保证本次方向的移动没有其他智能体粒子或仿真空间要素的阻挡。

（6）移动速度（动态参数）

移动速度受基础速度和周围环境的影响，若在移动过程中受到空间要素吸引或周边感知范围内智能体粒子数量增多，移动速度可能减小。

（7）游憩时间（动态参数）

记录了智能体粒子从进入场地直至整个游程结束所花的时间，包括游览途中被仿真空间要素吸引并停留的时间。在模拟过程中，通过已游憩时间和计划游憩时间的比较，可控制智能体粒子在仿真空间要素附近的停留次数和停留时间。

6.1.3　模型运行流程设定

运行流程设定是模型建构的关键，决定了在仿真空间中如何让智能体粒子进行自主行为选择并开展行为活动。

首先，需要分析使用者心理决策过程与行为决策的内在机制。荷兰代尔夫特理工大学的 Hoogendoorn 和 Bovy 教授提出了"行人微观行为 3 层次理论"[2]，将微观行为分为策略层、战术层和操作层 3 个层次，相对契合行人的心理决策过程[3]。借鉴这一理论,本研究将滨水微观行为分为感知层、选择层和行动层3个层次:感知层指智能体粒子感知仿真环境和确定活动目的;选择层指智能体粒子组织活动顺序,以及从上一行为活动到下一行为活动的路径选择;行动层指智能体粒子完成所有行为活动的具体过程,会受到个体空间需求、行走和等待特征的影响。行为模拟模型对各个层次都有模拟需求(见表 6.2)。

表 6.2　行为仿真 3 层次的模拟需求

模拟行为层次	活动特征	模　拟　需　求
感知层	仿真环境感知	按照实际场地环境,建立二维或三维虚拟仿真环境模型,定义不同空间要素属性、位置等
	活动目的确定	根据调研对人群进行分类,定义使用者的活动类型与目的
选择层	活动顺序组织	针对使用者个体属性、行为特征及目的,生成行为活动链
	活动路径选择	结合和完善社会力模型内部作用原理,根据使用者个体的心理决策过程选择路径
行动层	个体空间需求	模拟行人在完成行为时的空间需求,包括行人在驻留、行走等不同情境下对身体周围空间的需求以及行人体积和舒适安全距离等
	行走特征仿真	聚焦微观尺度个体使用者,模拟使用者行走特征,主要参数包括步行速度、行走避让和其他行人的影响等
	等待特征仿真	模拟使用者的驻留等待行为,并可呈现出驻留等待人群的分布情况及等待时长等

　　在此基础上,具体分析使用者的滨水行为流程,表现为使用者从某一入口进入滨水公共空间,然后向目标方向移动或者漫无目的地游走,在移动过程中受到各种空间环境要素和其他行人的综合影响,产生移动方向和移动速度等的变化,途中可能被某些空间要素吸引并停留一段时间,而后继续朝目标方向移动或者漫无目的地游走,在计划游憩时间内最终到达目标出口或是随机选择某一个出口离开,结束整个行程。

　　根据滨水微观行为的 3 个层次和滨水行为流程,研究设定了模型运行流程,具体可分为智能体粒子发射、运动方向判定、易感性判定、被环境吸引判定和运动结束判定 5 个步骤(见图 6.2)。

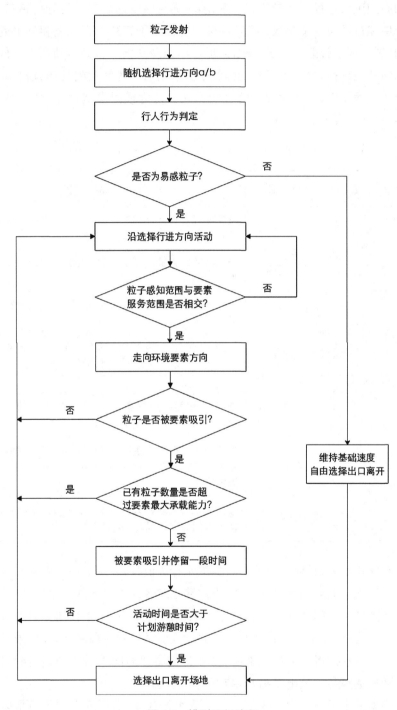

图 6.2 模型运行流程

（1）智能体粒子发射

依据第 4 章的行为活动分类,智能体粒子相应地分为观赏型、休憩型、文娱型、运动型和消费型 5 种粒子类型,也可定义代表不同年龄的粒子类型。在城市滨水公共空间各个仿真出入口按照调研获得的单位时间内使用者数量发射相应数量的智能体粒子,不同类型智能体粒子的发射配比与调研数据相符。

（2）运动方向判定

根据不同年龄人群的问卷调研,赋予相应的智能体粒子计划游憩时间,并定义智能体粒子不能折返。智能体粒子进入仿真环境后,自主选择移动方向,当被仿真空间要素吸引后,会向该要素运动,从而引起行进方向的改变;当累计驻留时间即将超过计划游憩时间时,智能体粒子立刻就近选择出口离开仿真环境,离开途中不会被其他仿真空间要素吸引,也不做停留。

（3）易感性判定

易感粒子指能够与仿真空间要素交互影响,可能会在仿真环境内驻留的智能体粒子。相反,非易感粒子指在仿真环境中进行通过型活动的智能体粒子,该类粒子基本保持进入仿真环境时的初始速度和移动方向,行进过程中不会被仿真空间要素吸引,直接随机选择出口离开仿真环境。

（4）被环境吸引判定

仿真环境内所有的智能体粒子都需要进行被环境吸引判定。只要符合下列原则中的一个,即判定智能体粒子不会被环境吸引:

① 当智能体粒子的要素感知半径所画的圆形范围与任意仿真空间要素的服务半径所画的圆形范围不相交时,粒子会继续原来的行程;

② 智能体粒子基于仿真空间要素的吸引力权重对要素进行选择,当权重过小时,智能体粒子将不被吸引,继续原来的行程;

③ 当空间要素瞬时承载量大于等于该空间要素最大使用者承载量时,智能体粒子会朝要素方向移动,但不做停留;

④ 当智能体粒子已用游憩时间等于或大于计划或极限游憩时间时,粒子不再被仿真环境内任何要素吸引。

（5）运动结束判定

当智能体粒子在计划游憩时间内到达目标终点范围内时,则从终点离开仿真环境;或当智能体粒子在场地内停留时间较长,已到达计划游憩时间,但未到达指定出口时,则选择最近的出口离开,运动行为结束。

上述模型运行流程为智能体粒子在仿真空间中展开自组织行为活动提供了可能。

6.2 Anylogic 组合模型建构

在上述模型建构方法指导下，以旅居型滨水区段东昌滨江为例（见图 6.3 和图 6.4），基于 Anylogic 软件平台开展智能体和社会力组合模型建构。东昌滨江位于浦东商城路与滨江大道交叉口西南 100 米、杨家渡渡口与东昌路渡口之间，与陆家嘴滨江公园相邻，腹地主要为居住区。使用者以周围居民居多，也有一定数量的外来游客。

图 6.3　东昌滨江区位图

图 6.4　东昌滨江现场实景

6.2.1 仿真环境创建

Anylogic 软件平台上的仿真环境创建分为两个步骤:首先,在底图上对场地内各种空间要素进行仿真要素表达;然后,依据调研数据分析,对每一个仿真要素进行参数设定。

(1) Anylogic 仿真要素表达

依据场地调研绘制 Auto CAD 底图并导入 Anylogic 软件平台,在底图上对不同要素及区域进行颜色区分,以便后期进行各种参数赋值(见图 6.5),用行人库的环境模块(见表 6.3)对各子类空间要素进行软件平台语言转译(见图 6.6)。

图 6.5　东昌滨江行为模拟模型仿真环境

表 6.3　Anylogic 行人库的环境模块及应用

模块	名　　称	模　块　应　用
⊐	Wall	用于描绘仿真环境内的障碍物、非步行区、行人不可进入的区域边界,如建筑墙体、岸线、不可进入草地、花池等。若 wall 留出出入口的位置,行人智能体粒子可进出;若 wall 为封闭状态,则智能体粒子无法进入
▨	Rectangular Wall	
⬭	Circular Wall	
╱	Target Line	以可调整长度的线定义智能体粒子的出现或是离开的位置,吸引使用者行为发生的目的地、使用者等候位置等,可与行为模块如 Ped Source、Ped Enter、Ped Go To、Ped Wait 等联动,从而将行为与环境结合
⋯	Service With Lines	使用两种类型的空间标记——线形和区域,定义仿真模型中的物理服务对象,如自动售票机、安全检查站、值机柜台及自助贩卖机等
▣	Service With Area	
▢	Rectangular Area	用来描述具有特殊性质的区域,可用来定义行人目的地、等候位置等,也可以添加其他属性用来定义区域内行人与环境交互发生的行为
▦	Polygonal Area	

续 表

模 块	名 称	模 块 应 用
⊹	Attractor	与 Area 配合使用,控制使用者的位置,若 Area 定义了行为目的地(由 Ped Go To 引用),则吸引子(Attractor)会在区域内定义确切的目标点;若 Area 定义了使用者等待位置(由 Ped Wait 引用),则吸引子会定义使用者等待的确切点,可用于模拟座椅、休息平台等
⬈	Escalator Group	模拟自动扶梯,可设置移动方向、速度、是否运行等参数
⌐	Pathway	定义使用者的优先步行范围,使用者会尽量保持在通道内,但人数过多时,会突破边界,通过在行为流程图的 Ped Go To 模块中选择跟随路径(Follow route)调用
🏃Σ	Ped Flow Statistics	在模型中进行图形标记,统计穿过该横截面的行人数量和通过速率
🗺	Density Map	以彩色密度图呈现使用者密度,据此直观判断行人流或交通流实时通行状况,并与 Ped Area Descriptor 模块配合使用,得到相应区域内行人的平均密度

① 基面。

东昌滨江临水一侧主要由带状滨水漫步道和木制亲水平台组成;不可进入的坡地绿化成面状铺开,区分近水与远水部分;供使用者活动的区域主要为线状林荫跑道及其串联起的点状休息平台、观景平台等;远水部分活动空间较少。

滨水漫步道、亲水平台、观景平台等是向公众开放、可进入的活动区域,边界明确但不封闭,可以用 Wall 来描绘。休息平台基本围合,局部可进入,因此不能将 Wall 完全封闭,要留出出入口位置让智能体粒子进入。这些可进入区域还需要用 Area 定义面状区域属性,使智能体粒子可与之产生交互。

林荫跑道有明确的边界,边界外为草地,一般情况下外部人群不会从草地进入跑道;内部人群也会尽量保持在跑道边界内,但人数过多时,可能突破边界。可用 Pathway 描绘林荫跑道,与 Wall 最大不同在于其可突破性。

② 岸线。

东昌滨江大部分为平直岸线,局部为凹岸线。临水平直岸线部分由滨水

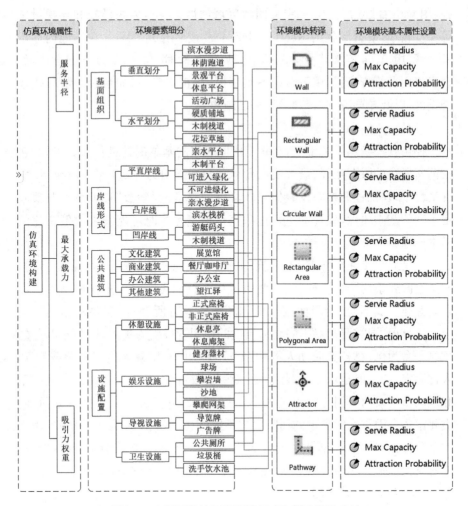

图 6.6　空间要素的仿真环境创建和基本属性表达

漫步道、木制平台、可进入绿化与不可进入绿化组成。同样,对于滨水漫步道、木制平台、可进入绿化等开放活动区域用 Wall 描绘边界,用 Area 定义面状区域属性;对于不可进入绿化,若为不规则多边形的用封闭的 Wall 描绘,若为规则多边形的用 Rectangular Wall 描绘,若为曲线的用 Circular Wall 描绘。

③ 建筑。

场地内可进入的建筑较少,主要有望江驿,用 Wall 描绘建筑墙体,并留出可供使用者出入的开口。其他建筑也由 Wall 转译建筑边界,若建筑在此场地内不可进入或与场地关联性不强,则用 Wall 将其封闭。

④ 设施。

场地内配套设施种类较多,对于球场、沙地等边界明显的娱乐运动设施,用 wall 描绘边界,Area 定义面状区域属性。各类休憩设施和导视设施等尺度较小,根据形状用 Rectangular Wall 或 Circular Wall 在场地内标出其位置,用 Area 定义其服务范围空间属性。同时,与 Attractor 配合使用,定义使用者等待位置,用于转译各类座椅、非正式座椅(如台阶、矮墙)等休憩设施,以及导览牌、广告牌等导视设施。

(2) Anylogic 仿真要素参数设定

在仿真环境建模基础上,对每个空间要素的基本属性进行参数设置,包括前文所述的服务半径、最大使用者承载量和吸引力权重。在 Anylogic 软件平台上,在工程面板中设置仿真环境空间要素的"参数"选项表达要素固定不变的基本属性,设置"变量"选项表达模型运行时可能发生数值变化的基本属性。

东昌滨江共有基面、岸线、建筑、设施下的共 62 个空间要素(见附录 C),同类空间要素的服务半径、最大使用者承载量和吸引力权重在模型参数设置时并非一成不变,会因使用对象和环境差异有所变化,需要依据调研确定。一方面,同类要素对不同活动类型的使用者吸引力不同,以临水部分的休息平台为例,对各类活动人群的服务半径 40 米和最大使用者承载量 15人都固定不变,但是对休憩型活动的吸引力权重最大,为 15.59%,对观赏型和运动型活动的吸引力权重则最小,均为 2.72%(见表 6.4)。另一方面,同类要素也会因与水距离不同而吸引力不同,以非正式座椅为例,服务半径临水部分最大,为 20 米,近水和远水部分均为 10 米;最大使用者承载量视非正式座椅大小而定;吸引力权重从临水、近水至远水由大到小,分别为 17.52%,6.43%,1.47%(见表 6.5)。

表 6.4　周末 15:00—17:00 东昌滨江临水部分休息平台参数设定

要素位置	要素名称	吸引粒子类型	参　数　类　型		
			服务半径	最大使用者承载量	吸引力权重
临水部分	休息平台	观赏型	40 m	15 人	2.72%
		休憩型			15.59%
		文娱型			5.20%
		运动型			2.72%
		消费型			—

表 6.5　周末 15:00—17:00 东昌滨江各部分座椅参数设定

要素位置	要素名称	吸引粒子类型	参 数 类 型		
			服务半径	最大使用者承载量	吸引力权重
临水部分	正式座椅	休憩型	15 m	3 人	6.54%
	非正式座椅		20 m	10 人	17.52%
近水部分	正式座椅		15 m	2 人	22.03%
	非正式座椅		10 m	4 人	6.43%
远水部分	正式座椅		—		
	非正式座椅		10 m	20 人	1.47%

6.2.2　使用者智能体创建

将东昌滨江调研获得的各种活动归类,按照活动类型定义观赏型、休憩型、文娱型、运动型、消费型智能体粒子,对每一类粒子进行行为表达和参数设置。

(1) Anylogic 智能体粒子行为表达

用 Anylogic 行人库的行为模块(见表 6.6)对智能体粒子行为进行软件平台语言转译(见图 6.7):

① 行人进出仿真空间。

Ped Enter 和 Ped Exit 模块分别将进入或离开输入端的行人实体与其他离散事件仿真实体进行转换。

② 行为起止点。

Ped Source 和 Ped Sink 模块分别用来设置行为的起点和终点。

③ 行人分类。

Ped Select Output 模块可以将行人分类,进入不同的行为流程。

④ 行为活动过程。

Ped Go To, Ped Wait, Ped Service, Ped Area Descriptor 模块分别用来描述前往、等待、在某个点的行为、通过某个区域。

⑤ 不同基面转换。

Ped Change Level 模块用于描述有高差的空间或将过于复杂的空间进行拆分连接;Ped Escalator 模块用以表达不同基面间的竖向联系方式,将行人从一个基面输送至另一个基面。

表 6.6　Anylogic 行人库的行为模块及应用

模块	模块名称	模　块　应　用
	Ped Source	用来设置行人的起点,可按照仿真需要定义不同的行人通过速度、步行速度、行人体积半径等参数,还可以设置行人的结伴情况,包括结伴人数、出发间隔时间、队列形态(横列/纵列/成群)、被服务情况(依次/同时)等属性
	Ped Sink	设置行人的终点,行人流程须以此为结尾
	Ped Go To	设置行人前往的位置,可以是线形(Line)、区域(Area)或给定坐标的点(Point),行人必须到达指定点、线或区域内的任一点,不能跳过。有两种路径模式可供选择:到达目标(Reach target)和跟随路径(Follow route),前者行人沿社会力模型计算出的最短路径前往指定位置,后者则是沿自定义的路径前往
	Ped Service	模拟行人在某服务设施处的行为,包括旋转门、自动售票机、安全检查站、值机柜台等。可设置服务时间、窗口数量和选择模式(随机/队列)。等待方式可以是在指定区域内(Area)、指定队列(Line)或指定点(Point)
	Ped Wait	设置行人前往指定地点等待,可以设置等待区域和停留时间
	Ped Select Output	行人行为选择模块,可将行人分类,进入不同的流程方向
	Ped Enter	将进入输入端的其他实体转换成行人实体
	Ped Exit	将离开输入端的行人实体转换成其他离散事件仿真的实体
	Ped Escalator	模拟自动扶梯或自动人行电梯,可将行人转移至另一基面
	Ped Change Level	行人步行基面转换,可用于描述有高差的空间或将过于复杂的空间进行拆分连接
	Ped Area Descriptor	对指定环境区域进行规则定义,使行人通过此区域时的速度改变,也可设置区域的单位时间吞吐量,模拟旋转门或闸机等情境
	Delay	逻辑上无作用,但可以缓冲运算

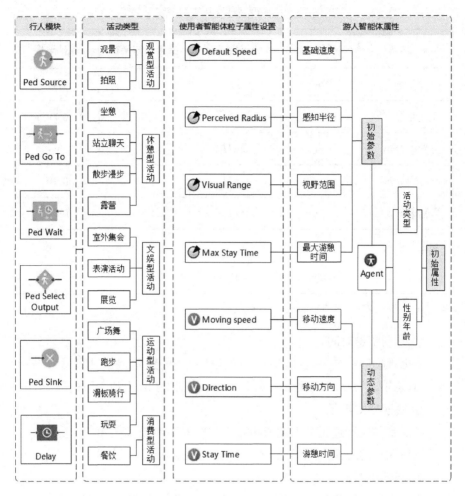

图 6.7　智能体粒子的初始参数和动态参数表达

(2) Anylogic 智能体粒子参数设置

与仿真环境要素参数设定相似,在 Anylogic 软件平台上用"参数"选项表达智能体粒子固定不变的初始参数,用"变量"选项表达智能体粒子随着模型运行可能会发生数值变化的动态参数。初始参数需要在模型运行前设置,动态参数则因智能体粒子运行时遇到的具体环境状态自动调整。

参考微观行为模拟参数,考虑不同年龄、性别等初始属性的影响,以及结合调研数据统计,对东昌滨江的智能体粒子设置初始参数(见表 6.7)。

① 视野范围。

正常人在水平面内的可视角度为 $120°$,因此将代表中青年的智能体粒子视野范围设为 $r=120°$,儿童为 $0.9r$,老年人为 $0.7r$。

表 6.7 东昌滨江的智能体粒子初始参数设定

智能体类别	影响视野范围	计划游憩时间	要素感知半径	基础速度
男性儿童	$0.9r$	H	$0.9D$	$0.8V$
女性儿童	$0.9r$	H	$0.9D$	$0.7V$
男性中青年	r	$0.7H$	D	V
女性中青年	r	$0.8H$	D	$0.9V$
男性老年人	$0.7r$	$0.9H$	$0.7D$	$0.7V$
女性老年人	$0.7r$	$0.9H$	$0.7D$	$0.7V$
备　注	$r = 120°$	$H = 45 \text{ min}$	$D = 30 \text{ m}$	$V = 1 \text{ m/s}$

注：修正系数 1 人为 1，2 人为 0.86，3 人为 0.81。

② 计划游憩时间。

依据现场问卷结果统计，将儿童智能体粒子的计划游憩时间设为 $H =$ 45 min，老年人为 $0.9H$，女性和男性中青年分别为 $0.8H$ 和 $0.7H$。

③ 要素感知半径。

考虑到前文所述正常人能清晰看到景物的距离为 25—30 m，设置中青年智能体粒子的要素感知半径 $D = 30$ m，儿童为 $0.9D$，老年人为 $0.7D$。

④ 基础速度。

正常人每分钟步行的速度大约是 1 m/s，设置男性中青年智能体粒子的基础速度 $V = 1$ m/s，女性中青年为 $0.9V$，男性儿童为 $0.8V$，女性儿童与老年人为 $0.7V$。进而结合调研时发现的单人与结伴人群速度有差异，对基础速度考虑是否结伴进行修正，参考《行人交通仿真方法与技术》[4]，设修正系数 1 人为 1，2 人为 0.86，3 人为 0.81。

6.2.3 行为活动链创建

(1) 行为活动链改变"最短路径"

Anylogic 软件平台默认代理粒子根据社会力模型的"最短路径"原则来运行，这适合疏散行为研究，却与滨水随机行为的特征不符合。研究依据前文设定的模型运行流程，利用行人库的行为模块建立行为活动链，来描述使用者在滨水公共空间中随机且多样的行为（见图 6.8）。

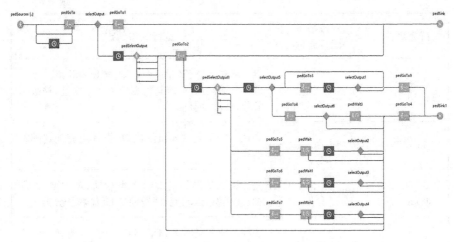

图 6.8　智能体粒子的行为活动链

(2) 行为活动链对应模型运行流程

行为活动链对应从智能体粒子发射、运动方向判定、易感性判定、被环境吸引判定，直至运动结束判定的整个模型运行流程(见表 6.8)：

① 用 Ped Source 模块定义粒子发射，对应智能体粒子发射。

② 用 Ped Go To 模块设置使用者前往的位置，描述各类智能体粒子在城市滨水公共空间中未被吸引时的行进活动，对应运动方向判定。

③ 用 Ped Select Output 模块判定智能体粒子行进过程中是否受到吸引。如果智能体粒子被点状、线状、面状等各类形态的空间要素吸引就可能向要素靠拢并产生驻留行为；反之则不被吸引，保持原活动状态，对应易感性判定。

④ 用 Ped Wait 模块设置使用者被空间要素吸引后的驻留行为，可以设置等待区域和停留时间，对应被环境吸引判定。

⑤ 用 Ped Sink 模块定义智能体粒子滨水行为的结束，粒子随即离开城市滨水公共空间，对应运动结束判定。

表 6.8　行为模块对应模型运行流程说明

行为模块	对应模型 运行流程	运行流程判定
Ped Source	智能体粒子发射	在生成点生成智能体粒子
Ped Go To	运动方向判定	智能体粒子去往最近的滨水区域入口

行为模块	对应模型运行流程	运行流程判定
Ped Select Output	易感性判定	真：不易感粒子（通过型，不在场地内驻留） 假：易感粒子（可能与仿真要素发生交互，被吸引并停留一段时间）
Ped Go To 1	运动方向判定	去往一个不是进入口的出口，根据距离确定随机概率
Ped Select Output	易感性判定	按照调研获得的概率给5类活动（观赏型、休憩型、文娱型、运动型、消费型）的易感粒子分类
Ped Go To 2	运动方向判定	去往一个不是进入口的出口，根据距离确定一个随机概率，默认为离行人粒子最远的出口
Ped Select Output 1	易感性判定	① 检测是否被不限制吸引范围的环境元素所吸引，如跑道、滨水漫步道、望江驿等。如果被吸引，则规划路线并储存在行人粒子的路径集合里。望江驿不规划路径，直接指定目标，交由行人库自动指定路径 ② 检测是否被限制吸引范围的抽象为点的环境元素所吸引，包括运动设施、正式座椅等 ③ 检测是否被限制吸引范围的抽象为线的环境元素所吸引，主要为非正式座椅、林荫跑道等 ④ 检测是否被限制吸引范围的抽象为面的环境元素所吸引，主要为休息平台、岸线栈道、广场等
Ped Wait	被环境吸引判定	设置行人前往指定地点等待，可以设置等待区域和停留时间
Ped Sink	运动结束判定	选择出口，离开城市滨水公共空间

该行为活动链适用于本研究所有的滨水区段，并且观赏型、休憩型、文娱型、运动型和消费型这5类智能体粒子的模型运行流程相同，即行为活动链相同。但是，在不同的仿真环境中，不同参数设定的智能体粒子会做出不同的选择判定，表现为城市滨水公共空间中随机而多样的行为活动。

6.2.4　智能体和社会力组合模型架构

遵照上述方法，就可以在以社会力模型为本源的 Anylogic 软件平台上，架构智能体与社会力组合模型（见图6.9）。

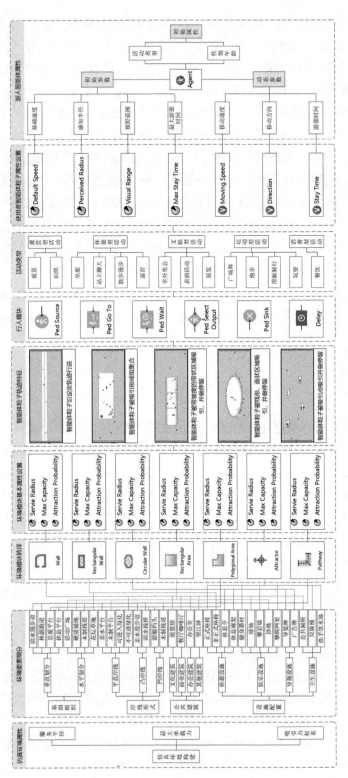

图 6.9 智能体和社会力组合模型架构

社会力模型是基础。模型在 Anylogic 软件平台的行人库创建,而行人库是基于社会力模型搭建的,粒子按照社会力模型移动原则,在驱动力、粒子之间排斥力、粒子与障碍物之间排斥力的共同作用下运行,较好反映人群的运动现象。

智能体模型是呈现滨水随机行为的关键。研究改变了 Anylogic 用固定的环境模块直接建构仿真环境要素的方法,为仿真要素赋予服务半径、最大承载能力、吸引力权重等参数,细致表达同类要素在不同环境状态下的多样属性;改变了 Anylogic 代理粒子属性无差别的建构方法,赋予了不同类型粒子差异化的初始参数,包括视野范围、计划游憩时间、要素感知半径和基础速度等参数,使智能体粒子具有独特的个体属性;同时,改变了 Anylogic 默认的"最短路径"运行原则,依据滨水随机行为运行流程构建行为活动链,让智能体粒子可以在仿真环境中自主选择下一步行为,实现对滨水自组织行为活动的模拟。

由此,智能体粒子在进入仿真空间后,遵循"感知—选择—行动"原则,在连续流程的每一步进都可以综合仿真空间内所受的各种吸引力与排斥力,做出自主行为决策,动态呈现使用者自组织行为过程与空间分布状况。

6.3 模型拟合分析

在多代理组合模型建构的基础上,开展分项情境模拟,并与调研结果进行拟合,调整不符合实际场地情况的空间要素吸引力权重,在此基础上做相关性分析,验证模拟结果的可靠性。以东昌滨江 2021 年 4 月 17 日休息日的调研结果为例,对分时段和分活动类型模拟结果进行拟合分析。当然,也可以采用分空间或分人群拟合方法,但通过上述两轮拟合,应该可以对吸引力权重进行较为精准的调校。

6.3.1 分时段模拟结果拟合

(1) 7:00—9:00

此时,场地内主要容纳进行晨练的附近居民以及第一批游客。从活动类型来看,以运动型和观赏型活动为主。从空间分布来看,主要聚集在临水的漫步道和观景平台,近水的林荫跑道、活动广场及南侧篮球场。远水部分因面积较小、空间要素较少,在各个时段基本都没有人,因而以下时段均不再对远水部分进行分析。将初步模拟结果与调研获得的行为地图对比,可以发现一些区域两者无法对应(见图 6.10 和图 6.11)。因此,对相关空间要素的吸引力权重进行调整,优化模拟结果,使之与调研结果更加符合(见图 6.12)。

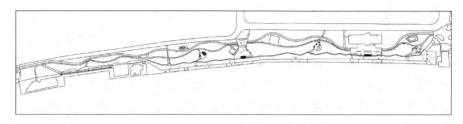

图 6.10 休息日 7：00—9：00 时段实测打点图

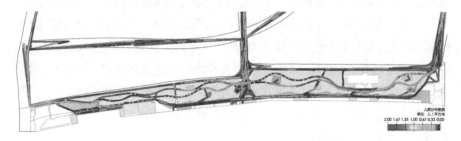

图 6.11 休息日 7：00—9：00 时段初步模拟结果

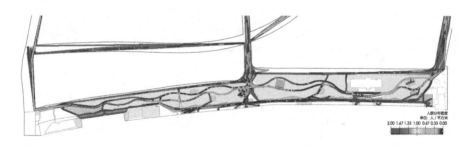

图 6.12 休息日 7：00—9：00 时段调整之后模拟结果

① 行为地图中南侧篮球场聚集了较多的打球及休憩人群,与模拟结果中该区域稀少的智能体粒子无法对应。由旅居型滨水区段基本吸引力权重表(见附录 O)可知,临水球场对运动型和休憩型活动的基本吸引力权重分别为 9.89％和 2.35％。通过多次调整,最终将该时段球场对运动型和休憩型活动的吸引力权重影响系数 β 均调整至 0.20,相应的球场对运动型及休憩型活动的吸引力权重分别调整至 11.87％和 2.82％。再次运行后,模拟与实测结果较为相近。

② 滨水岸线处模拟结果基本没有智能体粒子,但实际上有人利用船墩、栏杆等压腿,还有少量人练声、舞蹈。该时段平直岸线对运动型和文娱型活动的基本吸引力权重分别为 4.83％和 1.38％。多次调校后将平直岸线对两类活动的吸引力权重影响系数 β 分别调整至 0.55 和 0.30,相应的吸引力权重分别调整至 7.49％和 2.69％,模拟与实测结果较为相近。

(2) 9:00—11:00

此时,晨练的人数减少,休闲游览的人开始增多。从活动类型来看,以观赏型和休憩型活动为主,另有少量文娱型和运动型活动。从空间分布来看,临水部分的滨水岸线和观景平台主要聚集了拍照、观对岸景等观赏型活动人群;滨水漫步道及临水部分座椅及非正式座椅主要聚集了坐憩、闲聊、漫步等休憩型活动人群;近水林荫跑道和休息平台上仍有部分进行压腿、拉伸等运动型活动人群;近水休息平台处攀爬网架等娱乐设施开始聚集带孩子前来游玩的文娱型活动人群。

初步模拟结果与行为地图在一些区域无法对应,主要为南侧篮球场(见图 6.13 和图 6.14)。行为地图上球场依旧有较多打球和休憩人群,而模拟结果的粒子较少。该时段球场对运动型和休憩型活动的基本吸引力权重分别为 10.48% 和 4.24%,通过多次调整,将球场对两类活动的吸引力权重影响系数 β 分别调整至 0.20 和 0.40,吸引力权重调整为 12.58% 和 5.94%,模拟与实测结果较为符合(见图 6.15)。

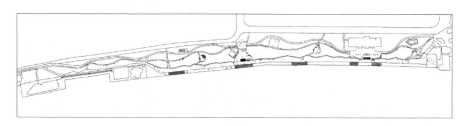

图 6.13　休息日 9:00—11:00 时段实测打点图

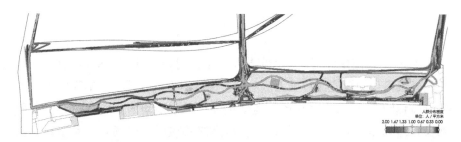

图 6.14　休息日 9:00—11:00 时段初步模拟结果

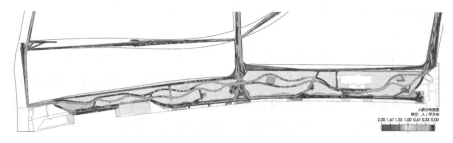

图 6.15　休息日 9:00—11:00 时段调整之后模拟结果

（3）11:00—13:00

与上一时段相比,此时人数有少量增加,活动类型基本相同。两个时段的区别在于,文娱型活动人群比例增加,运动型活动人群以在两个球场打球的年轻人为主。主要活动空间是临水部分的观景平台、滨水漫步道、球场、座椅、非正式座椅,以及近水部分的林荫跑道和休息平台。

初步模拟结果与调研获得的行为地图在一些区域无法对应,主要表现在部分正式座椅及非正式座椅处(见图6.16和图6.17)。在最初模拟时,离水距离相似的多个同类要素被赋予了相同的吸引力权重。例如,同处于近水部分的正式座椅,包括尺寸较大、较宽的座椅与尺寸较小、较窄的座椅,基本吸引力权重赋值相同。但实际上许多人午间会选择在此食用简餐,他们更倾向于找寻相对宽敞的座椅,更偏好离水较近或能看到水的座椅,相同的吸引力权重赋值与这种偏好差异无法对应。通过适当调整,最终将该时段近水部分尺寸较大,最大承载量大于2的正式座椅对休憩型活动的吸引力权重影响系数β调整至0.20,相应的吸引力权重调整至33.84%,调整后的模拟结果和实际情况较为符合(见图6.18)。

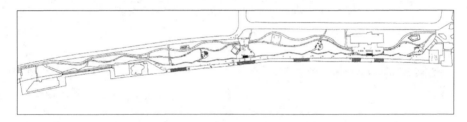

图6.16　休息日11:00—13:00时段实测打点图

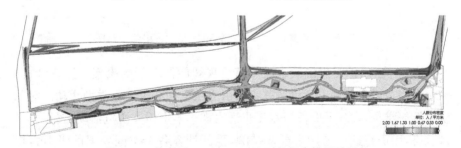

图6.17　休息日11:00—13:00时段初步模拟结果

（4）13:00—15:00

此时,由于午休和日照变强,人数增加不明显。从活动类型来看,以观赏型、休憩型和文娱型活动为主。从空间分布来看,临水部分遮阳设施及树木较少,吸引的人数也较少;而近水部分大部分被树荫笼罩,许多人聚集在阴凉的休息平台、各种非正式座椅以及娱乐设施处。

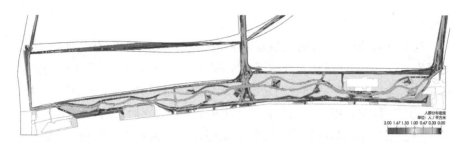

图 6.18　休息日 11:00—13:00 时段调整之后模拟结果

　　将初步模拟结果与调研获得的行为地图对比,可以发现无法对应的情况(见图 6.19 和图 6.20)。因此,本研究开展了相关空间要素吸引力权重的调整。

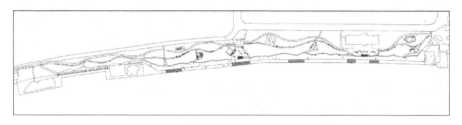

图 6.19　休息日 13:00—15:00 时段实测打点图

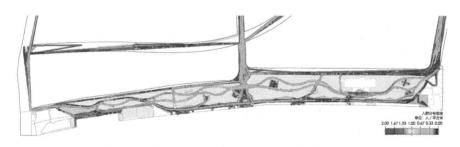

图 6.20　休息日 13:00—15:00 时段初步模拟结果

　　① 首先,模拟结果中滨水漫步道呈现智能体粒子的聚集,且这一时段滨水漫步道对于休憩型活动的基本吸引力权重远高于其他类型活动。对照实际调研结果,发现此时段滨水漫步道出现小学生团体游览活动,属于非常规状态,因而将这一使用者群体排除,重新计算各个空间要素的吸引力权重,得到初步调整的模拟结果。

　　② 其次,离水距离相似的树荫与非树荫下的同类要素处模拟与实测结果也有差异。例如,近水部分的正式座椅有的处于树荫下,有的无树荫遮挡或遮挡程度较低,但对休憩型活动的基本吸引力权重均为 34.78%,未反映日照影响。将两者对休憩型活动的吸引力权重影响系数 β 分别调整至 0.20 和 -0.45,相应的吸引力权重分别调整至 41.74% 和 19.13%,模拟结果有了一定程度的优化。

③ 最后,与上述正式座椅相似,位于近水部分的多处非正式座椅和休息平台有的完全被树荫遮挡,有的无遮挡或遮挡程度较低,但对休憩型活动的基本吸引力权重,非正式座椅均为 7.54%,休息平台均为 17.90%。通过多次调整,保持被树荫遮挡的要素吸引力权重不变,而将无树荫遮挡或遮挡程度较低的非正式座椅和休息平台对休憩型活动的吸引力权重影响系数 β 分别调整至 -0.35 和 -0.20,吸引力权重调整至 4.90% 和 14.32%,模拟和实际情况较为符合(见图 6.21)。

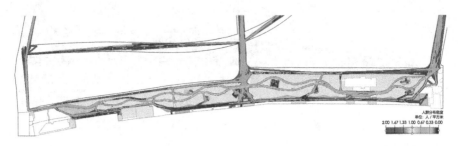

图 6.21　休息日 13:00—15:00 时段调整之后模拟结果

(5) 15:00—17:00

此时,日照强度降低,温度适宜,人群增加,是东昌滨江人数最多且活动类型最丰富的时段,5 种类型活动的人数均有一定程度的增加。

初步模拟结果与行为地图无法对应,主要表现在临水部分(见图 6.22 和图 6.23)。临水非正式座椅处实测行为地图与粒子分布差异较大,实际使

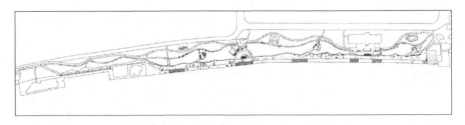

图 6.22　休息日 15:00—17:00 时段实测打点图

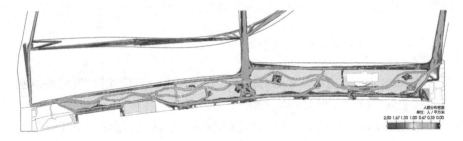

图 6.23　休息日 15:00—17:00 时段初步模拟结果

用中靠近南侧球场的非正式座椅紧邻出入口,有较多人在此坐憩并观看打球活动;临水部分花坛边缘内凹的非正式座椅上聚集了诸多休憩的人,数量多于外凸的非正式座椅,而模拟结果无法呈现。因此,改变原本相同的非正式座椅对休憩型活动的基本吸引力权重,将靠近球场的非正式座椅、临水部分花坛边缘内凹的非正式座椅和外凸的非正式座椅的吸引力权重影响系数 β 分别调整至 0.30、0.20、−0.20,吸引力权重分别调整为 22.78%、21.02%、14.02%,模拟和实测情况较为符合(见图 6.24)。

图 6.24　休息日 15:00—17:00 时段调整之后模拟结果

(6) 17:00—19:00

此时,天色渐暗,对岸及场地内部各种照明设施还未打开,观赏人数减少,拍照人群集中在有雕塑等构筑物的广场附近,而临水岸线处较少;休憩人群较多集中在临水部分的各类座椅及非正式座椅处。晚饭过后,运动人数开始增加,主要集中在临水的漫步道和近水的林荫跑道上,球场由于照明设施不完善,打球人数有所减少,临水广场开始有打太极或跳广场舞的人群聚集;近水的休息平台和观景平台上的攀爬网架等设施仍是进行文娱型活动的主要载体。

初步模拟结果与行为地图存在无法对应的情况(见图 6.25 和图 6.26),因此需对相关空间要素吸引力权重进行调整。

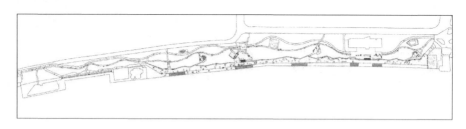

图 6.25　休息日 17:00—19:00 时段实测打点图

① 临水非正式座椅处无法对应情况原因与上一时段相同,空间要素吸引力权重调整情况也与上一时段相同。

② 光线渐暗,人们倾向于寻找比较亮的处所活动,因此与前述时段不同,在无树荫遮挡的亮处活动人群更多。将该时段近水部分位于树荫下的

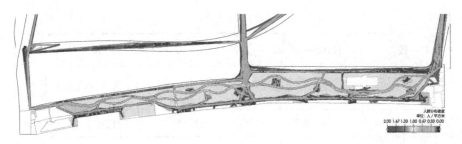

图 6.26 休息日 17:00—19:00 时段初步模拟结果

正式座椅和无树荫遮挡或遮挡程度较低的正式座椅对休憩型活动的吸引力权重影响系数 β 分别调整至 -0.35 和 0.15，吸引力权重分别调整为 15.62% 和 27.64%，模拟结果和实际情况较为相似(见图 6.27)。

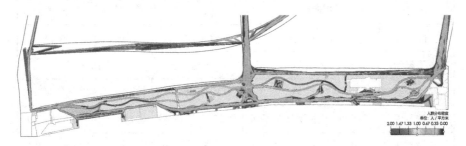

图 6.27 休息日 17:00—19:00 时段调整之后模拟结果

上述拟合主要通过调整吸引力权重来实现，涉及的空间要素以近水或临水的正式和非正式座椅居多，活动以休憩型活动居多，少数为运动型活动及文娱型活动(见表 6.9)。

表 6.9 东昌滨江重点空间要素吸引力权重调整

时　段	7:00—9:00				9:00—11:00	
空间要素	平直岸线		球场		球场	
粒子类型	文娱型	运动型	休憩型	运动型	休憩型	运动型
初始权重	1.38%	4.83%	2.35%	9.89%	4.24%	10.48%
调整范围	整体调整	整体调整	整体调整	整体调整	整体调整	整体调整
调整后 β	0.3	0.55	0.2	0.2	0.4	0.2
调整后权重	2.69%	7.49%	2.82%	11.87%	5.94%	12.58%

续　表

时　段	11:00—13:00	13:00—15:00		
空间要素	近水正式座椅	近水正式座椅	近水非正式座椅	休息平台
粒子类型	休憩型	休憩型	休憩型	休憩型
初始权重	28.2%	34.78%	7.54%	17.9%
调整范围	承载量大于2人的座椅	树荫下	无树荫	无树荫	无树荫
调整后 β	0.2	0.2	−0.45	−0.35	−0.20
调整后权重	33.84%	41.74%	19.13%	4.9%	14.32%
时　段	15:00—17:00	17:00—19:00		
空间要素	临水非正式座椅	近水正式座椅	临水非正式座椅	
粒子类型	休憩型	休憩型	休憩型	
初始权重	17.52%	24.03%	18.73%	
调整范围	近球场	内凹处	外凸处	树荫下	无树荫	近球场	内凹处	外凸处
调整后 β	0.3	0.2	−0.2	−0.35	0.15	0.3	0.2	−0.2
调整后权重	22.78%	21.02%	14.02%	15.62%	27.64%	24.35%	22.48%	14.98%

注：$β$为空间要素吸引力权重影响系数。

(7) 分时段模拟结果的相关性分析

直观对比结果取决于研究者个人经验，容易因人而异。因此，进一步利用 SPSS 统计软件对实测和模拟结果进行相关性分析，将定性与定量拟合分析相结合，增强行为模拟模型的准确度。在模型运行界面设置实时计算各个仿真空间要素服务半径内吸引的智能体粒子的数量表，包含表征吸引各类型活动人群的智能体粒子分项数量和表征吸引所有活动人群的智能体粒子总量，方便统计与分析。

分时段模拟结果的相关性分析是在各个时段内对东昌滨江场地内 62 个吸引点服务半径内的场地实测总吸引人数与模拟结果总吸引智能体粒子数进行统计（见附录 B），采用 SPSS 统计软件对各个时段各吸引点实测与模拟数据进行双变量相关性分析（见表 6.10）。结果显示，皮尔逊系数最小为 0.840（7:00—9:00 时段），最大为 0.989（17:00—19:00 时段），均大于 0.6；且显著性水平均为 Sig=0.000，远小于 0.01，证明已建立的东昌滨江行为模拟模型有效。

表 6.10　东昌滨江各时段吸引点实测与模拟数据相关性分析

7:00—9:00		吸引点实测驻留量	吸引点模拟驻留量	9:00—11:00		吸引点实测驻留量	吸引点模拟驻留量
吸引点实测驻留量	皮尔逊相关性	1	0.840 **	吸引点实测驻留量	皮尔逊相关性	1	0.983 **
	Sig.(双尾)		0.000		Sig.(双尾)		0.000
	个案数	62	62		个案数	62	62
吸引点模拟驻留量	皮尔逊相关性	0.840 **	1	吸引点模拟驻留量	皮尔逊相关性	0.983 **	1
	Sig.(双尾)	0.000	—		Sig.(双尾)	0.000	—
	个案数	62	62		个案数	62	62
** 表示在 0.01 级别(双尾),显著性相关				** 表示在 0.01 级别(双尾),显著性相关			
11:00—13:00		吸引点实测驻留量	吸引点模拟驻留量	13:00—15:00		吸引点实测驻留量	吸引点模拟驻留量
吸引点实测驻留量	皮尔逊相关性	1	0.979 **	吸引点实测驻留量	皮尔逊相关性	1	0.976 **
	Sig.(双尾)	—	0.000		Sig.(双尾)	—	0.000
	个案数	62	62		个案数	62	62
吸引点模拟驻留量	皮尔逊相关性	0.979 **	1	吸引点模拟驻留量	皮尔逊相关性	0.976 **	1
	Sig.(双尾)	0.000	—		Sig.(双尾)	0.000	—
	个案数	62	62		个案数	62	62
** 表示在 0.01 级别(双尾),显著性相关				** 表示在 0.01 级别(双尾),显著性相关			
15:00—17:00		吸引点实测驻留量	吸引点模拟驻留量	17:00—19:00		吸引点实测驻留量	吸引点模拟驻留量
吸引点实测驻留量	皮尔逊相关性	1	0.963 **	吸引点实测驻留量	皮尔逊相关性	1	0.989 **
	Sig.(双尾)	—	0.000		Sig.(双尾)	—	0.000
	个案数	62	62		个案数	62	62

续　表

15:00—17:00				17:00—19:00			
		吸引点实测驻留量	吸引点模拟驻留量			吸引点实测驻留量	吸引点模拟驻留量
吸引点模拟驻留量	皮尔逊相关性	0.963**	1	吸引点模拟驻留量	皮尔逊相关性	0.989**	1
	Sig.(双尾)	0.000	—		Sig.(双尾)	0.000	—
	个案数	62	62		个案数	62	62
** 表示在 0.01 级别(双尾),显著性相关				** 表示在 0.01 级别(双尾),显著性相关			

6.3.2　分活动类型模拟结果拟合

在上述分时段模拟结果拟合与空间要素吸引力权重调整的基础上,将各类型活动在场地分布的实测结果与智能体粒子模拟的分布情况进行比对,从另一侧面验证模型的有效性。由于模型运行开始前,在初始化界面设置了不同的粒子活动类型选择,因此为单独模拟某种活动类型的智能体粒子提供了可能。

以东昌滨江活动总人数最多的 15:00—17:00 时段为例,对各活动类型分别进行模拟结果验证。

(1) 观赏型活动

在调整过的空间要素吸引力权重中,临水木制栈道和休息平台对观赏型活动的吸引力权重最高,分别为 12.30% 和 2.72%,模拟结果中观赏型活动主要发生在临水岸线木制栈道,近水部分的休息平台和凹岸线游船码头处,与实测结果基本相符(见图 6.28)。

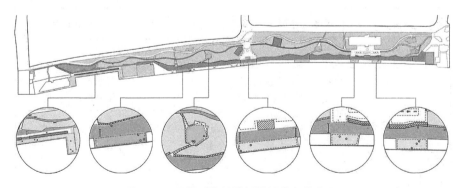

图 6.28　观赏型粒子模拟结果节点放大图

（2）休憩型活动

除了场地内的各种正式座椅和非正式座椅对休憩型活动有较高的吸引力权重之外，临水部分的漫步道和近水部分的休息平台相比其他空间要素对休憩型活动也有更高的吸引力权重，分别为 39.25% 和 15.59%。模拟结果中休憩型活动主要发生在各类坐憩设施、滨水漫步道和休憩平台处，还有少部分出现在球场等运动设施处，与实测结果基本相符（见图 6.29）。

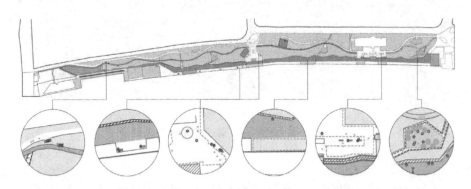

图 6.29　休憩型粒子模拟结果节点放大图

（3）文娱型活动

文娱型活动主要包括孩童玩耍、室外集会、露天展览等，由空间要素吸引力权重可知，近水部分的活动广场、休息平台和临水岸线木制栈道对文娱型活动有一定吸引力，权重值分别为 8.46%、5.20% 和 1.40%。模拟结果显示，这些节点正是文娱型智能体粒子的主要承载空间（见图 6.30）。

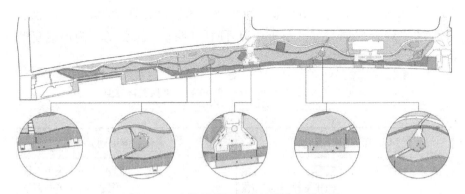

图 6.30　文娱型粒子模拟结果节点放大图

（4）运动型活动

打球、广场舞、打太极、健身压腿和滑板等是驻留在某一节点空间的运动型活动，主要发生在近水球场、临水球场、近水休息平台和近水林荫跑道处,这些空间要素对运动型活动的吸引力权重分别为 14.25%、12.87%、2.72% 和 6.68%。模拟结果中,这些节点的运动型智能体粒子分布与实测结果基本相符(见图 6.31)。

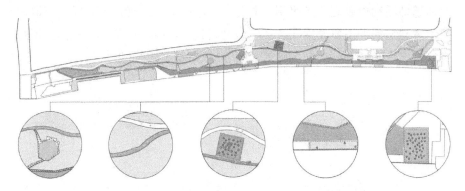

图 6.31　运动型粒子模拟结果节点放大图

(5) 消费型活动

15:00—17:00 时段,东昌滨江的人群较少开展消费型活动,与模拟结果基本相符。

(6) 分活动类型模拟结果的相关性分析

在上述对分活动类型模拟结果定性拟合的基础上,将东昌滨江的 62 个吸引点对不同活动类型的实际吸引人数与模拟吸引智能体粒子数进行统计(见附录 C),采用 SPSS 统计软件对各吸引点吸引各类型活动的实测与模拟数据进行双变量相关性分析(见表 6.11)。结果显示,皮尔逊系数最小为 0.703(观赏型活动),最大为 0.986(休憩型活动),均大于 0.6;且显著性水平均为 Sig=0.000,小于 0.01,同样证明东昌滨江的行为模拟模型有效。

表 6.11　东昌滨江 15:00—17:00 吸引点吸引各类型
活动实测与模拟数据相关性分析

观赏型活动			休憩型活动			
		吸引点实测驻留量	吸引点模拟驻留量			吸引点实测驻留量	吸引点模拟驻留量
吸引点实测驻留量	皮尔逊相关性	1	0.703**	吸引点实测驻留量	皮尔逊相关性	1	0.986**
	Sig.(双尾)	—	0.000		Sig.(双尾)	—	0.000
	个案数	62	62		个案数	62	62

续 表

观赏型活动		吸引点实测驻留量	吸引点模拟驻留量	休憩型活动		吸引点实测驻留量	吸引点模拟驻留量
吸引点模拟驻留量	皮尔逊相关性	0.703**	1	吸引点模拟驻留量	皮尔逊相关性	0.986**	1
	Sig.(双尾)	0.000	—		Sig.(双尾)	0.000	—
	个案数	62	62		个案数	62	62
** 表示在 0.01 级别(双尾),显著性相关				** 表示在 0.01 级别(双尾),显著性相关			

文娱型活动		吸引点实测驻留量	吸引点模拟驻留量	运动型活动		吸引点实测驻留量	吸引点模拟驻留量
吸引点实测驻留量	皮尔逊相关性	1	0.818**	吸引点实测驻留量	皮尔逊相关性	1	0.953**
	Sig.(双尾)	—	0.000		Sig.(双尾)	—	0.000
	个案数	62	62		个案数	62	62
吸引点模拟驻留量	皮尔逊相关性	0.818**	1	吸引点模拟驻留量	皮尔逊相关性	0.953**	1
	Sig.(双尾)	0.000	—		Sig.(双尾)	0.000	—
	个案数	62	62		个案数	62	62
** 表示在 0.01 级别(双尾),显著性相关				** 表示在 0.01 级别(双尾),显著性相关			

消费型活动		吸引点实测驻留量	吸引点模拟驻留量
吸引点实测驻留量	皮尔逊相关性	1	0.829**
	Sig.(双尾)	—	0.000
	个案数	62	62
吸引点模拟驻留量	皮尔逊相关性	0.829**	1
	Sig.(双尾)	0.000	—
	个案数	62	62
** 表示在 0.01 级别(双尾),显著性相关			

6.4　行为模拟方法验证

　　验证包括两个阶段：先在同为旅居型滨水区段的老白渡滨江进行同类型场地样本的应用和验证，再扩大至商住型滨水区段民生码头、船厂滨江，以及文博型滨水区段徐汇滨江、龙腾水岸 4 个场地，进行多类型场地样本的应用和验证。它们与东昌滨江一起，构成"1—2—6"逐渐推广与验证行为模拟方法有效性的逻辑过程。

6.4.1　同类型场地样本验证

（1）组合模型建构

　　选择与东昌滨江周边环境情况基本相同，并且与之相邻的老白渡滨江作为验证模型有效性的场地。两者均为旅居型滨水区段，场地周边功能、使用者构成和活动类型等基本相同（见图 6.32）。

图 6.32　老白渡滨江区位图

　　老白渡滨江的具体建模过程与东昌滨江相同，包括仿真环境、使用者智能体与行为活动链的创建。仿真环境方面，两者共性要素居多，仅少数空间要素子类型有所区别，主要是咖啡厅外摆和遮阳格栅。用 Anylogic 行人库的环境模块对空间要素设置 3 个方面的基本属性：① 服务半径,共性要素与东昌滨江取相同数值,依据调研将场地特有的咖啡厅外摆服务半径设为 15 米、遮阳格栅设为 30 米；② 最大使用者承载量,咖啡厅外摆设为 25 人,遮阳格栅设为 10 人；③ 吸引力权重,共性要素将东昌滨江调整拟合之后的要素吸引力权重数值代入作为老白渡滨江要素吸引力权重初始赋值,特有要素根据场地调研将咖啡厅外摆初始吸引力权重设为 15.29%,遮阳格栅为 21.25%。使用者智能体方面,同类型滨水区段使用者智能体粒子的初始参数,包括视野范围、计划游憩时间、要素感知半径和初始速度等相同。上文提及行为活动链适合本研究所有场地,因此老白渡滨江的行为活动链与东昌滨江一致。

(2) 模型拟合分析

对老白渡滨江公共空间区段进行全时段模拟(见表 6.12),并与调研结果进行拟合(以休息日 2021 年 4 月 24 日的调研结果为例)。模型拟合过程与东昌滨江相同,采用定性的直观图示对比与定量的相关性分析相结合。

表 6.12　老白渡滨江全时段模拟结果

时　段	模　拟　结　果
7:00—9:00	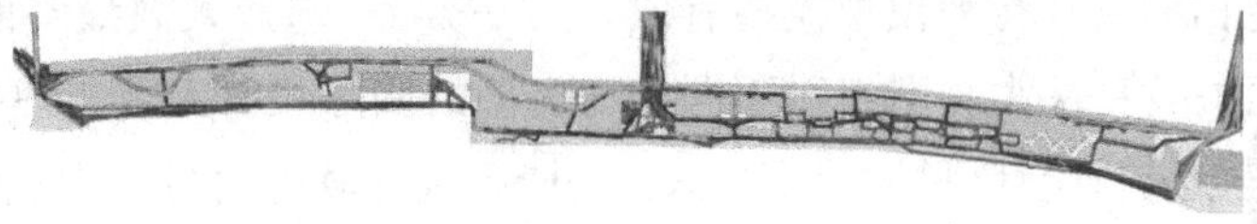
9:00—11:00	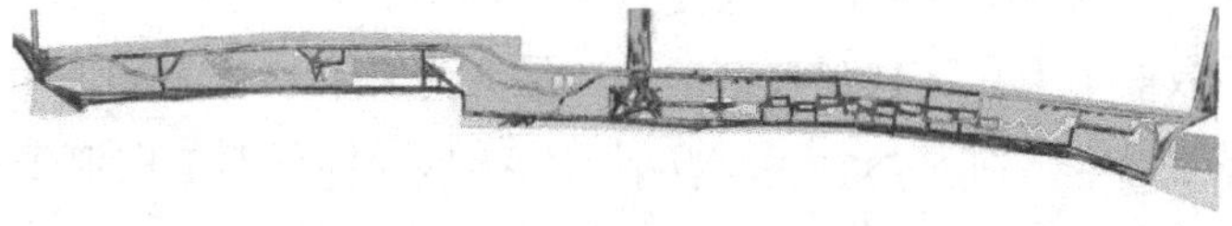
11:00—13:00	
13:00—15:00	
15:00—17:00	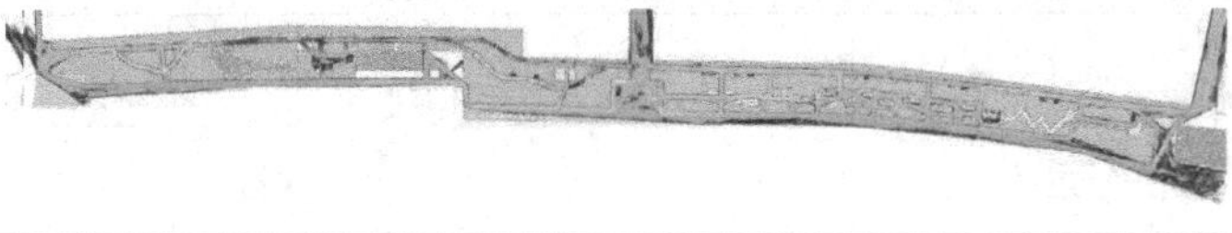

续 表

时　段	模　拟　结　果
17:00—19:00	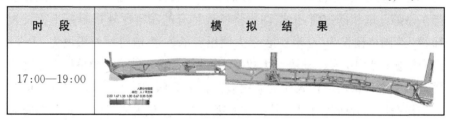

定性拟合方面,分为分时段和分活动类型模拟结果的拟合分析,对空间要素的吸引力权重进行调校。结果表明,由东昌滨江代入的共性要素吸引力权重大多无须调校就满足定性拟合要求,仅有部分近水和临水的正式座椅、临水非正式座椅、活动广场等少数空间要素的吸引力权重在拟合过程中进行了微调,一定程度上表明旅居型滨水区段的吸引力权重基本适用。

定量拟合方面,老白渡滨江场地内空间要素吸引点共计67个。一方面,在各个时段对67个吸引点服务半径内的场地实测总吸引人数与模拟结果总吸引智能体粒子数进行统计(见附录D),采用SPSS统计软件对各个时段各吸引点实测与模拟数据进行双变量相关性分析(见表6.13)。结果可知,皮尔逊系数最小为0.921(9:00—11:00时段),最大为0.991(15:00—17:00时段),均大于0.6;且显著性水平均为Sig=0.000,远小于0.01,证明老白渡滨江行为模拟模型有效。另一方面,选择人数最多的15:00—17:00时段,将67个吸引点对不同活动类型的实际吸引人数与模拟吸引智能体粒子数进行统计(见附录E),采用SPSS统计软件对各吸引点吸引各类型活动的实测与模拟数据进行双变量相关性分析(见表6.14)。结果显示,皮尔逊系数最小为0.754(观赏型活动),最大为0.991(休憩型活动),均大于0.6;且显著性水平均为Sig=0.000,小于0.01,同样证明老白渡滨江行为模拟模型有效。

表6.13　老白渡滨江各时段吸引点吸引人数相关性分析

7:00—9:00			9:00—11:00		
		吸引点实测驻留量	吸引点模拟驻留量		吸引点实测驻留量	吸引点模拟驻留量
吸引点实测驻留量	皮尔逊相关性	1	0.979**	吸引点实测驻留量	皮尔逊相关性	1	0.921**
	Sig.(双尾)	—	0.000		Sig.(双尾)	—	0.000
	个案数	67	67		个案数	67	67

续　表

7:00—9:00		吸引点实测驻留量	吸引点模拟驻留量	9:00—11:00		吸引点实测驻留量	吸引点模拟驻留量
吸引点模拟驻留量	皮尔逊相关性	0.979**	1	吸引点模拟驻留量	皮尔逊相关性	0.921**	1
	Sig.（双尾）	0.000	—		Sig.（双尾）	0.000	—
	个案数	67	67		个案数	67	67
** 表示在 0.01 级别（双尾），显著性相关				** 表示在 0.01 级别（双尾），显著性相关			

11:00—13:00		吸引点实测驻留量	吸引点模拟驻留量	13:00—15:00		吸引点实测驻留量	吸引点模拟驻留量
吸引点实测驻留量	皮尔逊相关性	1	0.986**	吸引点实测驻留量	皮尔逊相关性	1	0.971**
	Sig.（双尾）	—	0.000		Sig.（双尾）	—	0.000
	个案数	67	67		个案数	67	67
吸引点模拟驻留量	皮尔逊相关性	0.986**	1	吸引点模拟驻留量	皮尔逊相关性	0.971**	1
	Sig.（双尾）	0.000	—		Sig.（双尾）	0.000	—
	个案数	67	67		个案数	67	67
** 表示在 0.01 级别（双尾），显著性相关				** 表示在 0.01 级别（双尾），显著性相关			

15:00—17:00		吸引点实测驻留量	吸引点模拟驻留量	17:00—19:00		吸引点实测驻留量	吸引点模拟驻留量
吸引点实测驻留量	皮尔逊相关性	1	0.991**	吸引点实测驻留量	皮尔逊相关性	1	0.972**
	Sig.（双尾）	—	0.000		Sig.（双尾）	—	0.000
	个案数	67	67		个案数	67	67
吸引点模拟驻留量	皮尔逊相关性	0.991**	1	吸引点模拟驻留量	皮尔逊相关性	0.972**	1
	Sig.（双尾）	0.000	—		Sig.（双尾）	0.000	—
	个案数	67	67		个案数	67	67
** 表示在 0.01 级别（双尾），显著性相关				** 表示在 0.01 级别（双尾），显著性相关			

表 6.14　老白渡滨江 15:00—17:00 吸引点吸引各类型
活动实测与模拟数据相关性分析

观赏型活动				休憩型活动		
		吸引点实测驻留量	吸引点模拟驻留量			吸引点实测驻留量	吸引点模拟驻留量
吸引点实测驻留量	皮尔逊相关性	1	0.754**	吸引点实测驻留量	皮尔逊相关性	1	0.991**
	Sig.(双尾)	—	0.000		Sig.(双尾)	—	0.000
	个案数	67	67		个案数	67	67
吸引点模拟驻留量	皮尔逊相关性	0.754**	1	吸引点模拟驻留量	皮尔逊相关性	0.991**	1
	Sig.(双尾)	0.000	—		Sig.(双尾)	0.000	—
	个案数	67	67		个案数	67	67
** 表示在 0.01 级别(双尾),显著性相关				** 表示在 0.01 级别(双尾),显著性相关			

文娱型活动				运动型活动		
		吸引点实测驻留量	吸引点模拟驻留量			吸引点实测驻留量	吸引点模拟驻留量
吸引点实测驻留量	皮尔逊相关性	1	0.878**	吸引点实测驻留量	皮尔逊相关性	1	0.982**
	Sig.(双尾)	—	0.000		Sig.(双尾)	—	0.000
	个案数	67	67		个案数	67	67
吸引点模拟驻留量	皮尔逊相关性	0.878**	1	吸引点模拟驻留量	皮尔逊相关性	0.982**	1
	Sig.(双尾)	0.000	—		Sig.(双尾)	0.000	—
	个案数	67	67		个案数	67	67
** 表示在 0.01 级别(双尾),显著性相关				** 表示在 0.01 级别(双尾),显著性相关			

消费型活动		
		吸引点实测驻留量	吸引点模拟驻留量
吸引点实测驻留量	皮尔逊相关性	1	0.872**
	Sig.(双尾)	—	0.000
	个案数	67	67
吸引点模拟驻留量	皮尔逊相关性	0.872**	1
	Sig.(双尾)	0.000	—
	个案数	67	67
** 表示在 0.01 级别(双尾),显著性相关		

6.4.2 多类型场地样本验证

运用上述组合模型建构与拟合分析方法，对另外 2 个商住型滨水区段（民生码头和船厂滨江）与 2 个文博型滨水区段（徐汇滨江和龙腾水岸）进行分时段和分活动类型的模拟结果拟合与相关性分析。对各个时段仿真环境内各空间要素进行吸引力权重的调校并重复模拟，使模拟结果与实测结果有较高的拟合度（见附录 F—附录 M），从而确定各个场地最终的行为模拟模型和空间要素吸引力权重，也为下文总结吸引力权重和阈值提供了基础。

上述 6 个文化活力型滨水公共空间区段都运用同一种方法进行了多代理行为模拟研究，证明组合模型建构和运行拟合分析的方法有效。并且通过旅居型、商住型和文博型 3 组周边环境相似的同类型滨水区段的模拟及其结果的拟合分析，一定程度上表明同类型滨水区段的模型建构参数基本适用。

6.5 吸引力权重和阈值

6.5.1 共性空间要素的吸引力权重阈值

通过 3 类文化活力型场地样本的多代理行为模拟研究，最终获得商住型、旅居型、文博型滨水公共空间区段各类空间要素的吸引力权重（见附录 N，O，P）。从中筛选出 2 类或 3 类滨水公共空间区段的空间要素，得到黄浦江两岸文化活力型滨水公共空间区段共性空间要素，包括基面类别的滨水漫步道、林荫跑道、休息平台、活动广场，岸线类别的平直岸线、凹岸线、建筑类别的餐厅/咖啡厅、望江驿，设施类别的正式座椅和非正式座椅。研究结论表明，距水远近对座椅吸引力权重影响明显，因此又分为临水和近水的座椅。将经过拟合的 3 类滨水区段的共性空间要素吸引力权重进行整合，可以获得黄浦江两岸文化活力型滨水公共空间区段各子类空间要素对观赏型、休憩型、文娱型、运动型和消费型活动的吸引力权重阈值（见表 6.15）。

表 6.15 黄浦江文化活力型滨水公共空间区段要素吸引力权重阈值

类型	子类	活动类型	时段/吸引力权重阈值(单位为%)					
			7:00—9:00	9:00—11:00	11:00—13:00	13:00—15:00	15:00—17:00	17:00—19:00
基面	滨水漫步道	观赏型	0—2.38	1.57—3.52	0—4.16	1.05—4.76	0.70—4.08	1.81—9.71
		休憩型	5.82—23.14	8.30—20.27	6.73—24.34	9.27—26.32	11.28—39.25	11.08—52.57
		文娱型	0—1.85	0—1.73	2.63—5.62	0—0.14	0—1.51	0.25—3.21
		运动型	0.96—12.85	0.13—10.26	0.12—5.26	0—0.27	0—0.24	0.32—3.21
		消费型	0—0.96	0—2.48	0—2.93	0—4.50	0—4.88	0—3.61
	林荫跑道	观赏型	0—0.26	0—1.57	0—10.74	0—4.55	0—0.76	0—0.33
		休憩型	7.41—15.82	6.92—20.52	7.34—16.53	7.36—18.18	9.85—30.95	14.02—27.91
		文娱型	0—4.55	0—2.08	0—0.98	0—1.16	0—0.20	0—1.03
		运动型	15.82—22.00	8.30—9.65	0.83—5.13	0—10.28	0.99—6.68	1.34—6.71
		消费型	—	—	—	—	—	—
	休息平台	观赏型	0.72—4.43	2.18—7.37	0.42—1.31	0.79—6.05	2.72—3.58	1.78—5.73
		休憩型	2.71—20.14	0.96—17.78	3.94—21.37	14.17—17.90	9.61—15.59	10.58—14.31
		文娱型	0—9.42	2.88—7.42	0—3.42	0—2.09	4.37—5.20	4.02—4.95
		运动型	0.72—2.86	0.87—2.08	0—2.99	0—0.40	2.72—4.37	1.77—4.02
		消费型	—					
	活动广场	观赏型	2.43—3.45	0.35—7.51	2.30—6.89	3.45—5.81	1.35—7.80	2.30—8.74
		休憩型	11.72—12.96	6.67—8.75	1.96—8.56	1.63—7.90	2.08—10.55	2.20—8.27
		文娱型	0.30—1.38	1.06—9.12	1.24—5.13	0—4.11	0—8.46	0—3.54
		运动型	0—2.13	0.12—0.87	0.11—0.42	0—0.88	1.73—2.50	0—2.74
		消费型	—	0—0.7	0—1.81	0—6.76	0—1.06	0—1.04

续 表

类型	子类	活动类型	时段/吸引力权重阈值(单位为%)					
			7:00—9:00	9:00—11:00	11:00—13:00	13:00—15:00	15:00—17:00	17:00—19:00
岸线	平直岸线	观赏型	0.53—21.21	3.66—6.52	3.43—6.67	1.77—11.24	1.72—8.11	1.91—20.17
		休憩型	2.07—30.30	1.4—50.00	1.32—22.22	3.32—27.50	2.34—51.35	0.60—60.85
		文娱型	0—1.38	0—4.18	0.12—1.32	0—2.50	1.40—3.60	0—1.65
		运动型	0.96—2.65	0—2.22	0—0.12	1.02—1.25	0—1.80	0—0.70
		消费型	—	—	—	—	—	—
	凹岸线	观赏型	0—1.92	0—4.36	0—5.13	0—3.67	0—1.34	0—2.56
		休憩型	2.34—9.09	2.17—4.36	4.89—11.11	6.54—8.75	7.21—9.25	4.25—11.47
		文娱型	—	—	—	—	—	—
		运动型	4.35—15.15	0.87—4.35	—	—	0—1.08	—
		消费型	—	—	—	—	—	—
建筑	餐厅/咖啡厅	观赏型	9.46	—	0.49	1.49	1.3	1.89
		休憩型	8.11	5.56	5.34	3.87	1.3	1.57
		文娱型	10.81	—	—	0.89	—	—
		运动型	—	—	—	—	—	—
		消费型	—	0—4.86	0—30.58	18.6—24.7	4.77—16.96	4.75—14.57
	望江驿	观赏型	—	—	—	—	—	—
		休憩型	4.32—8.00	5.24—8.01	5.98—12.80	7.11—12.13	5.69—6.01	2.46—5.30
		文娱型	—	—	—	—	—	—
		运动型	—	—	—	—	—	—
		消费型	—	—	—	—	—	—
设施	临水正式座椅	观赏型	—	—	—	—	—	—
		休憩型	1.85—16.00	2.01—6.64	2.08—3.31	2.45—4.65	2.24—16.58	1.74—5.97
		文娱型	—	—	—	—	—	—
		运动型	—	—	—	—	—	—
		消费型	—	—	—	—	—	—

续　表

类型	子类	活动类型	时段/吸引力权重阈值(单位为%)					
			7:00—9:00	9:00—11:00	11:00—13:00	13:00—15:00	15:00—17:00	17:00—19:00
设施	近水正式座椅	观赏型	—	—	—	—	—	—
		休憩型	1.42—19.42	0.94—20.09	1.24—28.20	4.65—34.78	0.34—22.03	0.59—24.03
		文娱型	—	—	—	—	—	—
		运动型	—	—	—	—	—	—
		消费型	—	—	—	—	—	—
	临水非正式座椅	观赏型	—	—	—	—	—	—
		休憩型	2.11—5.70	1.17—21.68	2.08—11.18	0.54—11.23	0.56—17.52	1.78—18.73
		文娱型	—	—	—	—	—	—
		运动型	—	—	—	—	—	—
		消费型	—	—	—	—	—	—
	近水非正式座椅	观赏型	—	—	—	—	—	—
		休憩型	0—1.51	1.92—3.52	0.34—5.98	1.49—7.90	0.77—6.43	0.22—12.72
		文娱型	—	—	—	—	—	—
		运动型	—	—	—	—	—	—
		消费型	—	—	—	—	—	—

注：□ 0%—4.99%　□ 5.00%—9.99%　□ 10.00%—14.99%　□ 15.00%—19.99%　■ ≥20.00%

6.5.2　吸引力权重的关键影响空间要素

从单个空间要素对单类活动类型分析影响黄浦江两岸文化活力型滨水区段不同活动类型的关键影响要素：观赏型活动的关键影响空间要素主要包括滨水漫步道、林荫跑道、休息平台、活动广场、平直岸线、凹岸线,餐厅/咖啡厅在部分时段有影响;休憩型活动的关键影响空间要素包括所有子类要素;文娱型活动的关键影响要素包括滨水漫步道、林荫跑道、休息平台、活动广场、平直岸线,餐厅/咖啡厅仅在少数时段有影响;运动型活动的关键影响要素包括滨水漫步道、林荫跑道、休息平台、活动广场、平直岸线,凹岸线在部分时段有影响;消费型活动的关键影响要素为滨水漫步道,活动广场也在多数时段有影响。这可以为滨水要素的优化组织和空间活力的提升提供参考。

6.5.3 吸引力权重的场地特征表现

将吸引力权重阈值的最大值减去最小值,可以获得吸引力权重阈值区间(即表 6.15 每 1 格),将阈值区间大小分为 1—5 级:0%—4.99%,5.00%—9.99%,10.00%—14.99%,15.00%—19.99%,≥20.00%,可以反映空间要素吸引力权重的波动情况。阈值区间越大,则该要素吸引力权重波动越大,表明某个空间要素对某类使用者行为活动的吸引越容易受到要素自身条件、使用者属性和周边环境的影响,往往需要在模型拟合时进行多次调校。

在此基础上,将吸引力权重阈值区间按照空间要素类型、空间要素离水距离、使用者活动类型和使用者活动时段进行归类,并将所属的区间值平均,作为平均阈值区间,来分析吸引力权重的场地特征表现。

(1) 空间要素类型

从基面、岸线、建筑和设施 4 类空间要素吸引力权重平均阈值区间比较来看(见表 6.15),设施类要素吸引力权重波动普遍大于另外 3 类要素,表明其使用情况更容易受周边环境条件的影响。

接着,选取代表性的空间要素子类型,进行吸引力权重平均阈值区间的比较(即表 6.15 每 5 行),发现滨水漫步道和林荫跑道等尺度较大的场地结构性要素在各个时段的吸引力权重平均阈值区间普遍小于场地中一些更微观、位置更加灵活且受人为因素干扰较多的要素,如各类正式座椅(见图 6.33)。

(2) 空间要素与水距离

空间要素的距水差异性主要体现在设施类要素的各类座椅(见图 6.34)。从各类座椅的吸引力权重平均阈值区间比较来看(即表 6.15 每 5 行),近水部分的正式与非正式座椅吸引力权重波动均大于临水部分的座椅。结合场地调研分析,临水部分因为有对岸景和水体,因此在大部分时段可以吸引较为稳定的人流量,这是临水部分座椅设施吸引力权重阈值波动小于近水部分的主要原因之一。再细致分析 15:00—17:00 时段的波动值变化,主要是因为临水部分遮阳设施及树木较少,而近水部分大部分被树荫笼罩,因此在这一日照较强的时段,有较多人从临水部分聚集到近水部分;并且,相比于正式座椅,临水部分的花坛边缘内凹的非正式座椅受到树木荫蔽,更是聚集了诸多的休憩型活动的人。

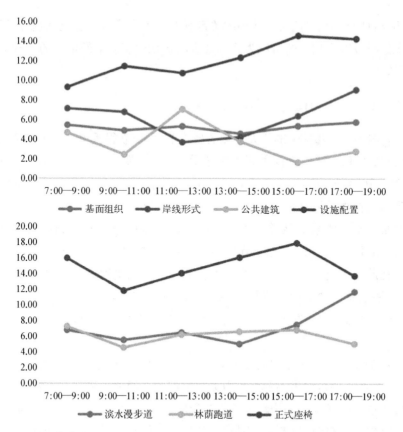

图 6.33　各类空间要素(上)与代表性空间要素(下)吸引力权重平均阈值区间

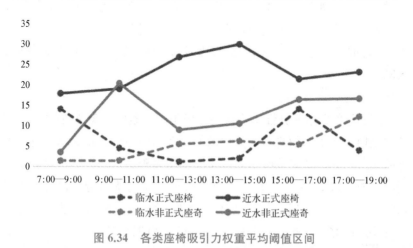

图 6.34　各类座椅吸引力权重平均阈值区间

(3) 使用者活动类型

　　通过 4 类空间要素对不同类型活动的吸引力权重平均阈值区间比较来看(大类要素下同类型活动各行),发现在各个时段基面和岸线对休憩型活动的吸引力权重平均阈值区间都远高于其他类型活动；建筑对消费型活动的吸引力权重平均阈值区间最高，休憩型活动次之。单独提取休憩型活动，发现基面、岸线、建筑和设施对这类活动的吸引力权重平均阈值区间在13:00—15:00 时段或其前一个或后一个时段基本会有回落，这可能与该时段日照渐强相关（见图 6.35）。

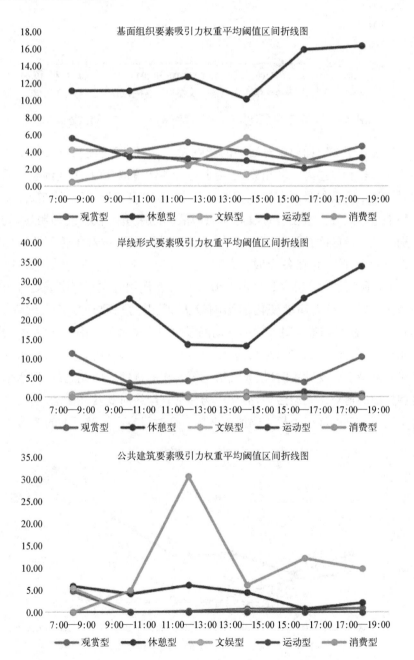

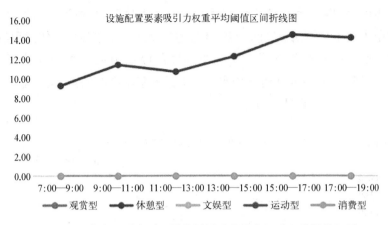

图 6.35　4 类空间要素对不同类型活动吸引力权重平均阈值区间

　　通过各子类空间要素对活动的影响发现,阈值区间波动较大的子类空间要素大多和休憩型活动相关,这与上述分项情境拟合中,多次调整空间要素对休憩型活动的吸引力权重相符。其中,滨水漫步道、林荫跑道、休息平台和平直岸线等要素在各时段对休憩型活动的吸引力权重波动明显,均有个别时段阈值区间接近或超过 20%。特别是平直岸线对休憩型活动的吸引力权重阈值区间在各个时段均超过了 20%,最小为 20.90%(11:00—13:00),最大为 60.25%(17:00—19:00),说明使用者在平直岸线处进行休憩型活动时受周边环境变化的影响较大,吸引力权重产生较大波动(见图 6.36)。餐厅/咖啡厅对消费型活动的吸引力权重阈值区间也比较大,最小为 4.86%(9:00—11:00),最大为 30.58%(11:00—13:00),这也符合餐饮设施对人群吸引会受就餐时段、天气情况等影响的规律。除此之外,滨水漫步道和林荫跑道对运动型活动,活动广场和平直岸线对观赏性活动,活动广场对文娱型活动的吸引力权重阈值均在约 3 个时段有 2 级及以上的波动。

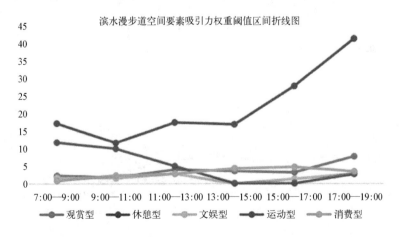

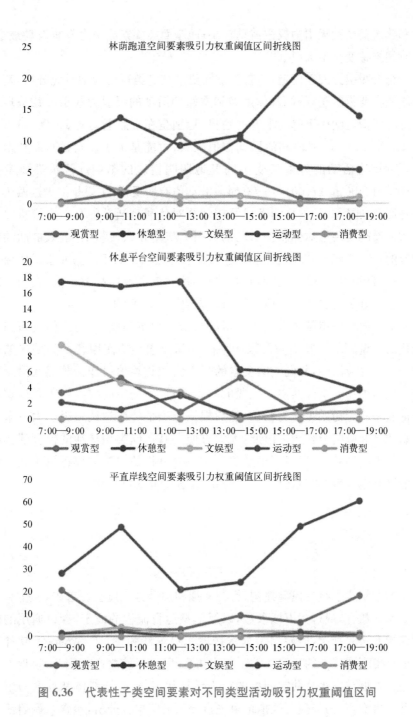

图 6.36 代表性子类空间要素对不同类型活动吸引力权重阈值区间

(4) 使用者活动时段

从各类空间要素在全天不同时段的吸引力权重平均阈值区间来看(大类要素各列),设施类要素吸引力权重波动较大,最易受时间维度的影响;岸线和建筑类要素吸引力权重波动较小;而基面类要素吸引力权重波动最小,随时间推移变化不大(见图 6.33)。

结合吸引力权重阈值,将各类空间要素与各类行为活动对应分析,基面和岸线类要素对于观赏型、休憩型和文娱型活动的吸引力权重大致呈现从早到晚阈值区间先下降再上升的趋势,特别是在日照渐弱的 17:00—19:00 和 19:00—21:00 时段阈值区间数值较大,可能是由于夜间在基面和岸线类要素周边活动的人群易受不同场地照明情况的影响。建筑类要素在 11:00—13:00 和 17:00—19:00 时段波动值有所反弹,主要是因为这两个时段餐厅/咖啡厅对消费型活动以及望江驿对休憩型活动的吸引力权重波动较大。设施类要素对休憩型活动的吸引力权重在人流量最大、人群活动最频繁的 15:00—17:00 时段波动最大,临水和近水处的正式与非正式座椅均在这个时段对休憩型活动的吸引力权重达到最高或次高波动值,表明此时使用者偏好更易受座椅个体条件和其周边环境的影响。

上述研究获得了各类空间要素的吸引力权重和阈值,可以体现黄浦江文化活力型滨水公共空间区段中不同空间要素影响使用者行为偏好的规律。在实际应用中,相同空间要素的吸引力权重均值可作为黄浦江沿岸其他文化活力型滨水公共空间区段的初始权重,不同空间要素则需要根据调研情况来确定初始吸引力权重,然后根据分项情境模拟调整吸引力权重影响系数 β 和吸引力权重。由此,大大方便了其他同类型场地的模型建构与行为模拟。当然,上述组合模型建构和拟合分析的方法同样适用于其他河流沿岸其他类型的滨水公共空间研究,促进研究的可量化和可视化。

6.6 小 结

本章阐述了组合模型建构、行为模拟和拟合分析过程。首先,从仿真空间要素参数、微观行为模拟参数,以及模型运行流程的设定,探讨通用的模型建构方法。其次,以旅居型滨水区段东昌滨江为例,在 Anylogic 软件平台上将带不同属性的智能体粒子嵌入仿真环境中,使之产生交互,呈现不同使用者人群在滨水公共空间中的行为活动状态,建立智能体和社会力组合模型。再次,对初步模型模拟结果进行分项情境拟合分析,包含与调研获得的行为地图直观对比,以及对各吸引点驻留量实测结果与模拟结果的相关性分析,将定性与定量拟合相结合,增强模型的拟真度,更加精准地调校空间要素吸引力权重。又次,将空间要素吸引力权重代入同为旅居型滨水区段的老白渡滨江,按照以上方法进行定性比较与定量分析,基本符合实际情况,验证模型有效。最后,再运用同样的方法完成商住型与文博型滨水区段的模型建构及运行拟合,通过多类型场地样本的行为模拟验证了基于多代理组合模型进行城市滨水公共空间行为模拟的方法可行。通过上述拟合分析的不断调整,也获得了黄浦江两岸文化活力型滨水公共空间区段的共性空间要素吸引力权重阈值,并从多个角度分析了吸引力关键影响空间要素,以及吸引力权重的场地特征表现。

参考文献

［1］旅游景区的最大承载能力［Z］.LB/T 034-2014.国家旅游局,2015.

［2］Hoogendoorn S P, Bovy P H L. Pedestrian Route-Choice and Activity Scheduling Theory and Models［J］. *Transportation Research Part B: Methodological*, 2004 (38): 169-190.

［3］林雁宇.基于行人微观仿真的轨道交通站点影响域适应性评价及优化研究［D］.重庆大学,2015.

［4］胡明伟,黄文柯.行人交通仿真方法与技术［M］.北京:清华大学出版社,2016.

7 品质诊断

在完成6个场地的多代理行为模拟组合模型建构与拟合分析之后,需要运用第5章3个诊断维度下的具体诊断指标对模拟过程和结果进行评价,并获得各类空间要素吸引力权重与各项指标诊断结果的影响关系。基于样本的应用,提取均值、上限值和下限值作为诊断结果参考依据,形成城市滨水公共空间品质综合诊断指标体系(见图7.1)。

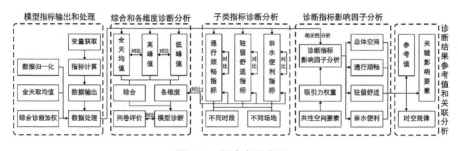

图 7.1　品质诊断路径

7.1　模型指标输出和处理

在第6章行为模拟的基础上,通过对智能体粒子动态活动流程进行运算,获得指标计算的初始变量,由 Anylogic 软件平台的运算模块和运算指令将初始变量转换成指标诊断结果,完成指标的计算输出过程。

7.1.1　变量获取方式

结合对指标数据构成的梳理和行为模拟变量获取方式,获得指标计算的初始变量。初始变量的类型包括空间特征、行人统计、行人动态参数3大类及子类。变量的获取主要通过 Anylogic 软件平台行为模拟流程的变量模块(Variable)进行计算与存储来完成(见表7.1)。

表 7.1 变量类型和获取方式

变 量 类 型	变 量 名 称	变量获取方式
空间特征	场地面积	由环境模块面积计算函数获得
	岸线长度	由环境模块长度计算函数获得
	截面长度	由环境模块面积、长度计算函数获得
	基面高度	由环境模块高度计算函数获得
行人统计	粒子数量	设置统计区域、调用区域行人数量函数获得
	粒子视线状况	设置视线达水区域,调用区域行人数量函数
行人动态参数	位置参数	调用坐标函数计算行人位置
	移动时间	调用时间函数记录起始时间
	运动状态	获取粒子当前速度,<0.1 m/s 即视为驻留
	停留时长	调用时间函数记录符合停留状态的起始时间
	停留次数	记录符合停留状态的次数

7.1.2 指标计算过程

以下以城市滨水公共空间综合诊断指标体系中通行顺畅维度的步行绕路系数指标的计算为例,说明所使用的模块工具与计算过程。在前述章节完成对行为模拟模型变量设定和行为活动链构建的基础上,通过 Ped Source 模块(行人流起点)和 Ped Go To 模块(行人前往指定位置)进行变量提取,并由数据模块(Statistics)和功能模块(Function)完成变量均值统计与指标输出。

(1) 变量设定

变量的设定是指标计算的前提,在 Anylogic 软件平台的智能体库中用变量模块完成变量设定。步行绕路系数指标涉及多个变量,通过对行人运动前往滨水公共空间的始末坐标点、运动过程中的坐标点、时间以及行走过程的实际和直线距离变量的设定,为步行绕路系数指标的参数提取与计算提供依据(见表 7.2)。

表 7.2　步行绕路系数指标的变量设定

名　　称	内　　容
ped.x_0，ped.y_0	记录行人个体运动过程中的坐标
ped.x_s，ped.y_s	记录行人个体起始点坐标
ped.x_e，ped.y_e	记录行人个体进入滨水公共空间入口的坐标
ped.z1StartTime	记录行人个体出发前往滨水公共空间的时间
ped.z1EndTime	记录行人个体到达滨水公共空间入口所需要的时间
ped.isOnRoad	判断行人个体是否在前往滨水公共空间的路上
ped.routeDistance	记录行人个体行走的实际距离
ped.straightDistance	记录行人个体始末点的直线距离
ped.z1	记录行人个体的步行绕路系数
Z1	记录所有行人粒子的步行绕路系数

（2）变量提取

结合行人行为流程图，进行变量的计算与提取，步行绕路系数指标的计算涉及的行为流程是指行人由起点出发前往指定位置的过程（见图 7.2）。在完成行为流程图的建构后，进行变量提取的代码编

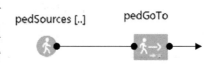

图 7.2　步行绕路系数指标的行为流程

写。其中，通过 Ped Source 模块在行人智能体粒子产生时提取的变量包括智能体粒子实时位置、出发点位置以及出发时间（见图 7.3）。通过 Ped Go To 模块在行人前往滨水公共空间提取的变量包括智能体粒子每秒钟步行的实际距离、到达滨水公共空间入口坐标点、始末点的直线距离和绕路系数（见图 7.4）。

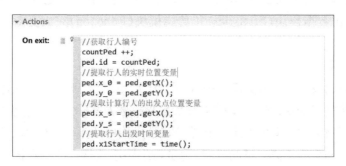

图 7.3　Ped Source 模块变量提取

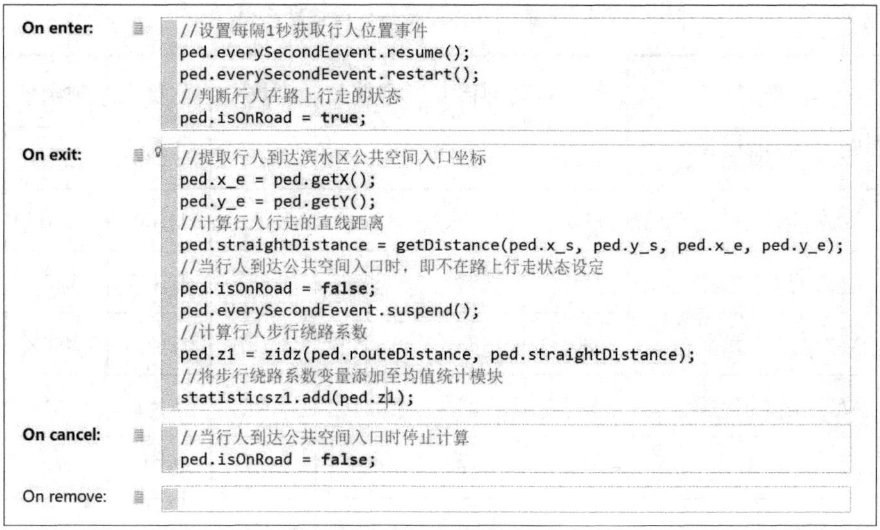
On enter:
//设置每隔1秒获取行人位置事件
ped.everySecondEevent.resume();
ped.everySecondEevent.restart();
//判断行人在路上行走的状态
ped.isOnRoad = true;
On exit:
//提取行人到达滨水区公共空间入口坐标
ped.x_e = ped.getX();
ped.y_e = ped.getY();
//计算行人行走的直线距离
ped.straightDistance = getDistance(ped.x_s, ped.y_s, ped.x_e, ped.y_e);
//当行人到达公共空间入口时，即不在路上行走状态设定
ped.isOnRoad = false;
ped.everySecondEevent.suspend();
//计算行人步行绕路系数
ped.z1 = zidz(ped.routeDistance, ped.straightDistance);
//将步行绕路系数变量添加至均值统计模块
statisticsz1.add(ped.z1);
On cancel:
//当行人到达公共空间入口时停止计算
ped.isOnRoad = false;
On remove:

图 7.4　Ped Go To 模块变量提取

(3) 均值统计

完成上述变量提取后，通过数据模块统计步行绕路系数的均值(见图 7.5)。

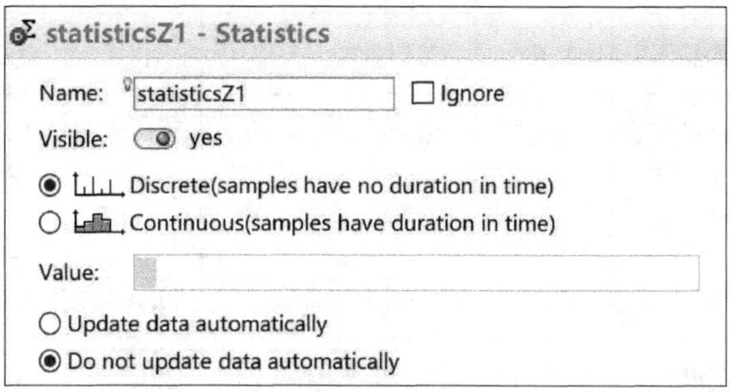
statisticsZ1 - Statistics
Name: statisticsZ1
Ignore
Visible: yes
Discrete(samples have no duration in time)
Continuous(samples have duration in time)
Value:
Update data automatically
Do not update data automatically

图 7.5　Statistics 模块均值统计

(4) 指标赋值

最后，通过功能模块将数据模块中计算的 statisticsZ1(步行绕路系数均值)赋予指标 $Z1$(步行绕路系数)。

7.1.3　指标数据输出

按照上述方法依次对各个维度的所有指标进行计算后，需要将指标数据输出，以便后续分析。为简化模型运行的计算量，在模型运行过程中设置 Button 按钮来暂停模型运行，计算指标并将数据导出至 Excel 表格。以东昌滨江为例，基于模型计算并输出各时段诊断结果(见表 7.3)。

表 7.3 东昌滨江休息日各时段诊断结果

诊 断 指 标	时段 1	时段 2	时段 3	时段 4	时段 5	时段 6
$Xa1$：步行绕路系数	1.346	1.267	1.346	1.317	1.332	1.346
$Xa2$：步行时间	14.537	13.603	13.842	13.801	14.135	13.842
$Xb1$：行人流密度	3.558	6.329	6.053	8.233	12.198	6.053
$Xb2$：空间利用率	0.263%	0.488%	0.496%	0.515%	0.862%	0.496%
$Xb3$：基面衔接系数	1.250	1.230	1.247	1.609	1.451	1.247
$Ya1$：驻留量	138	256	260	270	452	260
$Ya2$：驻留率	50.923%	53.112%	56.399%	43.062%	48.654%	56.399%
$Ya3$：驻留面密度	1.812	3.361	3.414	3.545	5.935	3.414
$Ya4$：吸引点利用率	77.491%	76.971%	82.646%	69.856%	76.642%	82.646%
$Ya5$：吸引点平均访问率	138.776%	140.990%	138.664%	140.549%	130.754%	138.664%
$Yb1$：驻留活动类型	1.186	1.189	1.184	1.210	1.114	1.184
$Yb2$：人均驻留时间	9.915	10.394	9.928	10.409	10.254	9.928
$Yb3$：人均驻留次数	1.041	1.065	1.055	1.087	0.969	1.055
$Za1$：视线达水率	33.184%	30.941%	29.716%	36.000%	33.466%	29.716%
$Za2$：垂水人流密度	117.143	211.405	199.762	271.524	365.310	199.762
$Zb1$：岸线线密度	1.697	3.515	2.788	5.818	5.455	2.788
$Zb2$：不同高程岸线亲水度	43.881	78.869	75.406	104.781	151.469	75.406
$Zb3$：沿岸人群数量波动指数	1.850	1.659	1.776	1.785	1.774	1.776

7.1.4 指标数据处理

指标数据处理主要考虑用什么方法消除不同量纲对诊断结果的影响，场地全天的数据如何归并，以及综合诊断数据如何获得。

(1) 数据归一化消除量纲影响

研究需要对比不同指标诊断结果,而上述指标诊断初始数据有不同的量纲和单位,为了消除它们对诊断结果的影响,采用数据归一化处理,使不同量纲的指标诊断初始数据转化为无量纲的标准值,从而使指标与指标之间可以加权计算。在归一化处理时,根据诊断指标倾向分类(见表5.4),使正向型指标诊断初始数据保持正向且去除量纲,即将初始数据进行正向化处理,让数据越大越好且压缩在[0,1]范围内,简称MMS;使逆向型指标诊断初始数据正向且去除量纲,即将初始数据进行逆向化处理,让数据越小越好且压缩在[0,1]范围内,简称NMMS。同时,考虑到6个城市滨水公共空间样本均无拥挤状况,因此将反映场地聚集情况的行人流密度和空间利用率等指标(原本为无倾向指标)视作正向型诊断指标,对其指标初始数据进行归一化处理。正向化和逆向化处理的计算公式如下:

$$MMS = \frac{(X - Min)}{(Max - Min)} \tag{7.1}$$

$$NMMS = \frac{(Max - X)}{(Max - Min)} \tag{7.2}$$

式中:X——诊断指标初始数据;

Max,Min——数据组中最大值与最小值。

以步行绕路系数和驻留率为例说明数据归一化与映射关系。由诊断指标倾向分类可知,步行绕路系数为逆向型诊断指标,其数值越大对滨水公共空间综合品质的负面影响越大;与之相反,驻留率为正向型诊断指标,其数值越大对综合品质的正向影响越大。因此,分别对步行绕路系数和驻留率进行逆向化与正向化处理。为便于归一化结果显示,将所有归一化后的诊断数字放大一百倍(见表7.4)。

表 7.4 正向型与逆向型诊断指标数据归一化示意

诊 断 指 标	样本 1	样本 2	样本 3	样本 4	样本 5	样本 6
$Xa1$:步行绕路系数指标	1.1	1.2	1.3	1.4	1.5	1.6
$Xa1$ 逆向化分析结果	100	80	60	40	20	0
$Ya2$:驻留率指标	20%	30%	40%	50%	60%	70%
$Ya2$ 正向化分析结果	0	20	40	60	80	100

（2）全天数据取均值

输出所有场地不同时段的各项指标诊断结果（见附录 R）。以休息日为例，对每个场地 6 个时段的指标诊断数据取平均值作为全天的诊断结果，为提高准确性，所有数值统一保留 3 位小数。由此，获得各项指标诊断的初始数据（见表 7.5）。

表 7.5 休息日各场地诊断结果全天均值

诊 断 指 标	东昌滨江	徐汇滨江	老白渡	龙腾水岸	民生码头	船厂滨江
$Xa1$：步行绕路系数	1.326	1.341	1.245	1.225	1.240	1.203
$Xa2$：步行时间	13.960	11.691	12.545	6.181	5.512	7.211
$Xb1$：行人流密度	7.071	4.240	6.676	3.970	2.301	1.680
$Xb2$：空间利用率	0.520%	0.524%	0.946%	0.292%	0.192%	0.259%
$Xb3$：基面衔接系数	1.339	1.426	1.795	1.704	2.278	2.247
$Ya1$：驻留量	273	688	414	472	154	420
$Ya2$：驻留率	51.425%	24.988%	41.370%	33.931%	30.787%	53.491%
$Ya3$：驻留面密度	3.580	1.066	2.842	1.366	0.721	0.914
$Ya4$：吸引点利用率	77.709%	52.111%	63.858%	62.547%	59.674%	70.783%
$Ya5$：吸引点平均访问率	138.066%	128.622%	105.763%	150.332%	141.688%	108.163%
$Yb1$：驻留活动类型	1.178	1.326	1.163	1.031	1.095	1.140
$Yb2$：人均驻留时间	10.138	10.970	11.593	11.634	12.214	14.221
$Yb3$：人均驻留次数	1.045	1.010	0.951	1.291	1.308	1.029
$Za1$：视线达水率	32.170%	23.432%	28.535%	46.074%	28.011%	41.413%
$Za2$：垂水人流密度	227.484	100.580	119.102	112.032	33.247	101.143
$Zb1$：岸线线密度	3.677	2.751	4.663	4.698	2.255	6.280
$Zb2$：不同高程岸线亲水度	88.302	416.122	154.749	247.178	72.083	147.287
$Zb3$：沿岸人群数量波动指数	1.770	2.668	1.342	2.646	3.888	1.498

对休息日各场地诊断结果均值进行数据归一化处理,就可以为后续场地诊断结果的分析提供方便(见表7.6)。

表7.6 数据归一化处理后基于全天均值的场地诊断结果

诊 断 指 标	东昌滨江	徐汇滨江	老白渡	龙腾水岸	民生码头	船厂滨江
Xa1:步行绕路系数	12	4	57	68	60	81
Xa2:步行时间	6	31	22	91	99	80
Xb1:行人流密度	56	32	53	30	16	11
Xb2:空间利用率	96	96	39	98	99	98
Xb3:基面衔接系数	7	12	36	30	66	64
Ya1:驻留量	16	52	28	33	6	29
Ya2:驻留率	85	4	54	31	22	91
Ya3:驻留面密度	59	15	46	20	9	12
Ya4:吸引点利用率	85	9	44	40	31	65
Ya5:吸引点平均访问率	63	51	24	77	67	27
Yb1:驻留活动类型	36	66	33	6	19	28
Yb2:人均驻留时间	5	22	35	36	48	90
Yb3:人均驻留次数	30	25	17	62	65	27
Za1:视线达水率	34	4	21	80	20	64
Za2:垂水人流密度	60	23	29	27	4	24
Zb1:岸线线密度	16	10	22	22	7	31
Zb2:不同高程岸线亲水度	7	52	16	29	5	15
Zb3:沿岸人群数量波动指数	15	36	4	36	65	8

(3) 综合诊断数据加权获得

综合品质诊断与各维度品质诊断结果依据诊断维度和诊断指标权重(见表5.8),将各指标数据与权重相乘后再相加获得,如个体驻留性诊断结果由驻留活动类型(权重0.070 4)、人均驻留时间(0.042 2)和人均驻留次数(0.025 8)加权计算获得,驻留舒适维度诊断结果由群体驻留性(0.397 0)与个体驻留性(0.138 4)加权计算获得,综合品质诊断结果由通行顺畅(0.214 3)、驻留舒适(0.535 4)和亲水便利(0.250 3)这3个维度加权计算获得(见表7.7至表7.12)。

7.2 综合与各维度诊断分析

单个场地的诊断结果可以比较各时段该场地在某个诊断指标方面的品质高低,但如果要更加全面地衡量滨水公共空间的品质,则需要开展各个场地之间的横向比较。对诊断结果进行分析,发现各个场地均在7:00—9:00和15:00—17:00时段分别呈现较低和较高的品质综合诊断结果。为了解各场地在总体、分维度及各项诊断指标间的关系,选取全天均值、15:00—17:00高峰值时段和7:00—9:00低峰值时段的诊断结果进行对比分析。

7.2.1 基于全天均值的诊断分析

从城市滨水公共空间品质综合诊断,以及通行顺畅、驻留舒适、亲水便利三个诊断维度分项,对6个场地的各时段平均值进行加权计算(见表7.7和表7.8)。结果显示:综合品质从高到低依次为船厂—龙腾—东昌—民生—老白渡—徐汇;通行顺畅维度从高到低依次为民生/船厂—龙腾—老白渡—徐汇/东昌,其中外部可达性为船厂/龙腾/民生—老白渡—徐汇—东昌,内部通畅性为船厂/民生—龙腾/东昌—老白渡/徐汇;驻留舒适维度从高到低依次为东昌—船厂—老白渡—龙腾—徐汇/民生,其中群体驻留性为东昌—船厂—龙腾—老白渡—民生—徐汇,个体驻留性为船厂—徐汇—民生—龙腾/东昌/老白渡;亲水便利维度从高到低依次为龙腾—船厂—东昌/徐汇—老白渡/民生,其中总体亲水性为龙腾—船厂—东昌—老白渡/民生—徐汇,沿岸亲水性为徐汇—龙腾—民生/船厂—东昌/老白渡。

表7.7 全天均值综合诊断结果

	东昌滨江	徐汇滨江	老白渡	龙腾水岸	民生码头	船厂滨江
综合得分	41	30	33	46	37	50
得分排序	3	6	5	2	4	1

表 7.8　全天均值各维度诊断结果

诊　断　维　度		东昌滨江	徐汇滨江	老白渡	龙腾水岸	民生码头	船厂滨江
X：通行顺畅		7	7	9	14	15	15
分项	Xa：外部可达性	1	2	4	8	8	8
	Xb：内部通畅性	6	5	5	6	7	7
Y：驻留舒适		29	16	20	20	16	26
分项	Ya：群体驻留性	25	10	16	17	11	20
	Yb：个体驻留性	4	6	4	4	5	7
Z：亲水便利		6	6	5	11	5	8
分项	Za：总体亲水性	4	1	2	7	2	6
	Zb：沿岸亲水性	2	5	2	4	3	3

7.2.2　基于高峰值的诊断分析

15:00—17:00 高峰值时段的综合得分和各维度得分(见表 7.9 和表 7.10)表明：综合品质从高到低依次为龙腾—船厂—东昌—徐汇—老白渡—民生；通行顺畅维度从高到低依次为龙腾—老白渡—船厂—民生—东昌/徐汇，其中外部可达性为龙腾/船厂/民生—老白渡—东昌/徐汇，内部通畅性为老白渡—东昌/徐汇—龙腾—船厂/民生；驻留舒适维度从高到低依次为船厂—龙腾—东昌/徐汇—民生—老白渡，其中群体驻留性为龙腾—老白渡—船厂—东昌/徐汇/民生，个体驻留性为船厂—东昌/徐汇—民生—龙腾—老白渡；亲水便利维度从高到低依次为龙腾—船厂/东昌/徐汇—老白渡—民生，其中总体亲水性为龙腾—船厂—老白渡—东昌/徐汇/民生，沿岸亲水性为东昌/徐汇—龙腾—船厂—老白渡/民生。

表 7.9　15:00—17:00 时段综合诊断结果

	东昌滨江	徐汇滨江	老白渡	龙腾水岸	民生码头	船厂滨江
综合得分	45	43	40	54	37	48
得分排序	3	4	5	1	6	2

表 7.10 15:00—17:00 时段各维度诊断结果

诊 断 维 度		东昌滨江	徐汇滨江	老白渡	龙腾水岸	民生码头	船厂滨江
X：通行顺畅		7	7	11	12	9	10
分项	Xa：外部可达性	2	2	4	8	8	8
	Xb：内部通畅性	6	6	7	4	2	2
Y：驻留舒适		25	25	23	26	24	28
分项	Ya：群体驻留性	17	17	20	22	17	19
	Yb：个体驻留性	9	9	3	4	7	9
Z：亲水便利		10	10	5	16	4	10
分项	Za：总体亲水性	1	1	3	8	1	6
	Zb：沿岸亲水性	9	9	3	8	3	4

7.2.3 基于低峰值的诊断分析

7:00—9:00 低峰值时段的综合得分和各维度得分（见表 7.11 和表 7.12）表明：综合品质从高到低依次为船厂—民生—东昌—龙腾—老白渡—徐汇；通行顺畅维度从高到低依次为船厂—龙腾/民生—老白渡—徐汇—东昌,其中外部可达性为船厂—龙腾/民生—老白渡—徐汇—东昌,内部通畅性为东昌—老白渡/徐汇—龙腾—船厂/民生；驻留舒适维度从高到低依次为东昌—船厂—民生—老白渡—龙腾—徐汇,其中群体驻留性为东昌—船厂—民生—龙腾/老白渡—徐汇,个体驻留性为民生—船厂—老白渡—龙腾/东昌—徐汇；亲水便利维度依次为民生/船厂—龙腾/东昌—徐汇/老白渡,其中总体亲水性为船厂—龙腾/东昌—老白渡/民生—徐汇,沿岸亲水性为民生—龙腾—徐汇/船厂/东昌—老白渡。

表 7.11 7:00—9:00 时段综合诊断结果

	东昌滨江	徐汇滨江	老白渡	龙腾水岸	民生码头	船厂滨江
综合得分	36	16	26	29	36	43
得分排序	2	6	4	4	2	1

表 7.12 7:00—9:00 时段各维度诊断结果

诊 断 维 度		东昌滨江	徐汇滨江	老白渡	龙腾水岸	民生码头	船厂滨江
X：通行顺畅		5	6	8	10	10	11
分项	Xa：外部可达性	0	2	4	8	8	9
	Xb：内部通畅性	5	4	4	3	2	2
Y：驻留舒适		26	7	14	13	20	25
分项	Ya：群体驻留性	23	5	10	10	12	20
	Yb：个体驻留性	3	2	4	3	7	6
Z：亲水便利		5	3	3	5	6	6
分项	Za：总体亲水性	4	1	3	4	3	6
	Zb：沿岸亲水性	1	1	0	2	4	1

7.2.4 综合与各维度诊断结果比较

对休息日的全天均值与高峰值时段进行平行对比，开展诊断分析。从城市滨水公共空间品质综合诊断结果来看，大致可以将场地分为品质较高的区段，包括船厂滨江、龙腾水岸和东昌滨江；品质较低的区段，包括徐汇滨江、老白渡滨江及民生码头。

从高峰值与低峰值时段的对比来看，各个场地间的公共空间品质差异较大，主要反映在驻留舒适维度、亲水便利维度和通行顺畅维度的内部通畅性，6 个场地的外部可达性基本无变化。具体表现为：就内部通畅维度而言，在 15:00—17:00 时段，龙腾水岸、民生码头和船厂滨江 3 个场地均有所下降；在驻留舒适维度，除东昌滨江外，其余场地在 15:00—17:00 时段的群体驻留性和个体驻留性均有显著上升，除东昌滨江、民生码头和船厂滨江外，其他场地在 7:00—9:00 时段的驻留舒适性均有显著下降；在亲水便利维度，15:00—17:00 时段 6 个场地均在沿岸亲水性方面有所提升。

由于 7:00—9:00 低峰值时段比较早，部分人群还未出门，场地内总人数较少，各项行为活动展开并不充分，因此基于均值与 15:00—17:00 的高峰值时段公共空间品质综合诊断结果更具代表性。

7.2.5 模型诊断与问卷评价比较

为比较城市滨水公共空间模型诊断结果与实际使用过程中人群直观感受的差异,通过问卷的形式,邀请30位本专业领域的老师和研究生进行问卷采访(见附录Q),针对6个场地的综合品质和各维度品质,分3个评价等级进行问卷调查。

(1) 问卷评价结果分析

将优、良、一般3个评价等级分别对应3、2、1的得分,对问卷评分进行统计,计算各个场地的平均值,获得最终的问卷评价结果(见表7.13):综合品质从高到低依次为船厂—徐汇—龙腾—老白渡—民生—东昌,通行顺畅维度从高到低依次为船厂—老白渡/徐汇—龙腾—民生—东昌,驻留舒适维度从高到低依次为徐汇/龙腾—船厂—老白渡—民生—东昌,亲水便利维度从高到低依次为老白渡—徐汇—龙腾—船厂—民生—东昌。

表 7.13　基于人群直观感受的问卷评价结果

诊 断 维 度	东昌滨江	徐汇滨江	老白渡	龙腾水岸	民生码头	船厂滨江
综合品质	2.000	2.500	2.357	2.429	2.214	2.714
得分排序	6	2	4	3	5	1
X:通行顺畅	2.071	2.500	2.500	2.286	2.286	2.786
得分排序	6	2	2	4	4	1
Y:驻留舒适	1.714	2.571	2.214	2.571	2.000	2.500
得分排序	6	1	4	1	5	3
Z:亲水便利	2.000	2.429	2.500	2.357	2.071	2.214
得分排序	6	2	1	3	5	4

(2) 模型诊断结果与问卷评价结果比较分析

接着,对基于多代理行为模拟的模型诊断结果和基于人群直观感受的问卷评价结果进行对比。

问卷评价结果横向对比显示,综合品质与各维度的场地排序基本一致。例如,东昌滨江排序都为最低,民生码头都为次低,而徐汇滨江的排序都在最高或次高位。相反,模型诊断结果横向对比显示,综合品质与各维度排序差异较大,例如,东昌滨江的综合品质和亲水便利性都位居第三,而通行顺畅维度排序最低,驻留舒适维度则排序最高。原因在于:问卷评价带有主观感情色彩,受试者对某个场地的偏好可能会影响其评分,出现一好俱好、一差都差的情况;而模型诊断更加客观,诊断依据都来源于数量、面积、时长、次数等量化数据。

对同类型的两种结果进行对比,从城市滨水公共空间品质来看,除东昌滨江与徐汇滨江外,其余场地的问卷评价结果排序情况基本与模型诊断结果排序情况保持一致。徐汇滨江的差异尤为明显,在问卷评价结果中,综合品质、通行顺畅维度和亲水便利维度的评价排序都次高,驻留舒适维度的排序最高,这与模型诊断结果完全相反,其综合品质诊断排序最低,3个诊断维度的排序也基本位于最低或中档位置。

因此,对各个维度的细致比较十分必要。在通行顺畅维度,除徐汇滨江与民生码头外,其余场地的问卷评价结果与模型诊断结果大致相同。由于受试者较多居住在学校,在前往滨水公共空间的过程中,往往是先到达同一个轨交站点,再步行或骑行到达滨水公共空间,因此与基于行为模拟的城市滨水公共空间品质综合诊断结果相比,问卷中的通行顺畅维度评价结果未能有效反映场地周边多种路径选择下的均值情况,因此两者之间呈现出较大的差异。在驻留舒适和亲水便利维度,问卷评价结果与模型诊断结果虽有一定差异,但与模型诊断中个体驻留性和沿岸亲水性结果较为接近。

这在一定程度上可以解释徐汇滨江的特殊性。仔细分析各维度分项诊断结果,徐汇滨江大多位于最低或次低,但有两个分项例外,即沿岸亲水性排序最高,个体驻留性排序也较高,仅次于船厂滨江。究其原因,问卷是对个体评价的统计,从个体的感知体验来看,3个维度中驻留舒适维度和亲水便利维度比通行顺畅维度更直接地反映滨水公共空间自身的品质,而分项中个体驻留性比群体驻留性、沿岸亲水性比总体亲水性更容易被个体所感知,因此在评价中有部分维度感知占据主导的可能,这就造成了主观问卷评价与客观模型诊断的差异。

综上所述,基于多代理行为模拟的城市滨水公共空间品质诊断结果和基于滨水公共空间主观认识的品质评价结果具有一定的差异。人们对滨水公共空间的认识更多是建立在行为活动过程中的个体认知,同时往往更关注作为滨水场地特色的沿岸部分,因此问卷评价结果有一定的局限性。这也表明,基于多代理行为模拟的城市滨水公共空间品质诊断有其存在的必要性,如果将较为客观的模型诊断结果和较为主观的问卷评价结果相比较并作为参考,可以修正常见的问卷评价结果的偏差,提供更加客观的诊断结果。

7.3　子类指标诊断分析

前文对城市滨水公共空间整体与各维度的综合品质进行了诊断,还需对通行顺畅、驻留舒适和亲水便利3个维度的子类诊断指标进行深入分析,探讨子类指标与各维度的关联程度,以及比较不同场地和不同时段下子类诊断指标呈现出的城市滨水公共空间外部和内部、群体和个体、总体和局部的品质差异。

7.3.1　通行顺畅维度指标的诊断分析

(1) 外部可达性

外部可达性包括步行绕路系数和步行时间两个子类诊断指标。对6个场地、6个时段的诊断结果进行分析和比较,结论如下。

步行绕路系数方面,不同时段对其影响较小,滨水公共空间向城市拓展的1~2个街区,其数值维持在1.150~1.350,会受到出入口和街道接口人流量的影响,但是整体变化量维持在0.1以内。而不同场地之间的步行绕路系数差异则较大,其中东昌滨江和徐汇滨江绕路系数较高,平均值分别为1.326和1.341。对比滨水公共空间向城市拓展的1~2个街区范围内的平均街坊大小与路网密度,可以发现步行绕路系数与前者成正比,与后者关系不大,此外还受到出入口布置、交叉口密度等要素的影响(见图7.6和表7.14)。

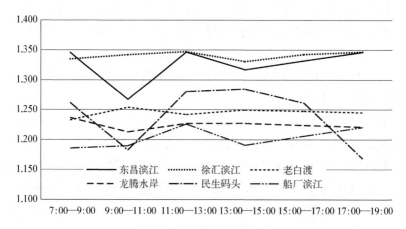

图 7.6　步行绕路系数分析

表 7.14 平均街坊大小和路网密度对比

场　　地	东昌滨江	徐汇滨江	老白渡	龙腾水岸	民生码头	船厂滨江
平均街坊大小	82 856	129 259	76 876	65 148	48 101	60 527
路网密度	6.95	5.52	6.10	5.95	7.44	6.10

步行时间主要与场地周边的路网状况相关,因此不受时段的影响,各个场地全天的步行时间基本保持在恒定的数值,大致可分为东昌滨江、老白渡和徐汇滨江的 11～14 分钟,以及龙腾水岸、民生码头和船厂滨江的 5～7 分钟两个不同的时间范围段。步行时间受出发点与滨水公共空间入口距离、周边腹地街区尺度,以及路网结构的影响较大(见图 7.7)。

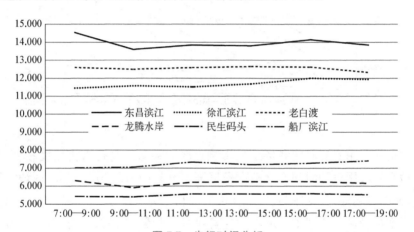

图 7.7 步行时间分析

比较步行绕路系数排序(船厂—龙腾—民生—老白渡—东昌—徐汇),步行时间排序(民生—龙腾—船厂—徐汇—老白渡—东昌)与外部可达性排序(民生/船厂/龙腾—老白渡—徐汇—东昌),发现基本一致,因此两个指标对外部可达性贡献大致相当。

(2) 内部通畅性

内部通畅性包括行人流密度、空间利用率和基面衔接系数 3 个子类诊断指标。对 6 个场地、6 个时段的诊断结果进行分析和比较,结论如下。

行人流密度受时间和场地的影响都较为显著。从时间上看,各场地基本呈现随时间变化行人流密度逐渐上升的趋向,并在 15:00—17:00 时段达到高峰值,而到 17:00—19:00 时段密度有所下降。从场地来看,根据平均值可以分为东昌滨江和老白渡、徐汇滨江和龙腾水岸、民生码头和船厂滨江

3个不同的数值段,其均值分别在7%、4%、2%左右(见图7.8)。同时,结合场地区位可知,东昌滨江与老白渡直接相邻,徐汇滨江与龙腾水岸比较接近,而民生码头与船厂滨江均位于浦东陆家嘴以东片区,案例两两之间在空间上具有一定的关联性,周边环境条件基本接近,设计策略与场地布局大致相当,这些也是行人流密度分布趋势相近的主要原因。6个案例的比较还发现,行人流密度除了受时间、交通便利性等影响外,还受到地理位置的影响,离市中心较近的滨水公共空间呈现出较高的行人流密度。

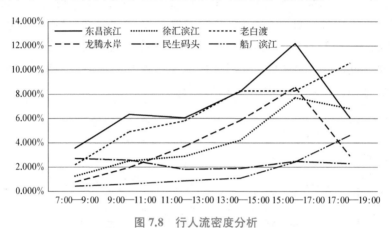

图 7.8　行人流密度分析

空间利用率受时间和场地的影响也较为显著。与行人流密度相似,各场地空间利用率随时间变化基本呈逐渐上升趋向,15:00—17:00时段是高峰,而部分场地,包括东昌滨江、徐汇滨江和龙腾水岸在17:00—19:00时段利用率从峰值有所回落。从平均空间利用率来看,东昌滨江、徐汇滨江和老白渡数值较高,约为0.6%~0.7%,尤其是在午后数值保持高位,而其余场地约在0.2%~0.3%(见图7.9)。

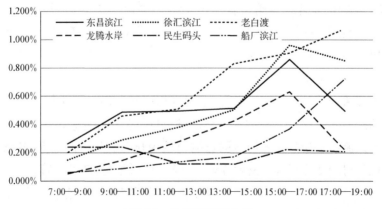

图 7.9　空间利用率分析

基面衔接系数与时间变化无明显关系,场地间的差异则较为显著,可以分为民生码头和船厂滨江、老白渡和龙腾水岸、东昌滨江和徐汇滨江 3 个不同的数值段,均值分别在 2.2、1.7、1.4 左右(见图 7.10)。结合场地空间布局来看,缓坡和台地比陡坎和梯段对指标影响更优。并且,民生码头和船厂滨江均在近水部分设置了贯穿场地的两层骑行和步行道,形成了不同基面之间的竖向分隔,不利于不同标高基面之间的转换,因此基面衔接系数更大;与之相反,徐汇滨江仅在局部设置了两层步行道,且底层贯通性很强,不同标高基面之间也布置了有效的转换方式,因此基面衔接系数较低。

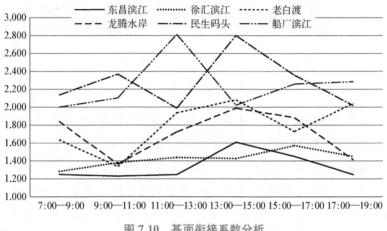

图 7.10　基面衔接系数分析

内部通畅性在全天、高峰值、低峰值的诊断时各场地排序差异较大,说明其随时间变化明显,因此不对子类指标排序和内部通畅性排序进行比较。

7.3.2　驻留舒适维度

(1) 群体驻留性
群体驻留性包括驻留量、驻留率、驻留面密度、吸引点利用率和吸引点平均访问率 6 个子类诊断指标。以下对 6 个场地、6 个时段的诊断结果进行分析和比较;并且考虑到驻留量、驻留率和驻留面密度之间、吸引点利用率和吸引点平均访问率之间关系密切,还会对各场地这些子类诊断指标的排序进行关联性分析。

驻留量受时间和场地的影响较为显著。从时间来看,各场地驻留量随时间变化逐渐上升的趋势比行人流密度和空间利用率更为明显,民生码头、老白渡和船厂滨江均随时间推移而驻留量变多,而东昌滨江、徐汇滨江和龙腾水岸驻留量上升至 15:00—17:00 时段高峰值后回落。分场地来看,徐汇滨江的平均驻留量高达 680 人,而东昌滨江、民生码头均小于 300 人,其余 3 个场地的平均驻留量约在 400～500 人(见图 7.11)。

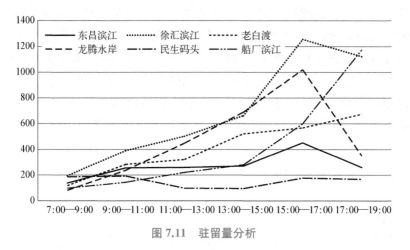

图 7.11　驻留量分析

驻留率与时间变化无明显关系,东昌滨江、民生码头和老白渡全天的驻留率变化较大,而船厂滨江、龙腾水岸和徐汇滨江的变化幅度不大,即场地对行人驻留的吸引力比较恒定;各场地多在 13:00—15:00 和 7:00—9:00 时段呈现驻留率最小值和次小值。驻留率在场地间的差异比较明显,其中东昌滨江和船厂滨江平均驻留率在 50% 以上,即场地对行人驻留的吸引力更显著;而徐汇滨江的平均驻留率在 25% 左右,远低于其他场地(见图 7.12)。将各场地的驻留率排序(船厂—东昌—老白渡—龙腾—民生—徐汇),驻留量排序(徐汇—龙腾—老白渡—船厂—东昌—民生)与群体驻留性排序(东昌—船厂—龙腾—老白渡—民生—徐汇)进行比较,发现群体驻留

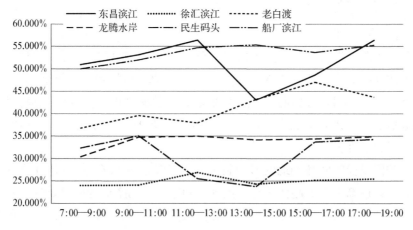

图 7.12　驻留率分析

性排序与驻留率有较高的一致性,而与驻留量排序基本没有关联性。尤其是徐汇滨江,驻留量排序最高,但是驻留率排序和群体驻留性排序都最低,即场地内驻留的人虽然很多,但是驻留人数占总人数的比值不高,即驻留的吸引力不大;东昌滨江恰好相反,驻留量排序次低,而驻留率排序次高,群体驻留性排序最高,即在场地内驻留的人虽然不多,但是驻留人数占总人数的比值较高,即驻留的吸引力较大。这更加证明了前期研究发现的场地驻留率高低表明空间对使用者的吸引力大小,相比驻留量更能反映滨水公共空间的品质。因此,群体驻留性的衡量既要包含场地内驻足的人流量,也要呈现总体人流中驻留人群的占比。

驻留面密度同样随时间变化而增长,但仅老白渡和船厂滨江全天持续增长,其余场地在17:00—19:00时段回落,其中东昌滨江和龙腾水岸数值回落显著。分场地来看,东昌滨江与老白渡驻留面密度明显较高,均值分别在4%和3%左右,而其余场地平均值在1.5%以下(见图7.13)。将驻留面密度排序(东昌—老白渡—龙腾—徐汇—船厂—民生)与驻留量、驻留率排序相比,发现比较接近驻留率的排序,只是船厂滨江驻留率最高而驻留面密度次低,可能与其驻留量较低而可驻留面积较大相关;徐汇滨江驻留率最低而驻留面密度排序提升,应该是其驻留量最高而可驻留面积较小造成的。这也说明群体驻留性不能从少数几个指标来判断,需要考虑多个子类诊断指标的综合影响。

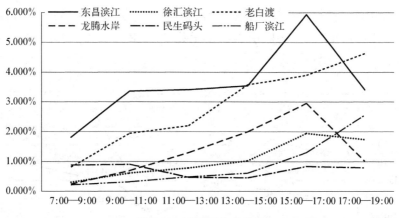

图7.13 驻留面密度分析

各场地的吸引点利用率分布在50%～85%,且与时间变化无显著关系。从场地上看,东昌滨江与船厂滨江的平均吸引点利用率明显较高,均值在70%以上,徐汇滨江最低,在50%～55%,其余场地则在60%左右(见

图 7.14）。这在一定程度上说明,吸引点利用率在时空上少有规律性,更多取决于场地自身吸引点数量、类型和布局特点。

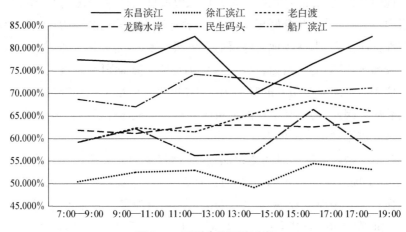

图 7.14　吸引点利用率分析

吸引点平均访问率变化幅度更大,在 $80\%\sim170\%$,不同场地的诊断结果与时间变化的关系也无规律性。其中东昌滨江的平均访问率在一天之中基本一致,而民生码头、船厂滨江随时间变化逐渐降低,其余场地呈跳跃性无规律变化。从均值来看,龙腾水岸和民生码头的吸引点平均访问率较高,即这两个场地的吸引点与人群行为互动更频繁(见图 7.15)。虽然吸引点平均访问率和吸引点利用率都与吸引点相关,但各场地这两个诊断指标的排序毫无关联。两个指标都取决于场地自身吸引点类型和布局特点,不同的是,吸引点平均访问率与吸引点数量无关,这是其与吸引点利用率的主要差异。

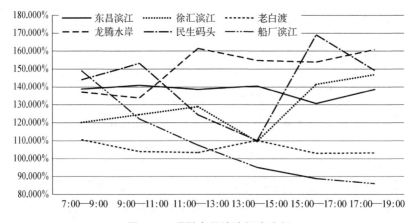

图 7.15　吸引点平均访问率分析

(2) 个体驻留性

个体驻留性包括驻留活动类型、人均驻留时间和人均驻留次数 3 个子类诊断指标。对 6 个场地、6 个时段的诊断结果进行分析和比较,结论如下。

驻留活动类型整体在 1～1.5 之间,不同场地随时间的变化趋势与程度不一,没有明显的变化规律。从均值来看,徐汇滨江的平均驻留活动类型数值最大,为 1.326,更倾向于文娱、体育、餐饮等长时间、较活跃的驻留活动。结合空间要素分布来看,徐汇滨江、东昌滨江和船厂滨江的公共空间要素更为丰富,且均在近水部分布置了丰富的运动设施,因此易引发多样的驻留活动类型;而龙腾水岸、民生码头的公共空间要素相对单一,平均驻留活动类型小于 1.1,以观赏型和休憩型的驻留活动居多(见图 7.16)。

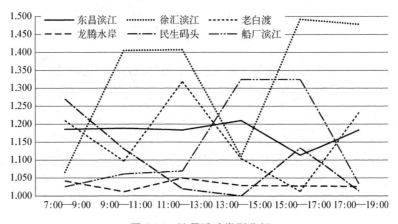

图 7.16　驻留活动类型分析

人均驻留时间与时间变化的关系不十分明显,只是除徐汇滨江外,其余场地在 9:00—11:00 时段人均驻留时间较长。从各场地来看,船厂滨江人均驻留时间最长,约 14 分钟;东昌滨江人均驻留时间最短,约 10 分钟;其余场地在 12 分钟左右,相比较而言差异也不是很显著(见图 7.17)。

人均驻留次数与时间变化的关系也不大,船厂滨江全天人均驻留次数呈下降趋势,其余场地均呈无规律性波动,各场地间的差异较为明显。均值方面,民生码头和龙腾水岸场地内每个吸引点吸引驻足的频率最高,人均驻留次数均值最高,约为 1.3,而老白渡的人均驻留次数均值最低,基本小于 1(见图 7.18)。

总体来看,群体驻留性有多个子类诊断指标与时间、场地的变化关系密切,而个体驻留性的 3 个子类诊断指标均与时间变化关系不大,且各场地之

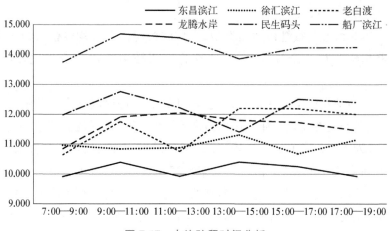

图 7.17　人均驻留时间分析

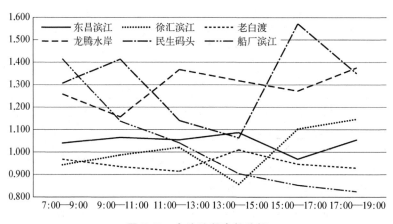

图 7.18　人均驻留次数分析

间存在明显差异。这些正与城市滨水公共空间行为活动的随机性相关,较难从行为个体的驻留活动中寻求规律,但是可以从场地整体来探寻群体驻留性的时空变化。

7.3.3　亲水便利维度

(1) 总体亲水性

总体亲水性包括视线达水率、垂水人流密度和岸线线密度 3 个子类诊断指标,对 6 个场地、6 个时段的诊断结果进行分析和比较。

视线达水率随时间的推移无明显变化规律,而场地间的差异较为显著。因为视线能否达水主要还是取决于场地自身的空间要素布局方式。从均值来看,龙腾水岸和船厂滨江两个场地在各时段的视线达水率都较高,均值为40%以上,而徐汇滨江最低,均值仅 23% 左右(见图 7.19)。

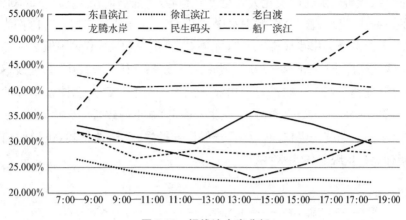

图 7.19 视线达水率分析

　　大部分场地垂水人流密度在 17:00 前随时间变化呈上升趋势,部分场地如船厂滨江和老白渡在 17:00 后继续上升达到峰值。不同场地的平均垂水人流密度呈三段式分布,东昌滨江最大约 227,民生码头最小约 33,其余在 100~120,差异较大(见图 7.20)。将垂水人流密度与群体驻留性中的子类诊断指标驻留面密度进行比较,发现随时间变化的规律非常相似,大部分场地 17:00 前都呈上升趋势,船厂滨江和老白渡在 17:00 后还继续上升;垂水人流密度排序(东昌—龙腾—老白渡—徐汇—船厂—民生)和驻留面密度排序(东昌—老白渡—龙腾—徐汇—船厂—民生)也非常接近。垂水人流密度反映了场地中垂直于水体的人流情况,是驻留人群的一部分。两个指标如此相似,在一定程度上说明滨水公共空间垂直于水体的空间通畅性决定了垂直于水体的人流量大小,并关联了整个场地的群体驻留性。

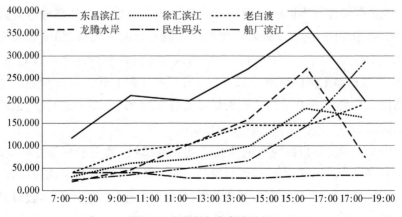

图 7.20 垂水人流密度分析

岸线线密度随时间变化大致呈上升趋势,多数场地在 15:00—17:00 时段的岸线线密度较高,其中龙腾水岸、船厂滨江和徐汇滨江这一时段都为高峰值,老白渡全天岸线线密度一直在攀升(见图 7.21)。不同场地之间的平均岸线线密度排序(龙腾—船厂—老白渡—东昌—徐汇—民生)和视线达水率排序(龙腾—船厂—东昌—老白渡—民生—徐汇),都与总体亲水性的排序(龙腾—船厂—东昌—老白渡/民生—徐汇)基本一致,而与垂水人流密度排序(东昌—龙腾—老白渡—徐汇—船厂—民生)关联性稍弱,也说明前两个指标更易反映总体亲水性。

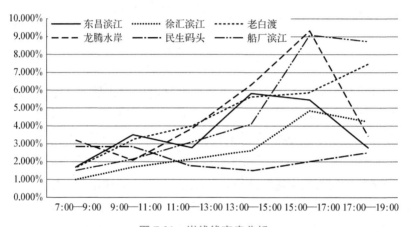

图 7.21　岸线线密度分析

(2) 沿岸亲水性

沿岸亲水性包括不同高程岸线亲水度和沿岸人群波动指数 2 个子类诊断指标。对 6 个场地、6 个时段的诊断结果进行分析和比较,结论如下。

大多数场地的不同高程岸线亲水度随时间变化呈上升趋势,15:00—17:00 时段的不同高程岸线亲水度较高。随着时间的推移,场地之间的差异也逐渐拉大,7:00—9:00 时段多数场地的不同高程岸线亲水度都在 90 以下,最高的徐汇滨江也小于 120,但是徐汇滨江在 15:00—17:00 时段达到最高值 770 左右,而民生码头全天的最高值仅约 95(见图 7.22)。这也说明徐汇滨江在多个高程都具有较高的亲水度。

沿岸人群波动指数随时间变化无明显规律性,呈现忽高忽低的状况。除徐汇滨江外,其余场地全天各时段的沿岸人群波动指数排序比较一致,基本上最高为民生码头,次高为龙腾水岸,而船厂滨江和老白渡大多数时段位于最低或次低。一定程度上说明沿岸人群波动指数主要受场地特征的影

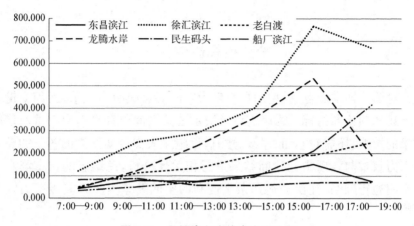

图 7.22　不同高程岸线亲水度分析

响。当然诊断结果也显示,徐汇滨江和其他场地区别明显,13:00 前变化不大,之后迅速上升,并于 17:00—19:00 达到所有场地的最高值(见图 7.23),说明在这段时间亲水基面的人群数量变化比较明显。相反,东昌滨江全天沿岸人群波动指数最为恒定,约在 1.6～1.9,说明其亲水基面的人群数量变化不大。

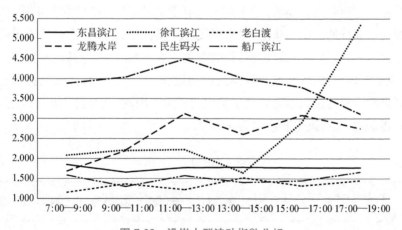

图 7.23　沿岸人群波动指数分析

从不同高程岸线亲水度排序(徐汇—龙腾—老白渡—船厂—东昌—民生),沿岸人群波动指数排序(民生—龙腾—徐汇—东昌—船厂—老白渡)和沿岸亲水性排序关系(徐汇—龙腾—民生/船厂—东昌/老白渡)来看,大致相当但都有一定差异性,说明两个子类指标对沿岸亲水性贡献度基本相当。

7.4　诊断指标影响因子分析

对单一样本而言,模型的自变量为空间要素吸引力权重,而因变量则是上述各项诊断指标。为确定城市滨水公共空间要素吸引力权重对诊断结果的影响,还需对基面、岸线、建筑、设施4大类空间要素的各子类要素吸引力权重与各项指标诊断结果进行相关性分析,总结影响城市滨水公共空间通行顺畅、驻留舒适和亲水便利的空间要素类型及其吸引力权重范围。

7.4.1　共性空间要素择取

受场地周边功能、公共空间进深、服务设施配置等影响,不同场地空间要素差异较大。以下统计6个场地所具有的空间要素(见表7.15),然后选取6个场地中的共性空间要素,供后续的吸引力权重统计以及相关性分析。为保证相关性分析的有效性,以半数及以上场地具备该空间要素为标准进行共性空间要素筛选。经过分析,6个场地都具备的空间要素包括远水部分的林荫跑道和正式座椅,近水部分的林荫跑道、正式座椅和非正式座椅,以及临水部分的滨水漫步道、平直岸线、正式座椅和非正式座椅9项子类空间要素。另外,至少半数场地具备的空间要素也被纳入,包括近水部分的广场、观景平台、可进入草地、望江驿、运动设施和自动售卖机,以及临水部分的观景平台和可进入草地8项子类空间要素。因此,共计筛选出17项共性空间要素进入后续的研究(见表7.16)。

表 7.15　各场地的空间要素

空　间　要　素		东昌滨江	徐汇滨江	老白渡	龙腾水岸	民生码头	船厂滨江
远水部分	基面	林荫跑道	■	■	■	■	■	■
		可进入草地	—	■	—	—	—	■
		广场	—	■	—	—	■	—
	设施	正式座椅	■	■	■	■	■	■
		非正式座椅	■	—	—	—	■	—

续　表

空　间　要　素			东昌滨江	徐汇滨江	老白渡	龙腾水岸	民生码头	船厂滨江
近水部分	基面	林荫跑道	■	■	■	■	■	■
		广场	■	■	—	■	■	■
		观景平台	■	—	—	—	■	■
		可进入草地	■	■	—	■	—	■
	建筑	望江驿	■	■	■	—	■	■
		书店	—	■	—	—	—	—
	设施	正式座椅	■	■	■	■	■	■
		非正式座椅	■	■	■	■	■	■
		运动设施	■	■	■	—	—	—
		自动售卖机	■	■	■	■	—	■
		遮阳棚	—	—	—	—	■	—
临水部分	基面	观景平台	■	—	■	■	■	■
		滨水漫步道	■	■	■	■	■	■
		可进入草地	—	■	■	■	—	—
	岸线	平直岸线	■	■	■	■	■	■
		凹岸线	■	—	—	—	—	■
	设施	正式座椅	■	■	■	■	■	■
		非正式座椅	■	■	■	■	■	■
		运动设施	■	■	—	—	—	—

注：■表示场地中有该空间要素，—表示场地中无该空间要素。

表 7.16 共性空间要素筛选

部分	要素类型	空间要素	部分	要素类型	空间要素
远水部分	基面	A1 林荫跑道	近水部分	基面	B1 林荫跑道
	设施	A2 正式座椅			B2 广场
					B3 观景平台
临水部分	岸线	C1 平直岸线			B4 可进入草地
	基面	C2 观景平台		建筑	B5 望江驿
		C3 滨水漫步道		设施	B6 正式座椅
		C4 可进入草地			B7 非正式座椅
	设施	C5 正式座椅			B8 运动设施
		C6 非正式座椅			B9 自动售卖机

7.4.2 共性空间要素吸引力权重统计

空间要素的吸引力权重随时间、使用方式、所处区域、距水距离等差异而变化,即使是同一类正式座椅也具有不同的吸引力权重。因此,为保证权重计算的有效性,以徐汇滨江为例,对多代理模型中位于各部分的同一类空间要素在不同时段对观赏型、休憩型、文娱型、运动型、消费型 5 类游憩行为活动的吸引力权重进行叠加,作为共性空间要素的吸引力权重复合结果(见表 7.17 和图 7.24)。

表 7.17 徐汇滨江的共性空间要素吸引力权重复合结果

部分	空间要素	时段 1	时段 2	时段 3	时段 4	时段 5	时段 6	叠加
远水部分	A1 林荫跑道	0.22%	1.62%	3.59%	3.04%	3.05%	2.67%	14.20%
	A2 正式座椅	0.67%	0.98%	0.49%	0.12%	0.02%	0.17%	2.46%
近水部分	B1 林荫跑道	0.56%	3.59%	1.63%	3.60%	1.56%	1.47%	12.42%
	B2 广场	22.33%	10.49%	1.42%	9.13%	7.60%	10.49%	61.45%
	B4 可进入草地	2.02%	7.18%	16.11%	13.16%	14.96%	8.66%	62.09%

部分	空间要素	时段1	时段2	时段3	时段4	时段5	时段6	叠加
近水部分	B5 望江驿	1.46%	2.95%	4.25%	3.60%	2.54%	1.17%	15.97%
	B6 正式座椅	3.48%	1.85%	2.12%	1.51%	1.61%	2.67%	13.24%
	B7 非正式座椅	1.46%	2.26%	1.09%	0.92%	0.61%	1.13%	7.46%
	B8 运动设施	7.97%	17.38%	22.10%	20.38%	17.76%	17.38%	102.97%
	B9 自动售卖机	3.29%	2.60%	3.03%	1.74%	1.03%	4.52%	16.20%
临水部分	C1 平直岸线	8.19%	7.76%	7.51%	9.22%	10.40%	11.63%	54.73%
	C3 滨水漫步道	9.43%	5.68%	4.30%	3.78%	5.67%	9.50%	38.35%
	C4 可进入草地	1.01%	0.93%	1.69%	2.27%	2.19%	3.79%	11.89%
	C5 正式座椅	3.25%	4.75%	4.30%	5.29%	6.87%	7.56%	32.02%
	C6 非正式座椅	0.20%	0.27%	3.22%	1.05%	0.78%	2.14%	7.67%

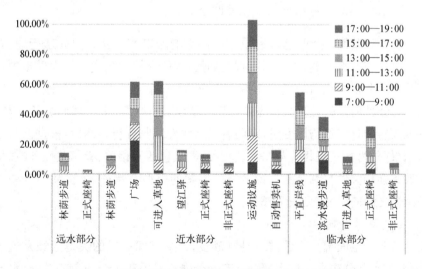

图 7.24 徐汇滨江的共性空间要素吸引力权重计算结果

通过对远水、近水和临水3个部分共性空间要素的吸引力权重计算,就徐汇滨江这一场地来说,近水部分共性空间要素类型更为丰富,同时近水部分共性空间要素的总吸引力权重也最高,其次是临水部分,远水部分则最低。

分部分来看,远水部分中吸引力权重最高的为林荫跑道,而正式座椅的吸引力权重不高;近水部分中吸引力权重最高的为运动设施,可进入草地与广场次之,且两者的吸引力权重相近;临水部分中吸引力权重最高的为平直岸线,其次为滨水漫步道,再次为正式座椅。总的来看,近水部分的运动设施、可进入草地和广场也在所有共性空间要素吸引力权重中位列前3位,它们连同临水部分的前3位平直岸线、滨水漫步道、正式座椅一起,这6类要素每一项的吸引力权重都远高于其他共性空间要素,在徐汇滨江成为最有吸引力的共性空间要素。

从不同部分的相同要素来看,林荫跑道和非正式座椅在不同的基面中吸引力权重大致相同,前者在远水和近水部分分别为14.20%与12.42%,后者在近水和临水部分均在7.5%左右。可进入草地和正式座椅在不同基面中的吸引力权重差异较大,可进入草地在近水部分的吸引力权重为62.09%,明显高于其在临水部分的吸引力权重11.89%,说明近水部分的可进入草地更易吸引人使用。而正式座椅则相反,其在临水部分的吸引力权重为32.02%,大大高于其在近水部分的13.24%,更明显高于远水部分的2.46%,说明正式座椅的吸引力与水距离越远越弱,这和非正式座椅吸引力权重不受与水距离的影响形成反差。

7.4.3 诊断指标影响因子相关性分析

为探讨基面、岸线、建筑和设施如何影响城市滨水公共空间通行顺畅、驻留舒适与亲水便利,以及影响程度如何,本研究针对多代理行为模拟中各部分空间要素的吸引力权重与指标诊断结果进行影响因子相关性分析,采用一元线性回归的数据分析方法,基于 SPSS 统计软件下的回归分析工具,提取实验的自变量与因变量,对两者进行线性回归分析。然后,根据回归分析结果(分为"+"正相关与"－"负相关,等级包括不相关、有相关性、较强相关性和强相关性),结合不同部分空间要素的类型及特征,分析其与各项诊断指标之间的关系(见表 7.18)。

(1) 总体分析

从各个空间部分来看,影响城市滨水公共空间品质的关键区域是近水部分,临水部分次之。近水部分具有 3 个强正相关和 3 个强负相关,临水部分具有 2 个强正相关,而远水部分则无较强或者强正、负相关。

从各个子类空间要素来看,影响城市滨水公共空间品质的关键空间要素是近水部分的运动设施,有 2 个强正相关和 2 个强负相关;其次是临水部分的观景平台,有 2 个强正相关;再次是近水部分的林荫跑道和正式座椅,分别具有 1 个强正相关。

表 7.18　诊断指标影响因子相关性分析

系数	远水部分		近水部分									临水部分					
	A1	A2	B1	B2	B3	B4	B5	B6	B7	B8	B9	C1	C2	C3	C4	C5	C6
Xa1	0.347	−0.135	0.115	0.156	−0.131	−0.113	0.232	−0.299	0.126	−0.213	0.114	0.225	0.260	0.413	0.064	0.207	−0.318
Xa2	0.219	0.281	0.198	0.049	−0.424	0.278	0.422	−0.524	0.077	−0.228	−0.283	−0.206	0.313	0.281	0.251	0.361	−0.357
Xb1	0.069	−0.379	−0.355	−0.115	0.156	−0.259	−0.437	0.022	−0.149	0.128	0.463	0.283	0.083	0.424	−0.327	−0.219	−0.146
Xb2	−0.018	−0.500	−0.316	−0.148	0.272	0.016	−0.533	0.140	−0.069	0.367	0.505	0.137	−0.250	0.286	−0.225	−0.026	0.011
Xb3	−0.260	−0.200	−0.479	0.255	0.278	−0.122	−0.452	0.527	−0.177	0.424	−0.095	0.105	−0.313	0.006	0.099	0.296	0.105
Ya1	−0.499	−0.350	−0.430	−0.126	0.270	0.649	−0.296	−0.036	0.113	0.483	−0.104	0.145	−0.227	−0.288	0.277	0.211	−0.178
Ya2	0.305	−0.339	−0.097	0.078	0.527	−0.422	0.236	0.518	0.494	0.759	−0.293	−0.298	−0.239	0.416	−0.138	−0.262	0.074
Ya3	−0.042	−0.439	−0.320	−0.066	0.254	−0.217	−0.408	0.590	0.108	−0.164	−0.013	−0.304	0.007	0.259	−0.094	−0.109	0.415
Ya4	0.346	−0.131	−0.207	−0.006	0.519	−0.469	0.187	0.643	0.439	−0.694	−0.451	−0.599	0.039	0.337	−0.010	−0.163	0.357
Ya5	−0.020	0.117	−0.082	0.101	−0.219	0.047	−0.069	0.149	−0.334	0.040	−0.401	−0.316	0.677	−0.369	0.594	0.408	0.200
Yb1	−0.213	−0.148	0.091	−0.108	0.103	0.399	−0.274	−0.003	0.026	0.696	0.488	−0.125	−0.483	−0.175	−0.118	−0.186	0.020
Yb2	0.107	0.012	0.320	0.042	−0.113	0.144	0.497	−0.451	0.340	−0.357	−0.154	0.355	−0.333	−0.114	0.349	−0.063	−0.519
Yb3	0.160	0.158	0.142	0.085	−0.419	0.001	0.126	−0.169	−0.271	−0.243	−0.369	−0.028	0.730	−0.243	0.531	0.375	−0.059
Za1	0.051	−0.330	−0.655	0.255	0.204	−0.063	0.442	0.216	0.309	−0.802	−0.402	0.630	0.476	0.060	0.383	0.472	−0.291
Za2	−0.331	−0.454	−0.412	−0.078	0.298	0.072	−0.292	0.623	0.289	−0.130	−0.206	−0.363	−0.142	0.039	0.178	0.028	0.422
Zb1	−0.095	−0.499	−0.302	−0.029	0.209	0.274	−0.210	0.128	0.505	−0.194	−0.101	0.160	−0.227	0.070	0.098	0.089	−0.136
Zb2	−0.539	−0.255	−0.482	−0.141	0.199	0.314	−0.256	−0.129	−0.057	0.347	−0.106	0.155	−0.126	−0.386	0.306	0.286	−0.214
Zb3	−0.124	0.195	0.411	−0.098	−0.477	0.425	−0.067	−0.343	−0.266	0.489	−0.427	−0.209	0.303	−0.391	0.524	0.195	0.142

注：计算模型 p 值（显著性），p 值越小意味着两者间的相关性越显著。表中浅灰色代表 $p < 0.10$，中灰色代表 $p < 0.05$，意味着有一定的相关性；中灰色代表有较强的相关性；深灰色代表 $p < 0.01$，即具有强相关性。

从各个诊断维度来看,影响城市滨水公共空间品质的关键维度是驻留舒适维度,亲水便利维度次之。驻留舒适维度有 5 个强正相关和 1 个强负相关,亲水便利维度有两个强负相关,而通行顺畅维度则无较强或者强正、负相关。

从各项子类诊断指标来看,影响城市滨水公共空间品质的关键诊断指标是视线达水率和吸引点利用率,前者有 2 个强负相关,后者有 1 个强正相关和 1 个强负相关;其次是驻留率、吸引点平均访问率、驻留活动类型和人均驻留次数,各有 1 个强正相关。

在此基础上,从各个维度对各项子类诊断指标与各个子类空间要素进行相关性分析。

(2) 通行顺畅维度

在通行顺畅维度,与空间要素吸引力权重相关的空间品质诊断指标包括行人流密度、空间利用率和基面衔接系数,而步行绕路系数、步行时间与各空间要素吸引力权重均不相关。

对行人流密度来说,近水部分自动售卖机的吸引力权重对其有一定的正相关性,即自动售卖机的吸引力越高行人流密度越高。

对空间利用率来说,远水部分的正式座椅与近水部分的自动售卖机对其分别有一定的负相关性与正相关性,即远水部分的正式座椅吸引力越低、近水部分的自动售卖机吸引力越高,则空间利用率越高。

对基面衔接系数来说,近水部分的林荫跑道与正式座椅对其分别有一定的负相关性与正相关性,即该基面的林荫跑道吸引力越低、正式座椅吸引力越高,则基面衔接系数越高。

(3) 驻留舒适维度

在驻留舒适维度,各项空间品质诊断指标均与一些空间要素的吸引力权重有或大或小的相关性。

对驻留率来说,与近水部分的运动设施有强正相关性,与近水部分的观景平台和正式座椅有一定的正相关性。而驻留量与远水和近水部分的林荫跑道有一定的负相关性,与近水部分的运动设施则有一定的正相关性。两者关联来看,近水部分运动设施吸引力权重越高,驻留行为越频繁,驻留量越高,而更为明显的是驻留人数在总人数中的占比也越高,即驻留率越高。

对驻留面密度来说,近水部分的正式座椅对其有较强的正相关性,即正式座椅吸引力权重越高,驻留行为越密集。此外,驻留面密度与近水部分的望江驿有一定的负相关性,与临水部分的非正式座椅则有一定的正相关性,后者表明离水较近的非正式座椅对吸引人群聚集和驻留起到了一定的作用。

　　对吸引点利用率来说,近水部分的正式座椅和运动设施对其分别有很强的正相关性与负相关性,即近水部分的正式座椅吸引力权重越高,驻留次数越多,吸引点利用率越高;而运动设施的吸引力权重越高,驻留次数越少,吸引点利用率越低。此外,吸引点利用率对近水部分的可进入草地和临水部分的平直岸线有较强的负相关性,对近水部分的观景平台也有一定的正相关性。

　　对吸引点平均访问率和人均驻留次数而言,相同点在于临水部分的观景平台、可进入草地对这两个诊断指标分别都有很强和较强的正相关性,观景平台与可进入草地的吸引力权重越高,人群被吸引的次数越多,吸引点平均访问率越高,人均驻留次数也越大。不同点在于吸引点平均访问率对正式座椅还具有一定的正相关性。

　　对驻留活动类型来说,近水部分的运动设施对其有很强的正相关性,即运动设施的吸引力权重越高,人群开展运动型活动的概率越高,有助于促进驻留活动类型的丰富性。此外,驻留活动类型也对近水部分的自动售卖机和临水部分的观景平台分别有一定的正相关性和负相关性。

　　对人均驻留时间来说,近水部分的望江驿和临水部分的非正式座椅分别对其有一定的正相关性和负相关性。

　　(4) 亲水便利维度

　　在亲水便利维度,各项空间品质诊断指标也均与一些空间要素的吸引力权重有或大或小的相关性。

　　对视线达水率来说,近水部分的林荫跑道和运动设施都对其有很强的负相关性,由于林荫跑道与运动设施周边往往高大乔木较多,两者的吸引力越高,被吸引的人群越多,该处的视线达水率就越低。此外,临水部分的平直岸线对视线达水率有较强的正相关性,临水部分的观景平台和正式座椅也对其有一定的正相关性。

　　对垂水人流密度来说,近水部分的正式座椅对其有较强的正相关性,临水部分的非正式座椅对其有一定的正相关性,说明这两部分的两类座椅对人流垂直水体进入滨水沿岸有一定作用。

　　从沿岸亲水性的 3 项诊断指标来看,与所有空间要素都没有很强或者较强的相关性。对岸线线密度来说,远水部分的正式座椅对其有一定的负相关性,而近水部分的非正式座椅对其有一定的正相关性。对不同高程岸线亲水度来说,远水和近水部分的林荫跑道均对其有一定的负相关性。对沿岸人群数量波动指数来说,近水部分的运动设施和临水部分的可进入草地对其有一定的正相关性,而远水部分的观景平台对其有一定的负相关性。

7.5 诊断结果参考值和时空要素关联分析

7.5.1 诊断结果的参考值

结合第 5 章基于专家问卷的层次分析法指标权重计算结果,形成适用于上海黄浦江文化活力型城市滨水公共空间的品质综合诊断指标体系。其中的指标权重可以获知各项指标对于通行顺畅、驻留设施、亲水便利,以及城市滨水公共空间综合品质的贡献;同时,综合 6 个场地、6 个时段的诊断结果,获得子类指标诊断结果的参考均值和上下限值,可以为之后这些样本更新改造后的品质诊断,以及其他同类型项目的品质诊断提供依据(见表 7.19)。

表 7.19 诊断指标权重和诊断结果参考值

目标	诊断维度		诊断指标	指标权重	参考均值	参考下限	参考上限
城市滨水公共空间品质综合诊断	X 通行顺畅	Xa 外部可达性	$Xa1$:步行绕路系数*	0.048 6	1.263	1.347	1.169
			$Xa2$:步行时间*	0.052 8	9.517	14.537	5.404
		Xb 内部通畅性	$Xb1$:行人流密度	0.029 6	4.563	0.431	12.198
			$Xb2$:空间利用率	0.041 3	1.695%	0.051%	10.785%
			$Xb3$:基面衔接系数*	0.041 9	1.841	2.811	1.230
	Y 驻留舒适	Ya 群体驻留性	$Ya1$:驻留量	0.076 1	434	82	1 255
			$Ya2$:驻留率	0.107 2	39.484%	23.762%	56.399%
			$Ya3$:驻留面密度	0.052 2	1.863	0.215	5.935
			$Ya4$:吸引点利用率	0.076 3	64.590%	49.155%	82.646%
			$Ya5$:吸引点平均访问率	0.085 1	129.612%	86.124%	168.996%
		Yb 个体驻留性	$Yb1$:驻留活动类型	0.070 4	1.164	1.000	1.492
			$Yb2$:人均驻留时间	0.042 2	11.928	9.915	14.691
			$Yb3$:人均驻留次数	0.025 8	1.120	0.824	1.572

续　表

目标	诊断维度		诊　断　指　标	指标权重	参考均值	参考下限	参考上限
城市滨水公共空间品质综合诊断	Z 亲水便利	Za 总体亲水性	Za1：视线达水率	0.081 7	33.796％	22.158％	52.043％
			Za2：垂水人流密度	0.023 6	122.492	19.759	365.310
		Zb 沿岸亲水性	Zb1：岸线线密度	0.040 7	4.499	1.024	17.723
			Zb2：不同高程岸线亲水度	0.063 2	207.688	34.430	766.308
			Zb3：沿岸人群数量波动指数	0.041 1	2.399	1.156	5.345

注：步行绕路系数、步行时间、基面衔接系数为逆向型诊断指标，数值越大指数越低。

　　基于问卷的最重要的 3 个诊断指标是驻留率、吸引点平均访问率和视线达水率。其中，前两个指标都与驻留相关，也证明了使用者最关注场地的驻留舒适性。这与前述诊断指标影响因子相关性分析中"驻留舒适维度是影响城市滨水公共空间品质的关键维度"这一结论相符。但是，相关性分析中关键诊断指标为视线达水率和吸引点利用率，其次为驻留率、吸引点平均访问率、驻留活动类型和人均驻留次数，与使用者视角的关键诊断指标相近但又有一定的差异。

7.5.2　诊断结果的时空规律

　　通过对黄浦江沿岸 6 个场地、6 个时段的诊断结果，总结子类指标诊断结果受场地或时间影响的分布规律，以及影响诊断结果的具体要素（见表 7.20）。可以发现：有多个与人流量相关的指标诊断结果随时间变化逐渐上升，且多在 15:00—17:00 时段达到高峰值，包括行人流密度、空间利用率、驻留量、驻留面密度、垂水人流密度和岸线线密度；人均驻留时间在9:00—11:00 时段较长；诊断结果与场地情况密切相关的指标包括步行绕路系数、步行时间、行人流密度、基面衔接系数和驻留活动类型。

表 7.20　诊断结果的时空规律和影响要素

诊　断　指　标	时间规律	场地规律	诊断结果的影响要素
Xa1：步行绕路系数	—	■	与周边街坊大小、出入口布置、交叉口密度等有关

诊　断　指　标	时间规律	场地规律	诊断结果的影响要素
$Xa2$：步行时间	—	■	与周边街坊大小、距出入口距离、路网结构等有关
$Xb1$：行人流密度	■	■	随时间变化逐渐上升且多在 15:00—17:00 时段达到峰值,离市中心较近的区段行人流密度较高
$Xb2$：空间利用率	■	—	随时间变化逐渐上升且多在 15:00—17:00 时段达到峰值,场地间差异较大
$Xb3$：基面衔接系数	—	■	不同基面间的衔接方式,以及两层骑行步道与地面层的竖向交通便利度
$Ya1$：驻留量	■	—	随时间变化逐渐上升且多在 15:00—17:00 时段达到峰值,场地间差异较大
$Ya2$：驻留率	—	—	场地间差异较为明显,无明显分布规律
$Ya3$：驻留面密度	■	—	随时间变化逐渐上升且多在 15:00—17:00 时段达到峰值,场地间差异较大
$Ya4$：吸引点利用率	—	—	与吸引点数量、类型和布局特点相关
$Ya5$：吸引点平均访问率	—	—	与吸引点类型和布局特点相关,与数量无关
$Yb1$：驻留活动类型	—	■	空间要素更为多样的场地驻留活动类型指标取值更高
$Yb2$：人均驻留时间	■	—	在 9:00—11:00 时段人均驻留时间较长
$Yb3$：人均驻留次数	—	—	场地间差异较为明显,无明显分布规律
$Za1$：视线达水率	—	—	空间中要素的布局方式
$Za2$：垂水人流密度	■	—	随时间变化逐渐上升且多在 15:00—17:00 时段达到峰值,场地间差异较大
$Zb1$：岸线线密度	■	—	随时间变化逐渐上升,场地间差异较大
$Zb2$：不同高程岸线亲水度	■	—	随时间变化逐渐上升且多在 15:00—17:00 时段达到峰值,场地间差异较大
$Zb3$：沿岸人群数量波动指数	—	—	与近水处吸引点数量、类型和布局特点相关

注：■表示有一定规律,—表示无显著规律。

7.5.3　诊断结果的关键影响空间要素

总结对各项指标诊断结果起到关键影响作用的城市滨水公共空间要素,获得正相关与负相关空间要素,较显著影响($p<0.05$)和显著影响($p<0.01$)空间要素。从城市滨水公共空间分区来看,基本集中在近水和临水部分,而远水部分没有关键影响空间要素,也表明空间要素与水距离对指标诊断结果有很大程度的影响。从空间要素分类来看,关键影响要素均为基面、岸线和设施,没有建筑类要素,这可能是由于受到规划控制线的限制,滨水用地被规定作为绿地景观,很难在绿线范围内建造建筑,因此研究场地内建筑比较少,对指标诊断结果的影响也较弱(见表 7.21)。从单个要素来看,影响最多的要素为近水部分的正式座椅,与驻留面密度、吸引点利用率、不同岸线高程亲水度都正相关;影响最复杂的要素为近水部分的运动设施,与驻留率和驻留活动类型正相关,而与吸引点利用率和视线达水率负相关。

表 7.21　诊断结果的关键影响空间要素和影响程度

空　间　要　素			指　标	相关性	程　度
近水部分	基面	林荫跑道	$Za1$:视线达水率	负相关	显著
		可进入草地	$Ya4$:吸引点利用率	负相关	较显著
	设施	正式座椅	$Ya3$:驻留面密度	正相关	较显著
			$Ya4$:吸引点利用率	正相关	显著
			$Zb2$:不同高程岸线亲水度	正相关	较显著
		运动设施	$Ya2$:驻留率	正相关	显著
			$Ya4$:吸引点利用率	负相关	显著
			$Yb1$:驻留活动类型	正相关	显著
			$Za1$:视线达水率	负相关	显著
临水部分	基面	可进入草地	$Ya5$:吸引点平均访问率	正相关	较显著
			$Yb3$:人均驻留次数	正相关	较显著
		观景平台	$Ya5$:吸引点平均访问率	正相关	显著
			$Yb3$:人均驻留次数	正相关	显著
	岸线	平直岸线	$Ya4$:吸引点利用率	负相关	较显著
			$Za1$:视线达水率	正相关	较显著

上述研究建立了基于多代理行为模拟的城市滨水公共空间品质综合诊断方法,从整体场地、各个维度和子类诊断指标进行全方位的诊断。同时,通过不同场地、不同时段的多样本比较,提供了诊断结果的参考值、时空规律和关键影响空间要素,为城市滨水公共空间的设计和管控提供依据。

7.6 小 结

本章首先通过对同一场地下不同时间的空间使用状况,以及同一时间下不同场地的空间使用状况进行分析和对比,采用数据归一化、全天取均值、综合诊断加权等措施对模型诊断初始数据进行处理。其次,分别从综合、各维度、子类指标出发,对模型诊断结果进行分析,并与问卷评价结果进行比较,说明前者可以获得更加客观的结果。再次,建立以远水、临水和近水 3 个部分的空间要素吸引力为自变量、各项诊断指标为因变量的一元线性回归方程,进行影响因子相关性分析。最后,通过样本均值、上下限值提取,形成适用于上海市黄浦江文化活力型城市滨水公共空间的品质综合诊断指标体系,并获得子类指标诊断结果的参考值、时空关联性和关键影响空间要素,从中归纳出各个场地共同具有的规律性关系,可以为城市精细化治理的规划设计、建设管理和政府决策提供参考依据。

8 优化预判

多代理行为模拟辅助研究的最大优势在于可以对未来使用状况进行较为精准、量化的预判。在上述几章建立的滨水公共空间行为模拟与品质诊断方法的基础上,本章选取曾经历改造的北外滩置阳段滨水公共空间开展优化预演及改造后验证,以检验多代理行为模拟辅助预判未来使用状况的可行性和可信度。

北外滩置阳段滨水岸线长约 880 米,面积约 5 7652.4 平方米,2021 年完成了新一轮的提升改造(见图 8.1)。改造前这里活力不足:国际邮轮码头使水岸封闭孤立,滨水公共空间成为码头专属空间,人群几乎无法靠近水岸;北侧虽然紧邻热闹的白玉兰商业中心,但由于东大名路干道的阻隔,难以吸引人群来到水滨;西侧原本有一座步行桥跨水与另一侧岸地衔接,但是由于封闭管理,无法吸引不远处的外滩人流由此进入。

图 8.1 北外滩置阳段区位图

本章研究涉及北外滩改造前后的两个时段:2019 年,运用多代理行为模拟技术,对改造前空间使用状况进行模型建构和多视角场地问题分析,在此基础上,展开多向度方案比选预判,获得不同取向的最优推荐;2022 年,对改造后空间使用状况进行调研,与最接近的优化方案预演进行对比,验证

优化预判方法的可行性,同时进行改造前后,以及其余 6 个场地的诊断结果
对比,提出未来改进建议(见图 8.2)。

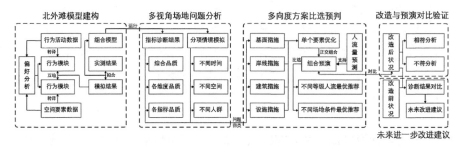

图 8.2　优化预判路径

8.1　北外滩模型建构

8.1.1　数据收集

北外滩置阳段滨水公共空间行为模拟模型建构是基于改造前的调研数
据进行的。改造前调研于 2019 年 6 月 4 日(工作日)和 6 月 16 日(休息日)
展开,选取 5 个特征时间段(7:00—8:00,9:30—10:30,12:00—13:00,
14:30—15:30,18:30—19:30)进行调研。空间要素数据收集通过现场勘测
获得要素的位置、数量、尺寸等。行为活动数据收集采用现场勘测、拍摄照
片、行为地图、流量计数、问卷访谈等 PSPL 多种手段复合调查的方法,记录
性别、年龄、组群、运动轨迹、分布状况等信息,弥补单一方法的不完整和局
限性。为了对两个日期各时段行为偏好的掌握,于工作日和休息日 5 个时
间段分别对老年(>65 岁)、中青年(18~65 岁)和儿童(<18 岁,场地内儿
童以学龄前儿童居多,少数为 11 岁以内儿童,多数时段没有 12~17 岁的儿
童)各做 6 份问卷调查,工作日和休息日共获取 180 份问卷,统计人群基本
属性,以及场地行为属性,包括目的地、路线、休憩时长、吸引点偏好等信息
(见附录 S,T,U)。

8.1.2　筛选转译

在数据收集之后,需要对空间要素和行为活动数据进行归类与筛选。
与前述研究相似,依据场地内主要活动的特征与数量,行为活动可以归为观

赏、休憩、文娱、运动、消费 5 类;结合滨水公共空间要素的特殊性,空间要素可以归为基面、岸线、建筑、设施 4 类,其中,基面和岸线属于滨水公共空间特有的要素。在此基础上,用 AnyLogic 软件平台的行为模块和环境模块对空间要素和行为活动进行转译,依据不同类别的活动和不同属性的人群,赋予代理粒子"个性化"的参数,建构不同属性的代理粒子群。依据第 6 章的使用者智能体创建,参考《行人交通仿真方法和技术》[1],设修正系数 1 人为1,2 人为 0.86,3 人为 0.81。此外,一些不易表达的情景需要通过模型改进来完善,如场地是否有遮阴,通过对位于遮阴设施下的环境模块运用代码内的条件语言,描述当日照较强时,此类模块对行人的吸引力增大。由此,建立多代理粒子和仿真环境。

8.1.3 偏好分析

人群对空间要素的偏好,或者说空间要素的吸引是促成人群改变行为状态、产生行为随机性的主因。因此,在第 6 章以空间要素对不同活动类型人群吸引力权重的基础上,将第 4 章"人群年龄对空间要素吸引力的影响"列入考虑。根据老年、中青年、儿童的空间要素吸引点偏好问卷调查 1~5 级偏好选择,统计平均值计为各类人群对不同空间要素的偏好评分,根据分值确定较为重要的空间要素吸引点,如餐厅、运动游乐场地、观景平台等共计 11 类 46 个吸引点,然后计算单类要素偏好评分与 11 类要素评分总和的比值(见表 8.1),为拟合过程中要素吸引力权重的调校提供参考。

表 8.1 不同年龄人群对空间要素吸引点的偏好评分及与评分总和比值

要　素	儿　童		中　青　年		老　年	
	偏好评分	与评分总和比值	偏好评分	与评分总和比值	偏好评分	与评分总和比值
咖啡厅	2.29	0.05	2.77	0.07	2.13	0.06
可移动餐饮设施	3.00	0.07	3.03	0.07	2.00	0.05
卫生间	2.71	0.07	3.09	0.07	3.88	0.10
魔法矩阵	4.57	0.11	3.37	0.08	2.88	0.07
运动游乐场地	4.43	0.11	2.97	0.07	2.75	0.07

要　素	儿　童		中青年		老　年	
	偏好评分	与评分总和比值	偏好评分	与评分总和比值	偏好评分	与评分总和比值
滨水漫步道	3.43	0.08	4.43	0.10	4.50	0.12
休息平台	4.14	0.10	4.37	0.10	4.50	0.12
办公广场	3.43	0.08	3.80	0.09	3.25	0.08
观景平台	3.43	0.08	4.27	0.10	3.38	0.09
休息座椅	3.71	0.09	4.00	0.09	4.25	0.11
异形标志建筑	3.29	0.08	3.73	0.09	3.13	0.08

8.1.4　模拟运行

更多的候选路径支持行人不确定性的活动调度和路径选择[2]。研究并未采用 AnyLogic 软件平台内置的"最短路径"运行原则,而是采用前述 6.2 小节设置的行为活动链(见图 6.8)来模拟多样化的路径选择。模拟运行时,将与现状出入口人数相应数量的粒子放入 7 个仿真空间的入口,粒子进入后,遵循"感知—选择—行动"的连续行为活动流程,并依据吸引力权重受到 46 个要素吸引点不同程度的吸引,在每一个步进中对周边的吸引点做出选择,被吸引、驻留或直接跳过,实现粒子的自主运行。

8.1.5　拟合调校

在模拟运行基础上,采用 6.4 小节的"模型拟合方法"对模型进行拟合调校:对人群密度、分布、轨迹等实测和模拟示图进行比较,这属于传统的凭借经验判断的拟合分析;同时,对 46 个吸引点的实测和模拟驻留量数据(见附录 V)在 SPSS 软件中进行双变量相关性分析,这属于量化拟合分析。然后,针对相关性分析结果不理想的吸引点调整其吸引力权重,如魔法矩阵最初实测和模拟数据相差较大,因此对老年和中青年的吸引力权重进行调整,直到权重调整至 0.35 时结果较好(多次实验显示,针对北外滩模型,以 0.1 为最小调整单位模拟结果有明显变化)。最终,10 个特征时间段各吸引点实测与模拟数据的双变量相关性分析显示,皮尔逊系数最小为 0.686(休息日 14:30—15:30),最大为 0.938(工作日 7:00—8:00),均大于 0.6;显著性水平均为 sig＝0.000,远小于 0.01,因此实测场景与实验情境匹配度较高,表明模型有效(见表 8.2)。

表 8.2 吸引点实测与模拟数据双变量相关性分析

休息日 14:30—15:30				工作日 7:00—8:00			
		吸引点实测驻留量	吸引点模拟驻留量			吸引点实测驻留量	吸引点模拟驻留量
吸引点实测驻留量	皮尔逊相关性	1	0.686 **	吸引点实测驻留量	皮尔逊相关性	1	0.938 **
	Sig.(双尾)	—	0.000		Sig.(双尾)	—	0.000
	个案数	46	46		个案数	46	46
吸引点模拟驻留量	皮尔逊相关性	0.686 **	1	吸引点模拟驻留量	皮尔逊相关性	0.938 **	1
	Sig.(双尾)	0.000	—		Sig.(双尾)	0.000	—
	个案数	46	46		个案数	46	46
** 表示在 0.01 级别(双尾),显著性相关				** 表示在 0.01 级别(双尾),显著性相关			

8.2 多视角场地问题分析

在建立仿真模型的基础上,可以探寻和分析场地问题:一方面,通过模型输出北外滩子类指标、各维度和综合品质诊断结果,使对场地情况有一个从单项到全面的量化分析;另一方面,通过分项情境模拟输出粒子分布图示,对比场地实际使用状况,可以找寻问题点位和产生原因。

8.2.1 指标诊断提供从单项到全面的量化分析

选取比较有代表性的 15:00 左右高峰值时段,输出北外滩模型的子类指标诊断结果,然后依据第 7 章的归一化处理,将不同量级的诊断结果转化为无量纲的标准值,获得改造前滨水公共空间的综合品质和各维度、分项维度诊断结果,与其他 6 个场地同一时段的诊断结果进行对比(见表 8.3 和表 8.4)。

表 8.3　子类指标诊断结果对比

诊 断 指 标	东昌	徐汇	老白渡	龙腾	民生	船厂	北外滩(排名)
$Xa1$：步行绕路系数	1.326	1.341	1.245	1.225	1.240	1.203	1.260(5)
$Xa2$：步行时间	13.960	11.691	12.545	6.181	5.512	7.211	11.508(4)
$Xb1$：行人流密度	7.071	4.240	6.676	3.970	2.301	1.680	2.443(5)
$Xb2$：空间利用率	0.520%	0.524%	0.946%	0.292%	0.192%	0.259%	0.370%(4)
$Xb3$：基面衔接系数	1.339	1.426	1.795	1.704	2.278	2.247	2.258(6)
$Ya1$：驻留量	273	688	414	472	154	420	299(5)
$Ya2$：驻留率	51.425%	24.988%	41.370%	33.931%	30.787%	53.491%	29.878%(6)
$Ya3$：驻留面密度	3.580	1.066	2.842	1.366	0.721	0.914	2.125(3)
$Ya4$：吸引点利用率	77.709%	52.111%	63.858%	62.547%	59.674%	70.783%	56.124%(6)
$Ya5$：吸引点平均访问率	138.066%	128.622%	105.763%	150.332%	141.688%	108.163%	140.329%(3)
$Yb1$：驻留活动类型	1.178	1.326	1.163	1.031	1.095	1.140	1.015(7)
$Yb2$：人均驻留时间	10.138	10.970	11.593	11.634	12.214	14.221	11.002(5)
$Yb3$：人均驻留次数	1.045	1.010	0.951	1.291	1.308	1.029	0.958(6)
$Za1$：视线达水率	32.170%	23.432%	28.535%	46.074%	28.011%	41.413%	25.992%(6)
$Za2$：垂水人流密度	227.484	100.580	119.102	112.032	33.247	101.143	111.479(4)
$Zb1$：岸线线密度	3.677	2.751	4.663	4.698	2.255	6.280	1.060(7)
$Zb2$：不同高程岸线亲水度	88.302	416.122	154.749	247.178	72.083	147.287	69.508(7)
$Zb3$：沿岸人群数量波动指数	1.770	2.668	1.342	2.646	3.888	1.498	1.005(7)

表 8.4　综合与各维度诊断结果对比

诊 断 维 度	东昌	徐汇	老白渡	龙腾	民生	船厂	北外滩(排名)
综合品质	45	43	40	54	37	48	42(5)
X：通行顺畅	7	7	11	12	9	10	8(5)

诊 断 维 度		东昌	徐汇	老白渡	龙腾	民生	船厂	北外滩 (排名)
分项	Xa：外部可达性	2	2	4	8	8	8	3(5)
	Xb：内部通畅性	6	6	7	4	2	2	2(5)
Y：驻留舒适		25	25	23	26	24	28	24(5)
分项	Ya：群体驻留性	17	17	20	22	17	19	18(4)
	Yb：个体驻留性	9	9	3	4	7	9	5(5)
Z：亲水便利		10	10	5	16	4	10	3(7)
分项	Za：总体亲水性	1	1	3	8	1	6	1(4)
	Zb：沿岸亲水性	9	9	3	8	3	4	1(7)

　　北外滩排名最低的子类指标诊断结果为岸线线密度、不同高程岸线亲水度、沿岸人群数量波动指数，以及驻留活动类型，均低于其他场地。前3项都属于沿岸亲水性分项维度，因此这一分项也最低，同时影响并导致亲水便利维度最低。次低的指标诊断结果包括基面衔接系数、驻留率、吸引点利用率、人均驻留次数、视线达水率。排名最高的指标诊断结果为驻留面密度和吸引点平均访问率，但仅位于全部场地的第三位。所有指标诊断结果排名不高也导致综合品质、通行顺畅和驻留舒适维度及它们的分项维度基本都位于第5位。上述诊断结果可以为改造指引方向。

8.2.2　分项情境模拟找寻问题点位和产生原因

　　由于调研分为工作日和周末两天，5个特征时间段，老年、中青年和儿童3类人群，因此总计可获得 $2×5×3＝30$ 个可能的分项情境。考虑到工作日的 7：00—8：00 和 12：00—13：00 场地内儿童非常少，因此这两个时段的儿童分项情境可以舍去，最后获得28个分项模拟情境。然后，从不同空间、不同时间、不同人群等方面对这些分项情境的使用状况进行分析。

　　(1) 不同空间

　　以下对时间与人群进行分类，从空间维度对代理粒子的分布特征和现状问题进行比较分析。

　　① 临水区域封闭造成人流密度极低：由于邮轮码头将滨水岸线私属化，临水区域和其他区域被围栏分隔，导致人们无法靠近水岸，模拟图也显

示基本没有代理粒子,与亲水便利诊断结果最低相符。

② 尺度不当造成空间局部拥挤或空旷:一方面,场地内的线性空间,如滨水漫步道、林荫跑道以及北侧入口区域,以散步、跑步等线性活动为主,宽度过于狭窄,导致部分时段人群过于密集,模拟图中局部呈红色拥堵状态;另一方面,场地内的面状空间,如东北侧办公建筑群围合的广场,尺度过于庞大且缺少吸引人群前往的设施,模拟图在全时段内粒子密度一直处于低值(见图 8.3)。

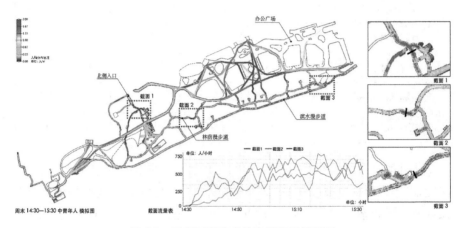

图 8.3　尺度不当造成的空间问题模拟图

③ 设施缺乏引发人群分布不均:彩虹桥的南侧空间和滨水漫步道的北侧空间中座椅因缺少树木或其他遮蔽设施,在日照比较强烈的时候使用率较低;而林荫跑道和北入口西侧的两条漫步道由于缺乏充足的夜间照明而存在安全隐患,夜间相比白天人流量明显减少,18:30—19:30 时段模拟图中场地粒子分布极为不均。

④ 空间划分失当导致行走路线单一:东北侧办公建筑群的遮挡,南侧绿地缺乏垂直岸线的划分以及茂密树木的遮挡,这些都对腹地人群望向水体的视线和行动造成影响,因此腹地人群向水滨的渗透比较少,模拟图也呈现出垂直于岸线道路上粒子密度远小于平行于岸线道路上粒子密度的情况。

(2) 不同时间

以下对空间与人群进行分类,从时间维度对代理粒子的分布特征和现状问题进行比较分析。

① 缺少儿童陪伴区域:在休息日的 14:30—15:30,儿童对于游乐场地的需求较大,因此,陪伴的成人照看的空间需求也相应增大,而目前场地内

缺少此类空间,如北侧游乐场地狭小,导致游乐高峰时陪伴的成人有时会侵占紧邻场地的入口道路,模拟图中此处粒子呈现拥挤状态。

② 缺少服务建筑和设施:在工作日的午间、休息日的午间和晚间,人群对运动和餐饮设施的需求量较大,而目前场地内此类设施较少,仅在东侧主入口附近建有咖啡厅,以及在场地中部停靠了3辆小型餐车,模拟图中这些地方的粒子密度局部增高,而本应该相对热闹的办公区域广场则因为相关服务设施过于稀少使得粒子呈现低密度分布状态,这也与几个驻留舒适维度指标次低相符。

③ 缺少运动与休息结合的空间:工作日和休息日的9:30—10:30和14:30—15:30,老年人更加偏好在具有树荫和休憩设施的线形步行空间开展活动,可以在散步与休息状态间自由转换,而现状是同时兼具这两种类型设施的区域较少,场地内仅有林荫跑道符合这一需求,模拟图中这两个时段该区域呈现微拥堵状态也印证了这一点(见图8.4)。

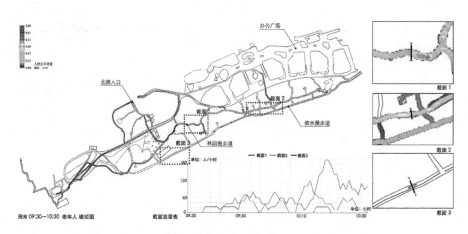

图8.4 缺少运动与休息结合空间的问题模拟图

(3) 不同人群

对时间与空间进行分类,从人群维度对粒子的分布特征和现状问题进行比较分析。

① 设施种类比较单一:场地内吸引点共计11类46个,若排除座椅、休息平台和滨水漫步道这3个类别,仅剩余8个类别,且位置分布不太适宜,造成了部分设施和空间的闲置。

② 场地周边存在断点:由于地块产权管理的原因,西侧相邻的外部滨水区与场地无法直接连通,需要通过极不明显且较为曲折的道路才能进入场地,模拟图中西侧入口处的粒子数量也明显低于其他入口处的粒子数量。

③ 部分设施缺乏管理：彩虹桥原本是场地内的主要景点，因管理原因暂时关闭，上面还堆放了许多杂物，对行人不具吸引力也无法进入，因此这一景点周边的模拟粒子呈现低密度分布状态。

④ 过渡基面处理方式单一：滨水漫步道和林荫跑道之间存在着高差，但是基面过渡方式都采用石阶踏步，老年人因步行不便，不愿意通过踏步进入另一个不同高差的基面，与基面衔接系数诊断结果次低相符，一定程度上造成了模拟图中垂直于岸线的道路上粒子密度远小于平行于岸线道路上的粒子密度（见图 8.5）。

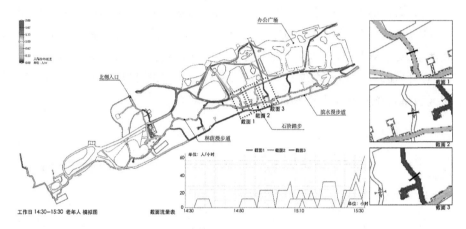

图 8.5　过渡基面引发的空间问题模拟图

8.3　多向度方案比选预判

在运用模拟分析对现状问题进行诊断的基础上，可以提出不同方向的改进措施，进而借助计算机强大的运算能力，从多个视角对不同优化方案进行实施情境的模拟预演。具体来说，可以分解为要素改进模拟、未来人流预测、要素组合精选、组合预演比选等数个步骤的系统方法。最终，获得不同取向、包括不同等级人流和不同场地前置条件的最优方案，为政府决策提供多向度的参考。

8.3.1　要素改进模拟

将前述诊断中存在问题的空间要素按照基面、岸线、建筑、设施等不同要素类型进行归类，并对每一个要素有针对性地提出一种或多种改进措施。

然后从基面开始,依次对每个类别存在问题的单个空间要素进行相应参数的调整,同时保持其他要素的参数不变,开展模拟运行,由此获得各个类别单个要素不同改进方案的模拟结果(见图 8.6)。

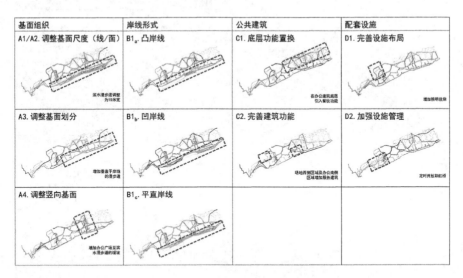

图 8.6 不同要素改进模拟结果示例

(1)基面

① 调整基面尺度:针对空间尺度不当的问题,一方面,对线性空间可以依据《上海市街道设计导则》[3]中步行通行区的宽度推荐,将滨水漫步道加宽至 5 米,并在局部放大形成口袋公园,或是结合码头平台增加宽度至 15 米,改进后的模拟结果发现,通过增加滨水漫步道及其他线性空间的宽度,模拟结果不再呈现出红色的区域,原本局部较高的截面流量也下降了,表明拥堵区域得到了明显的改善(见图 8.7),而加宽的宽度多少较为合适可以根据不同情况在之后进行分类讨论;另一方面,对面状空间,芦原义信、Lynch和 Gibberd 等均认为,广场尺度在 25 米见方时最为适宜[4-6],在现状已有建筑较难拆除或改建的情况下,可以通过增设景观或设施对广场进行二次限定,从而吸引更多的人群进入和使用。

② 优化基面划分:针对空间局部划分不当的问题,可以通过调整绿地划分,适当地加入垂直于岸线的漫步道,从而增强腹地人流对水滨的感知并提高人群到达水滨的意愿和可能。

③ 优化竖向基面:针对竖向基面衔接方式不符合老年人使用习惯的问题,可以改变现状仅为踏步台阶的情况,通过增设缓坡来提高老年人使用的舒适度和安全性,让更多老人可以方便地进行不同标高基面的转换。

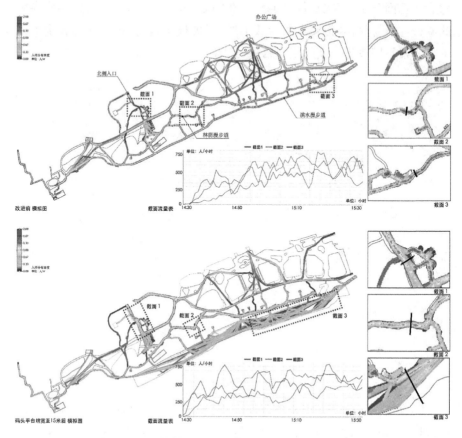

图8.7 调整基面尺度改进前后模拟结果对比示例

（2）岸线

针对临水区域人流极少的问题，细致调查发现，现状只在位于中部的小范围平台被临时作为小型商业活动空间时才得以利用，但是又有围栏加以分隔，需要购买门票才能进入，仅属于对公众的有限开放。改造时宜将水滨的整体或局部区域全时段向公众开放，并结合码头平台空间的改造，形成平直、凹岸、凸岸等丰富的岸线形式，从而提升水滨的可达性与吸引力。

（3）建筑

① 完善建筑功能：针对现状缺少服务建筑的问题，结合改进前模拟粒子较为稀少的位置，在场地西侧和办公建筑群南侧的绿地内增加商业、餐饮和文化等建筑功能，为人群活动提供服务支撑，改进后模拟结果基本达到了预期效果。

② 底层功能置换：针对东北侧办公区域广场未被充分利用的问题，可

以将此处部分建筑的底层功能进行置换,引入小型咖啡厅、便利店、餐饮店等,吸引人群使用,依此开展的改进后模拟发现,办公区域内活力得到了提升,行人密度提高,并新增了多条垂直于岸线的人流(见图8.8)。

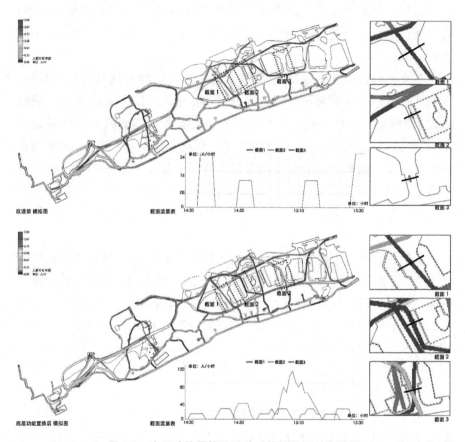

图 8.8 底层功能置换改进前后模拟结果对比示例

(4)设施

① 完善设施配置和布局:针对局部地区缺少活动设施、照明设施和遮阳设施等问题,结合模拟结果中粒子密度较低的时段或场地,增设和完善上述设施的配置,为人群提供全时段、高品质的活动环境。

② 加强设施管理:针对彩虹桥吸引力未达到设计预期的问题,改变其封闭的现状,采取定时开放、专人管理的模式,在增强该景点吸引力的同时,防止危险事件的发生,使其真正成为场地内的重要吸引点。

8.3.2 未来人流预测

随着场地北部白玉兰商业广场的建成,大量的商业人流会有进入滨水区开展休闲活动的需求,但是目前由于东大名路干道的阻隔,人群需要绕较远的路才能到达北侧主入口,因此考虑在白玉兰广场和该场地间增加第二层平台或天桥,立体跨路解决交通对行人干扰的问题。另一方面,北外滩与外滩虽然相距不远,但是人流量差别巨大,应该加强两者在空间上的联系,可以通过定时开放场地西侧的步行桥,把外滩丰富的游客资源引入场地内部。

在上述改进措施的基础上,对场地未来的人流增长状况进行了预测:北侧入口人流量按照调研获得的白玉兰商业中心出口人流量的50%进行设定,即预测未来有一半的白玉兰商业中心客流可能会跨路到达场地内部;西侧入口人流量按照东侧现状人流进行相应预估,即预计未来场地西侧与相邻滨水公共空间的衔接关系基本等同于现状场地东侧与相邻滨水公共空间的良好衔接关系。在此基础上,未来场地人流量是对各个出入口进入人数总和的预测,由此获得基础人流量 120 人/小时,作为中值人流量。

设定了中值人流量之后,低人流量(40 人/小时)根据现状场地低值设定,高人流量(300 人/小时)以黄浦江沿岸人流较多的徐汇滨江公共空间作为参照,通过面积相似比计算获得。这样就可以按照高(300 人/小时)、中(120 人/小时)、低(40 人/小时)这 3 种不同等级的人流量,将数量对应的多代理粒子群分别放入优化模型中。

8.3.3 要素组合精简

由于前述对 4 个类别存在问题的单个空间要素都进行了多种适宜参数的调整和模拟,因此要素优化后的组合方案数量非常多。然而,简单地把改进后模拟结果最优的单个要素组合在一起并不一定能获得最优的整体效果。由于存在要素间互相干扰的可能,因此研究将模拟结果较好的几个单个要素选项,与 3 种粒子数量和 5 个特征时间段进行组合,形成 180 个优化方案。为了进一步降低组合项的数量,运用 SPSS 软件生成正交设计组合表,再排除掉实际不可能出现的情况,最终获得数量最精简的优化组合共计11 个,并相应地建立优化模型。

8.3.4 组合预演比选

对上述精简后的 11 个优化组合的未来使用情境进行模拟预演,然后对预演结果进行比选,可以获得适合不同取向的最优推荐(见图 8.9)。

以下针对不同等级人流量分别提出最优方案推荐。

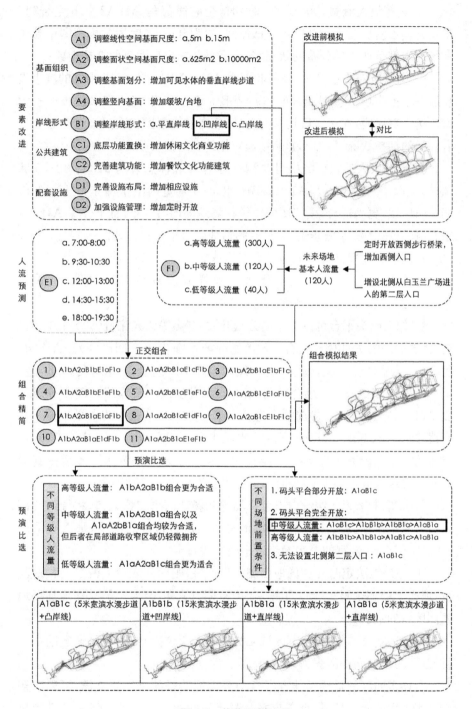

图 8.9　优化预判流程

注：如果 A、B、C、D 中某类仅有一个水平改进项，对模拟结果不产生影响，则在组合中省略该类。

① 高等级人流量（300 人/小时）时，全时段都是 A1bA2aB1b 组合（15 米宽的滨水漫步道＋小型广场＋凹岸线）更为合适，各时段的模拟图中粒子在场地内都呈现均匀分布的状态，各个区域并未出现明显的拥挤现象；

② 中等级人流量（120 人/小时）时，A1bA2aB1a 组合（15 米宽的滨水漫步道＋小型广场＋直岸线）和 A1aA2bB1a 组合（5 米宽的滨水漫步道＋大型广场＋直岸线）在全时段均较为合适，后者的模拟图仅在局部道路收窄处有轻微的拥挤状况，但并不影响场地整体的良好使用状态；

③ 低等级人流量（40 人/小时）时，工作日和休息日的 9:30—10:30 和 12:00—13:00 两个时段，A1aA2aB1c 组合（5 米宽的滨水漫步道＋小型广场＋凸岸线）更为适合，模拟图中粒子在场地内均匀分布，且不会像 A1bB1a 组合（15 米宽的滨水漫步道＋直岸线）造成临水空间的浪费。

不同场地前置条件下的最优方案推荐如下：

① 如果码头平台仅能够像现状那样开放部分区域，那么宜采用 A1aB1c 组合（5 米宽的滨水漫步道＋凸岸线）；

② 如果码头平台可以完全向公众开放，则高等级人流量（300 人/小时）时，优选顺序为 A1bB1b 组合（15 米宽的滨水漫步道＋凹岸线）＞A1bB1a 组合（15 米宽的滨水漫步道＋直岸线）＞A1aB1c 组合（5 米宽的滨水漫步道＋凸岸线）＞A1aB1a 组合（5 米宽的滨水漫步道＋直岸线），而中等级人流量（120 人/小时）时，优选顺序为 A1aB1c 组合（5 米宽的滨水漫步道＋凸岸线）＞A1bB1b 组合（15 米宽的滨水漫步道＋凹岸线）＞A1bB1a 组合（15 米宽的滨水漫步道＋直岸线）＞A1aB1a 组合（5 米宽的滨水漫步道＋直岸线），低等级人流量（40 人/小时）时，各组合模拟情况差别不大；

③ 如果未来无法增设白玉兰广场进入场地的第二层入口，将导致北侧入口人流量比预测人流量减少，场地总体人流量也随之减少，那么宜采用 A1aB1c 组合（5 米宽的滨水漫步道＋凸岸线）；

④ 如果无法定时开放场地西侧的步行桥，则西侧入口人流量会相对减少，那么此处邮轮码头中心的底层架空空间宜采用小型广场，从而增加场地西侧区域的吸引力；

⑤ 如果东北侧办公建筑区域无法增加底层休闲功能，该区域宜缩小广场规模，增加空间的凝聚力。

上述多向度的最优推荐方案有动态模拟结果的可视化支撑，可以获知未来实施后的使用情境；推荐方案是基于不同的人流条件和场地条件提出的，并通过多个方案进行比较，细致的选择过程和多样的比选方案可以为决策提供更加全方位的参考。

8.4 改造与预演对比验证

2021 年 5 月 30 日,北外滩贯通和综合改造工程顺利完工,为上述改造前开展的场地优化预判提供了验证的可能。这也是对本研究建立的滨水公共空间行为模拟与品质诊断方法进行检验的良好途径。

北外滩贯通和综合改造工程中涉及场地的主要改造内容包括:

① 基面组织,改造后的临水平台与后侧仍然存在高差,约为 0.75 米,通过 9 处台阶或坡道连接,比原本单调的踏步衔接方式有更多的选择,方便了不同年龄人群到达水岸,特别是提升了老年人在不同标高基面转换时的安全性;

② 岸线形式,将原本封闭的邮轮码头平台改为向公众 24 小时开放,使其与两侧相邻的黄浦江沿岸公共空间真正得以贯通,平台宽约 18 米,但是岸线依然保持原有的平直状态,没有凹凸变化;

③ 公共建筑,临水平台上设置了花店和临时展览,增加了近水处的吸引力;

④ 配套设施,在场地中增加了餐车、雕塑、座椅、树池等,以及靠近北侧入口处的厕所,为人群活动提供了便利;

⑤ 出入口设置,在原有 7 个出入口的基础上,东侧新增出入口 Z2,西侧出入口外增加桥梁,使场地与两侧相邻沿岸空间能有更为紧密的衔接,北侧虽然没有增加与白玉兰广场相连的第二层平台,但是新增了地面出入口 Z1,并与白玉兰广场间增设斑马线,方便腹地人流抵达场地(见图 8.10)。

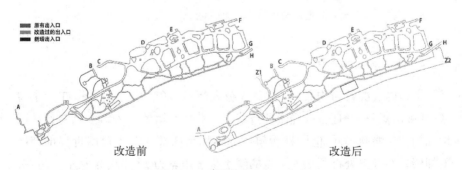

图 8.10 改造前后出入口变化

将上述改造内容与前述 11 个精选的优化组合进行对比,发现比较接近⑩号组合(A1bA2aB1aE1dF1b)的要素改进内容。因此,将⑩号组合的优化预演结果与 2022 年 1 月 2 日(选取这个星期日场地活力较高的 14:30—

15:30时段）调研获得的场地改造后使用状况进行比对，结果较为符合，具体表现在以下方面（见图8.11）。

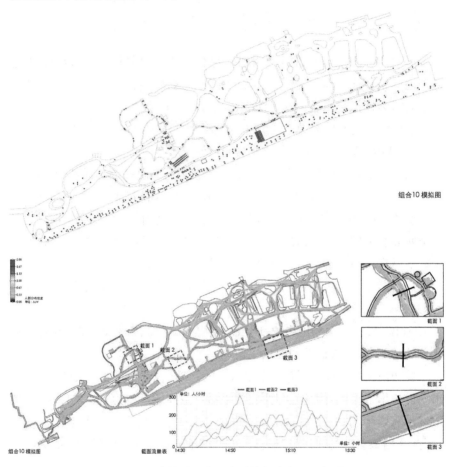

组合10模拟图

组合10模拟图 截面流量表

图 8.11　改造前后预演和实测的场地人群分布对比

8.4.1　整体人群分布

场地内人群较为均布，仅在高等级人流量（300人/小时）下，在个别位置（如魔法矩阵入口区）有轻微拥挤状况。北侧新增的主入口虽然与预演时增加的位置略微不同，但同样缓解了原本场地内部在北入口附近局部空间的拥堵。在近岸处将原来3米宽的滨水步道拓宽为18米的亲水平台后，拥挤情况不再出现。彩色塑胶漫步道与混凝土铺装平台则自然地将快走、跑步的快速运动人群与拍照、观景、坐憩、散步等静态和慢速运动的人群分隔开来，使空间上能做到动静分离。由此看来，改造前优化预判结果与改造后实际使用状况的整体人群分布基本相符。

8.4.2　关键截面人流量

在场地中选取 3 个典型截面,比较改造前预演与改造后实测的截面通过人数(为了获得较为稳定的数值,仿真模拟中截面人流量忽略前 10 分钟发射粒子的数量,只取中后段人数的平均值)。可以获知,截面 1 改造前预演与改造后实测的人流量分别为 150 人/小时和 144 人/小时;截面 2 人流量分别为 90 人/小时和 84 人/小时;截面 3 人流量分别为 200 人/小时(峰值为 320 人/小时)和 300 人/小时。因此,关键截面人流量也基本相符。

8.4.3　各出入口人数

比较外围出入口的改造前预演与改造后实测人数。为了保持相关性分析时点位数量一致,根据出入口位置关系,将北侧新增的 Z1 入口与 B 入口的人流量合并计算,东侧新增的 Z2 入口与 H 入口的人流量合并计算,入口 C 由于调研时暂不开放,人数不计入内。对原有出入口人流预测与改造后数据进行 SPSS 双变量相关性分析,显著性水平为 sig=0.000,远小于 0.01,皮尔逊系数为 0.775,大于 0.6,匹配良好。因此,各出入口人数也基本相符。

8.4.4　吸引点访问人数

比较改造前预演与改造后实测的吸引点访问人数。首先,将需要比较的吸引点分为本身及环境未改变、环境改变、环境未变但本身改变和新增 4 类吸引点。然后,各个类型分别选取 5 个有代表性的吸引点,运用 SPSS 软件进行预演与改造后数据的双变量相关性分析。结果显示,显著性水平均为 sig=0.000,远小于 0.01,皮尔逊系数最小为 0.804,大于 0.6,匹配良好。因此,吸引点访问人数也基本相符(见表 8.5)。

表 8.5　预演和改造后的出入口、吸引点人流对比和相关性分析

出入口模拟预测人数与改造后人数统计表					
模拟出入口	模拟进入人数(人/小时)	模拟离开人数(人/小时)	改造后出入口	实际进入人数(人/5 分钟)	实际离开人数(人/5 分钟)
A	270	144	A	17	13
B	261	252	Z1	23	4
			B	4	13
C	288	264	C	0	0

续　表

模拟出入口	模拟进入人数（人/小时）	模拟离开人数（人/小时）	改造后出入口	实际进入人数（人/5分钟）	实际离开人数（人/5分钟）
D	144	144	D	0	2
E	90	96	E	11	6
F	81	0	F	1	3
G	81	0	G	0	2
H	189	732	H	16	4
			Z2	17	33

吸引点实测和模拟驻留量统计表

1 本身及环境未改变	实际5分钟	模拟1小时
办公建筑间灰空间	11	37
小吃车群	24	46
木平台	33	180

2 环境改变	实际5分钟	模拟1小时
卫生间旁的运动场地	32	23
魔都矩阵	116	456
拓宽平台的滨水步道	51	522

3 环境未变本身改变	实际5分钟	模拟1小时
座椅改为阶梯式平台	2	37
观景平台改为大台阶	5	58
休息平台改为雕塑	3	24

4 新增吸引点	实际5分钟	模拟1小时
花店	6	/
展览	15	/
雕塑	27	/
餐车外摆	15	/

出入口模拟与实际人数相关性分析

		模拟	实际
模拟预测人数	皮尔逊相关性	1	0.775**
	Sig.（双尾）	—	0.000
	个案数	14	14
实际人数	皮尔逊相关性	0.775**	1
	Sig.（双尾）	0.000	—
	个案数	14	14

** 表示在 0.01 级别（双尾），显著性相关

吸引点实测与模拟数据相关性分析

		实测	模拟
实测驻留量	皮尔逊相关性	1	0.804**
	Sig.（双尾）	—	0.000
	个案数	9	9
模拟驻留量	皮尔逊相关性	0.804*	1
	Sig.（双尾）	0.000	—
	个案数	9	9

** 表示在 0.01 级别（双尾），显著性相关

当然,改造后的实际使用状况与⑩号组合的优化模拟预测也有些许出入,主要表现为以下几个方面:

① 改造后东西出入口的改善和新增,以及西侧入口处滨水平台的扩展利用在预测时并未考虑,因此改造后比预演时在场地与沿岸相邻滨水公共空间的连接度方面更加顺畅;

② 模拟预测中仅考虑将滨水平台开放,却未在其上加入吸引点,因此模拟图中临水处人群分布较为均匀,而改造后在平台上增加了临时展览、花店、餐车等,人群在吸引点周围呈集聚状态,更加丰富了亲水平台的使用状况。

8.5 北外滩未来改进建议

8.5.1 改造前后诊断结果对比

选取 15:00 左右的高峰值时段,对北外滩改造前后多代理行为模拟模型输出的子类指标诊断结果,以及经归一化处理获得的改造前后综合品质、各维度、分项维度诊断结果,与前面 6 个场地高峰值时段诊断结果的最高值和最低值进行比较(见表 8.6 和表 8.7),分析北外滩空间品质的提升状况。

表 8.6 北外滩改造前后各项指标的诊断结果

诊 断 指 标	改造前	改造后	诊 断 指 标	改造前	改造后
$Xa1$ 步行绕路系数	1.260	1.296	$Yb1$ 驻留活动类型	1.015	1.255
$Xa2$ 步行时间	11.508	8.881	$Yb2$ 人均驻留时间	11.002	11.098
$Xb1$ 行人流密度	2.443	5.952	$Yb3$ 人均驻留次数	0.958	1.102
$Xb2$ 空间利用率	0.370%	0.515%	$Za1$ 视线达水率	25.992%	25.987%
$Xb3$ 基面衔接系数	2.258	2.102	$Za2$ 垂水人流密度	111.479	118.966
$Ya1$ 驻留量	299	359	$Zb1$ 岸线线密度	1.060	5.599
$Ya2$ 驻留率	29.878%	30.973%	$Zb2$ 不同高程岸线亲水度	69.508	230.188
$Ya3$ 驻留面密度	2.125	2.785			
$Ya4$ 吸引点利用率	56.124%	59.212%	$Zb3$ 沿岸人群数量波动指数	1.005	2.905
$Ya5$ 吸引点平均访问率	140.329%	149.343%			

表 8.7 北外滩与其他场地的综合与各维度诊断结果对比

诊断维度		最高值	最低值	北外滩改造前（排名）	北外滩改造后（排名）
综合品质		54（龙腾）	37（民生）	42（5）	46（3）
X：通行顺畅		12（龙腾）	7（徐汇）	8（5）	10（3）
分项	Xa：外部可达性	8（龙腾）	2（东昌）	3（5）	6（4）
	Xb：内部通畅性	7（老白渡）	2（船厂）	2（5）	6（2）
Y：驻留舒适		28（船厂）	23（老白渡）	24（5）	25（3）
分项	Ya：群体驻留性	22（龙腾）	17（徐汇）	18（4）	20（2）
	Yb：个体驻留性	9（徐汇）	3（老白渡）	5（5）	7（4）
Z：亲水便利		16（龙腾）	4（民生）	3（7）	12（2）
分项	Za：总体亲水性	8（龙腾）	1（徐汇）	1（4）	4（3）
	Zb：沿岸亲水性	9（徐汇）	3（民生）	1（7）	7（4）

注：灰色为改造后诊断结果仍然较低的分项维度。

分维度和子类指标来看，亲水便利维度提升最多，因为改造前岸线封闭造成了沿岸亲水性极低，甚至低于 6 个案例中最低的民生码头，但是改造后岸线全部开放，沿岸亲水性大大提升，接近了最高的徐汇滨江，相应的岸线线密度、不同高程岸线亲水度、沿岸人群数量波动指数等子类指标诊断结果提升很多；通行顺畅维度的提升也较大，外部可达性因为出入口和斑马线的增设，使得场地与城市腹地、两侧沿岸滨水空间的衔接都更为便捷，内部通畅性因基面转换方式的丰富和点位的增设，降低了基面衔接系数诊断结果，因此内部通畅性也得到了提高；驻留舒适维度的提升最小，因为本轮改造主要对场地周边和沿岸空间进行了调整，并未涉及场地非临水的内部空间，群体驻留性和个体驻留性的提升多源自于入口增设引入的场地人流量增加和沿岸开放带来的人群驻留亲水意愿增强，所属的 8 项子类指标诊断结果均有所提升。

综合品质来看，北外滩改造后得到了一定的提升，从改造前的第 5 位上升至第 3 位。因此未来仍有提升空间，尤其是在外部可达性、个体驻留性和沿岸亲水性方面仍待继续提高。

8.5.2 有待进一步改善的建议

本轮改造主要针对临水部分,因此如果未来进行新一轮优化,建议综合11个优化组合方案,以及与其他场地诊断结果对比,在以下几个方面继续完善:

① 重点改造办公广场区域,于建筑局部底层引入咖啡、餐饮、超市等功能,为人群活动提供就餐、茶歇等服务,改变现状办公广场利用率低下的问题,提高个体驻留性;

② 提升夜间空间均好性,在几处漫步道增加照明设施,方便夜间人群使用,提高活动安全性和个体驻留性;

③ 优化现有岸线形式,增加凹凸岸线的变化,以促进滨水活动的趣味性,进一步提升沿岸亲水性;

④ 建构连接白玉兰广场和场地的第二层平台,使腹地人流能跨越城市快速干道更方便地到达滨水公共空间,提高外部可达性,同时引入的人流也会促进驻留舒适和亲水便利维度诊断结果的提升。

北外滩贯通和综合改造工程恰好为本研究的优化预判提供了很好的案例验证样本。改造前的方案生成与模拟预演都是在未知晓场地将要改造的情况下完成的,⑩号组合与改造后调研状况的良好匹配,显示了多代理行为模拟在场地优化预判方面的优势,并且多种取向的方案推荐也使未来在做新的决策时能有更为全面的考量。

8.6 小 结

本章以2021年经历第二轮改造的上海市北外滩置阳段滨水公共空间为例,运用多代理行为模拟对滨水公共空间进行诊断与优化。首先,在改造前,通过偏好分析,确定餐厅、运动游乐场地、观景平台等共计11类46个关键影响要素,建立粒子和仿真空间的参数关系,运行拟合,构建多代理模型。其次,从指标诊断结果和分项情境模拟两个视角开展场地问题分析,获得从单项到全面的量化结果,寻找问题点位及产生原因。再次,制定单个要素改进选项并模拟运行,组合精简后进行预演和比选,提出不同取向的最优推荐。又次,通过将改造后状况比较接近的组合的优化预演结果与调研获得的改造后使用状况进行对比,验证方法可行。通过这一案例改造前优化方案模拟和改造后使用状况的对比,发现较为符合,验证基于多代理行为模拟对滨水公共空间进行优化预判的系统方法可行。最后，将北外滩改造前后与其他6个场地进行综合品质和各维度、子类指标诊断结果的对比，综合对比结果和11个优化组合方案，提出未来进一步改进的建议。

参考文献

[1] 胡明伟,黄文柯.行人交通仿真方法与技术.北京：清华大学出版社,2016.

[2] Hoogendoorn S P, Bovy P H L. Pedestrian Route-Choice and Activity Scheduling Theory and Models[J]. *Transportation Research Part B: Methodological*, 2004 (38)：169-190.

[3] 上海市规划和国土资源管理局,上海市交通委员会,上海市城市规划设计研究院.上海市街道设计导则[M]. 上海：同济大学出版社,2016.

[4] 芦原義信.街並みの美學[M].東京：岩波書店,1979.

[5] Lynch K. *Image of the City*[M]. Cambridge：The MIT Press, 1960.

[6] Gibberd F. *Town Design*[M]. London：Architectural Press, 1953.

9 精 细 治 理

在城市治理精细化要求和居民生活品质需求不断提升的背景下,高效率、高质量的城市治理成为协调庞大复杂城市系统的重要抓手。2018 年,习近平总书记考察浦东新区城市运行综合管理中心时指出:"一流城市要有一流治理,要注重在科学化、精细化、智能化上下功夫。"[1]2020 年,习近平总书记赴浙江考察时也指出:"让城市更聪明一些,更智慧一些,是推动城市治理体系和治理能力现代化的必由之路,前景广阔。"[2]因此,城市精细化治理需要智慧赋能。近年来,大数据、人工智能等技术的产生与发展使城市治理从数字化到信息化,再向智慧化演进。

在前几章行为模拟和诊断优化的研究基础上,本章主要探索城市滨水公共空间精细化治理的宗旨和理念,以及在城市滨水公共空间的治理中,如何加强行为模拟方法和诊断数据结论的有效利用,将它们运用到城市滨水公共空间精细化治理的实践过程中去。

前述研究通过分析"人"的行为偏好差异总结"人"的行为偏好规律,在此基础上,运用"人"技结合的技术方法,以求使城市滨水公共空间真正满足"人"的实际行为需求,整个研究过程都紧紧围绕"人"来展开,是对"以人民为中心"这一理念的良好实践。

在这一理念的深化和指导下,结合第 4 章的空间要素分类和权重(表 4.1 和表 4.13),第 5 章的诊断指标倾向和权重(表 5.4 和表 5.8),第 6 章的空间要素吸引力权重阈值(表 6.15、图 6.34 和图 6.36);第 7 章的诊断指标影响因子相关性分析,诊断结果的参考值、时空规律、关键影响要素和影响程度(表 7.18~表 7.21);及第 8 章的优化预判流程(图 8.9)等重要结论,本章提出了多代理行为模拟辅助的城市滨水公共空间精细治理的具体措施,包括智能模拟辅助动态规划、综合诊断提升智慧管控、精准预判支持科学决策,使城市滨水公共空间治理真正实现从"约摸"到"精准"(图 9.1)。

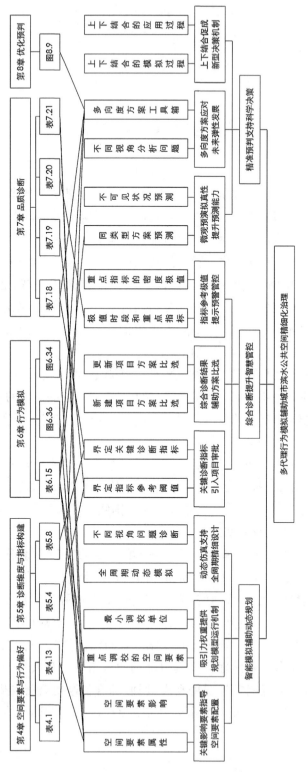

图 9.1　前述结论与本章的逻辑推演关系

9.1 "以人民为中心"理念的深化拓展

2015年,习近平总书记在中央城市工作会议上指出:"做好城市工作,要顺应城市工作新形势、改革发展新要求、人民群众新期待,坚持以人民为中心的发展思想,坚持人民城市为人民。"[3] 由此,"以人民为中心"成为城市工作的基石。纵观2021—2022年全国31个省市最新出台的数字化转型相关政策规划,并深入剖析北京、上海、杭州、广州等典型城市的智慧化治理成效与经验,可以看出"以人民为中心"是城市精细化治理的核心导向,人民群众对美好生活的向往是城市精细化治理的发展方向。

在城市治理向智慧化演进的过程中,"以人民为中心"的理念有了进一步的深化和拓展。

9.1.1 遵循"人民至上"的最高原则

2019年11月2日,习近平总书记考察杨浦滨江公共空间杨树浦水厂滨江段时,提出了"人民城市人民建,人民城市为人民"的重要理念,在城市建设中,一定要贯彻"以人民为中心的发展思想",合理安排生产、生活、生态空间,让城市成为老百姓宜业宜居的乐园[4]。这里将"以人民为中心"拓展为两层含义:"人"既是城市滨水公共空间的服务对象,也是城市滨水公共空间的治理主体,归根结底就是以"人民至上"为最高原则。

一方面,城市滨水公共空间建设要贯彻"以人民为中心的发展思想",围绕人的需求,关注人的全生命周期,以问题为导向,推动与"人"的生活需求各个方面相关的智慧应用场景从理念走向落地,呼应人民群众反映强烈的热点难点,合理安排生产、生活、生态空间,努力扩大公共空间,让老百姓有休闲、健身、娱乐的地方,让"工业锈带"变成"生活秀带",让人民群众有更多幸福感和获得感。

另一方面,随着城市精细化治理的表现形式由单向式向互动式转变,治理主体的范围也在进一步丰富,企业、研究机构、市民等主体在各地治理实践中纷纷涌现,成为推动治理运行的新力量。因此"人民至上"的原则也包含了促使"人"成为重要的治理主体,通过智慧化手段,使市民可以便捷地与政府部门沟通,方便地观看城市治理可视化平台,积极地提出需求和建议,促进城市精细化治理政策真正落地。

9.1.2 关注"行为偏好"的人群差异

由于个体的社会经历、知识背景和社会地位等的差异,以及初始属性,如年龄和性别等的差异,对"什么样的城市滨水公共空间品质是好的"这一问题有着不同的理解和看法,有时甚至完全相反。例如,有些人认为椅子放在近岸处比较好,可以一边休息一边观景;而有些人则认为这样布置反而得不到安静的休息空间,同时还侵占了观景场地。另一方面,环境资源是有限的,空间环境的容量也是局限的,资源配置的开放性、公平性和可选性直接关系到个体的福祉,进而影响到整体的城市治理满意度。

城市精细化治理要充分认识"人"作为个体的差异性,既不能把人当成同质的个体,也不能把部分人的偏好当成大众的集体偏好,当然也不需要细致了解每一个体的偏好,把追求"细致"当成"精细"。因此,城市精细化治理首先要按照属性和特征对人群进行合理分类,分析人群偏好的差异,了解各种不同的看法和意见,还要掌握空间要素的城市资源总量和环境内部的可配置容量。然后,在不同治理主体充分交流的基础上,辅以现代化的技术手段,做出尽可能满足最大多数个体需求的决策。当然,随着时代的变迁,个体偏好也会不断演变,因此需要及时洞悉这种变化,重新分析与考量,对城市治理决策进行及时的优化和调整。

9.1.3 倡导"人技结合"的智慧手段

城市精细化治理是人员、技术、制度等多方因素综合构建的,仅靠人脑智慧,可能无法准确应对现代社会涌现的越来越多、错综复杂的城市问题;而只靠单一技术,或者说仅靠计算机强大的运算能力也无法使治理措施真实落地。因此,特别需要对"人""技"关系有一个准确的认识。

"人"和"技"的含义是丰富的。"人"是指城市治理涉及的每一个主体,可以分解为不同类别的主体,包括决策者、设计师、实施者、市民等,因此并非单指设计师;"技"是指城市治理涉及的各种技术,包括大数据获取、机器学习、智能模拟等,以及这些技术应用和实现的载体——计算机。

"人技结合"的重点在于"人",因为决策的是"人",实施的是"人",最终服务的也是"人"。城市治理不能过度依赖机器,而应以技术为辅助手段,将其作为人脑智慧与计算机超级运算能力的联系纽带,作为非专业人员参与城市治理的可视化平台,作为市民与政府部门沟通的便捷性桥梁,也作为城市问题解决后治理效果考核的可量化标准。

9.2 智能模拟辅助动态规划

城市滨水公共空间是一个复杂系统,始终处于"稳态—动态—稳态"的持续变化过程中。随着时间的变迁,空间要素与使用者行为之间相互调整并适应,城市要素之间、使用者之间也始终保持互动,并且要素和行为一直作为一个整体而运行,表现为动态的自组织过程。而多代理行为模拟系统基于行为导向,通过个体自洽、群体耦合、环境互动、衍化迭代等手段,能够把城市的复杂性、开放性、多样性和动态性等特征可视、量化地表达出来,指导空间要素配置,提供规划模型运行机制,以及支持全周期精细设计。

9.2.1 多个视角提出空间要素配置要点

前述章节获得了关于城市滨水空间要素与行为活动的量化关系研究结论,由于经过了行为模拟过程的验证,因此大多是比较契合使用者行为需求的结论,具有更加切合实际的规划设计指导意义。可以参考部分结论,从空间要素位置、空间要素类型、空间要素离水远近、分活动类型的空间要素影响、分时段的空间要素影响、分项指标的空间要素影响这 6 个不同视角来梳理要素配置的要点,前 3 个是空间要素自身属性,后 3 个有关空间要素的影响(见表 9.1)。

表 9.1 关键影响要素指导空间要素配置

影响视角	影响类别	关键影响要素	空间要素配置要点
空间要素位置	滨水部分	近水部分和临水部分的要素	关注显著和较显著影响要素,促进基面多样衔接方式和岸线凹凸变化
	要素大类	基面和岸线大类的要素	
空间要素类型	基 面	滨水漫步道、林荫跑道、休息平台、活动广场	主动配置相关要素
	岸 线	凹岸线	
	建 筑	餐厅、咖啡厅、望江驿	
	设 施	正式、非正式座椅	可与其他要素结合设置

影响视角	影响类别	关键影响要素	空间要素配置要点
空间要素离水远近	近水处	正式、非正式座椅	近水处与景观要素结合,远水处按实际需求配置
分活动类型的空间要素影响	观赏型	滨水漫步道、林荫跑道、休息平台、活动广场、平直岸线、凹岸线、餐厅/咖啡厅	将这些要素设置在有良好景观视线的地方
	文娱型	滨水漫步道、林荫跑道、休息平台、活动广场、平直岸线	控制其他要素的设置以提供开阔活动场地
	运动型	滨水漫步道、林荫跑道、休息平台、活动广场、平直岸线、凹岸线	可在要素内部或近旁布置健身器材,同时设置一定数量的座椅供运动者与陪伴者休息
	消费型	滨水漫步道、活动广场	结合这些要素设置餐饮设施
分时段的空间要素影响	基面	滨水漫步道、林荫跑道、休息平台	按最多时段使用量配置或考虑与相邻空间共用减量设置,避免量少不足或量多浪费
	岸线	平直岸线	
分项指标的空间要素影响	正相关	正式座椅、景观平台、可进入草地	设置正相关要素,排除负相关要素,重点考虑显著影响要素($p<0.01$),也可以选择较显著影响要素($p<0.05$)
	负相关	林荫跑道	
	正负兼有	运动设施、平直岸线	

在空间要素位置方面,研究结论表明近水和临水部分的影响权重大大高于远水部分(见表 4.13),显著($p<0.01$)和较显著($p<0.05$)影响的空间要素基本都位于这两个部分(见表 7.21),因此要着重关注临水部分和近水部分的空间要素设计。3 个部分的基面和岸线两类环境要素的影响权重都高于建筑和设施两类实体要素,在临水部分尤为突出,远水部分次之。因此,要特别关注 3 个部分基面和岸线这两类滨水公共空间的特有要素(见表 4.13),对远水部分的滨水公共空间与城市街道、临水部分的滨水平台与近水部分的基面高差采用满足各年龄段需求的多样处理方式,对临水部分的岸线增加凹凸形式变化以吸引多种活动。

在空间要素类型方面,研究结论表明城市滨水公共空间使用者行为的关键影响要素包括基面类别中的滨水漫步道、林荫跑道、休息平台和活动广场,岸线类别中的凹岸线,建筑类别中的餐厅、咖啡厅和望江驿,以及设施类别中的各类正式及非正式座椅(见图 6.36)。设计师可以主动配置这些要素。例如,可以合理设置台阶、矮墙等非正式座椅,将景观与坐憩功能合二为一,满足某些观景区域不希望过多放置正式座椅影响视觉效果而较多使用者又有坐憩需求的情况。

在空间要素离水远近方面,研究结论表明滨水公共空间中的各类正式与非正式座椅设施受与水距离的影响较大,近水处的座椅吸引力权重波动大于远水处座椅,使用者在近水座椅处的行为活动较远水座椅处更易受周围环境的影响(见图 6.34)。因此,在近水处宜将正式与非正式座椅的设置和景观相关联,而远水处则可按照实际的坐憩需求来配置,避免出现那种背向水面或者远离水面的宽大台阶、没有陪伴者座椅设置的游乐场地等。

在分活动类型的空间要素影响方面,研究结论表明,对观赏型、休憩型、文娱型、运动型和消费型活动来说,关键影响要素也有差别(见表 6.15),可以结合这些要素布置与该类活动相应的建筑或设施。例如,消费型活动的关键影响要素为滨水漫步道和活动广场,那么就宜结合这两类空间要素设置餐厅、咖啡厅、流动餐车等;运动型活动的关键影响要素为滨水漫步道、林荫跑道、休息平台、活动广场、平直岸线和凹岸线,可以在这些要素内部或近旁布置健身器材,同时设置一定数量的座椅供运动者和陪伴者休息。

在分时段的空间要素影响方面,研究结论表明滨水漫步道、林荫跑道、休息平台和平直岸线等要素在各时段对休憩型活动的吸引力权重波动明显(见表 6.15)。这些空间要素的使用率随时间变化明显,因此休憩型活动时多时少。那么在对这些空间要素相关服务设施进行配置时就需要按照最大使用量来设定,或是考虑相邻空间服务设施的共用而减量设置,避免出现因服务设施过多造成浪费,或是因服务设施过少无法满足使用者需求的状况。

在分项指标的空间要素影响方面,研究结论表明近水部分的林荫跑道、可进入草地、正式座椅、运动设施与临水部分的可进入草地、景观平台、平直岸线对不同的分项诊断指标有显著或较显著的正相关或负相关影响(见表 7.21)。为了提升某一诊断指标,可以选择置入正相关的空间要素,排除负相关要素;重点考虑显著影响的空间要素,也可以选择一些较显著影响的空间要素。例如,为了提升临水部分的人均驻留次数,应该减少围栏式草坪,设置较显著正相关的可进入草地;为了丰富驻留活动类型,要增加显著正相关的运动设施,而为了提升近水部分的垂水人流密度,则不要将显著负相关的运动设施设在近水部分;平直岸线对吸引点利用率为较显著负相关,则在岸线形式选择时可以倾向采用凹凸岸线。

9.2.2　动态规划模型的吸引力权重调校

在依据关键影响要素的结论对城市滨水公共空间要素进行初步布局之后,就要考虑如何构建动态的规划设计,这将成为有别于传统静态规划设计的全新方式。多代理行为模拟支持动态规划设计,核心是找到有效地表达滨水空间与行为交互的复杂运行机制。而前述研究已通过多个样本的场地调研、专家访谈和使用者问卷等手段梳理出空间要素和使用者行为的相互作用机制,并将其量化为吸引力初始权重,作为模型的运行机制,再经由系统化的实验和验证,获得了较为精准的各类空间要素对不同使用者行为活动的吸引力权重。这种运行机制表达方式以及吸引力权重数值结论可以指导相似类型的新的滨水场地的动态规划设计。

具体操作中,可以依据滨水公共空间区段要素吸引力权重和阈值(见表 6.15),同时结合新场地调研情况,在规划模型建构时从阈值区间择取平均数值作为吸引力初始权重进入模型,由此可以减少后期拟合调校的次数。例如,13:00—15:00 时段林荫跑道对休憩型活动的吸引力权重阈值为 7.36～18.18,则将吸引力初始权重定为 12.77。然后,通过模拟与调研结果的比较确认初始权重是否合适,对不相符的地方进行权重的调整,重点调校波动比较大的空间要素吸引力权重,如关注设施类要素,因为它们的吸引力权重波动普遍大于基面、岸线和建筑类要素;关注近水部分要素,如设施类中的座椅在近水部分比临水部分的吸引力权重波动更大。为了模拟结果有明显变化,可以借鉴前述样本经验,以 0.1 作为最小调校单位,如上述吸引力初始权重若被判断为过小,则可调整为 13.77,14.77……以此类推,直至模拟逼近调研结果。在数次拟合后可以获得属于该场地的各类空间要素的吸引力权重,以及更加精准的规划模拟效果。

9.2.3　全周期设计中分项改进场地问题

在空间要素配置和运行机制架构的基础上,就有了初步的仿真空间方案和动态规划模型,可以开展多代理行为模拟支持的城市滨水公共空间设计。它突破了传统"纸上规划"方案的束缚,以其动态仿真过程推动规划编制从"静态蓝图"向"动态预演"转变。

动态模拟过程中会连续不断地输出粒子分布图像和单个诊断指标瞬时计算结果,每一帧运行信息都能够被瞬时捕捉,每一组人群信息都可以被单独提取,动态迭代的模拟过程也可以被全面呈现,就可以从不同时间、不同人群、不同空间、不同活动等来分项解读场地的使用状况,有助于使规划设计从传统静态的单一结果输出变成全周期、动态的模拟和优化过程。以北外滩为例，在时间维度，通过对单帧运行信息的筛选，可以诊断出诸如 15:00 左右林荫跑道微拥堵的状态；在人群维度，通过对老年人群信息的提取，可以诊断出诸如滨水漫步道与林荫跑道之间高差处理方式不利于老年人进行基面转换的问题；在空间维度，通过对全天模拟过程的综合分析，可以诊断出诸如办公广场区域利用率不高等问题。针对上述问题，分别提出拓宽林荫跑道、增加缓坡高差衔接方式、置换办公底层功能等改进方案。通过几轮的信息筛选、问题诊断、改进优化，规划方案也在动态演进中不断完善，最后呈现的成果将是满足更多人群、符合多数时段需求的精细设计。

9.3　综合诊断提升智慧管控

城市滨水公共空间品质综合诊断指标体系可以作为城市建设管理的衡量框架，结合多代理行为模拟的输出结果，可以辅助指导项目评审、综合管理、应急指挥等一系列流程，将数据技术和经验评价高度融合，提升城市滨水区的建设和管理水平。

9.3.1　关键诊断指标参考阈值辅助项目审批

传统的项目审批按照既有的规范和政策等来执行，主要由规划部门主导，探讨是否满足刚性标准，一些项目的审批可能还要经过其他多个部门，如水务、交通、绿化等部门。有时这些部门相互推诿，就可能延宕整个审批的流程。针对这个问题，如果将城市滨水公共空间品质的关键诊断指标引入其中，并提出参考阈值，当规划方案模拟结果超出阈值时，需要对方案审慎关注，或可以进行优化后再作审批。这样就有可能作为各个部门统一的指引，从更综合的视角，以更量化的手段去考察项目，关注的不仅仅是项目是否达到最低的规范标准，而是能否创造更佳的空间品质；关注的不仅仅是空间形式的美观，还有使用者的需求是否满足，为项目审批提供更高的标准、更人性化的依据，同时减少流程的复杂程度。

首先，需要界定每个指标的审批参考阈值，这与诊断指标定义、诊断指标倾向（表5.4）、诊断指标权重和诊断结果参考值（见表7.19）相关，需要分类进行界定：对于逆向型诊断指标，提供最大值，如步行绕路系数、步行时间和基面衔接系数；对于活动人数比值、频次和时长型指标，提供最小值，如驻留率、吸引点利用率、吸引点平均访问率、人均驻留时间、人均驻留次数、视线达水率和沿岸人群数量波动指数;对于人流密度型指标,提供最小值和最大值的区间,如行人流密度、驻留面密度、垂水人流密度、岸线线密度和不同高程岸线亲水度;空间利用率和驻留活动类型在个别样本中指标数值不佳,因此以均值为最小值;驻留量因场地面积大小差异巨大,因此不提供审批参考阈值。

其次,需要界定关键审批维度和指标,这涉及使用者和空间要素两个方面。从使用者角度来看(见表 5.8),在城市滨水公共空间品质诊断的 3 个维度中驻留舒适维度最为重要,因此项目是否能提供舒适的驻留空间和设施是重要的审批维度;最重要的 3 个诊断指标是驻留率、吸引点平均访问率和视线达水率,前两个指标都与驻留舒适相关。而从空间要素角度来看(见表 7.18),驻留舒适维度也是影响城市滨水公共空间品质的关键维度,与上述结论相符,而最重要的诊断指标为视线达水率和吸引点利用率,其次为驻留率、吸引点平均访问率、驻留活动类型和人均驻留次数,这与使用者视角的关键诊断指标相近但又有一定的差异。因此,这些指标的诊断结果都可以作为审批的主要参考依据,其中视线达水率、驻留率、吸引点平均访问率和吸引点利用率为最重要的审批依据,驻留活动类型和人均驻留时间次之(见表 9.2)。

表 9.2　辅助项目审批的诊断指标参考阈值

诊 断 指 标		参考阈值	诊 断 指 标		参考阈值
通行顺畅维度	$Xa1$:步行绕路系数	≤1.347	驻留舒适维度	$Ya1$:驻留量	—
	$Xa2$:步行时间	≤14.537		$Ya2$:驻留率	≥23.762%
	$Xb1$:行人流密度	0.431~12.198		$Ya3$:驻留面密度	0.215~5.935
	$Xb2$:空间利用率	≥1.695%		$Ya4$:吸引点利用率	≥49.155%
	$Xb3$:基面衔接系数	≤2.811		$Ya5$:吸引点平均访问率	≥86.124%
亲水便利维度	$Za1$:视线达水率	≥22.158%		$Yb1$:驻留活动类型	≥1.164
	$Za2$:垂水人流密度	19.759~365.310		$Yb2$:人均驻留时间	≥9.915
	$Zb1$:岸线线密度	1.024~17.723		$Yb3$:人均驻留次数	≥0.824
	$Zb2$:不同高程岸线亲水度	34.430~766.308	注:深灰表示最重要审批依据的诊断指标 浅灰表示次重要审批依据的诊断指标		
	$Zb3$:沿岸人群数量波动指数	≥1.156			

9.3.2　从综合到子类诊断结果逐层比选方案

传统的方案评审过程大致是由多位专家对多个方案进行评选，有时开发商和政府也会参与投票，甚至具有最后的选择权，方案比选很大程度上依赖专家的经验、开发商的喜好，或是政府的导向。一些方案还提供了 VR 虚拟现实场景，方便沉浸式体验设计建构的空间，但大多是设计方案完成后的空间动画展示，本身对设计的推动作用并不明显，反而可能因其夸张透视、精选视角、掩饰细部等处理方法误导观者，影响评判结果。因此，需要有更加理性、客观的方案诊断结果来辅助评委会在多个方案之间做出抉择，在经验决策之外增加量化依据，减少方案评判的主观性。当然，针对不同类型的项目，方案比选可考虑不同的侧重。

对于新建项目，从总体和各维度结合来考量可以更全面、多层次地辅助方案比选。首先，要比较各个方案的综合品质，剔除综合诊断结果偏低的方案。然后，在优选方案中，比较各个维度的诊断结果，剔除某个维度诊断结果特别低的方案。例如，假设某个方案虽然在驻留舒适维度最优，但是通行顺畅和亲水便利维度都极为薄弱，那显然不是最佳方案。如果仅靠人为评价，很有可能因为驻留环境的营造较为突出而忽略其他方面的劣势，从而对这个方案产生倾向性。由此可见，总体和分层结合的量化比选更易产生较为全面的评价结果，提供更加客观的参考依据。

对于更新项目，从单个维度来考量可以辅助检测是否契合更新要求。针对改造前场地的问题，方案比选时可更加侧重这方面的诊断指标结果考量，看其是否通过方案优化得到了改善。例如，某个滨水公共空间在改造前通行顺畅且亲水便利，但是愿意在此停留的人却不多，那么就要关注改造方案中驻留舒适维度的诊断指标是否得到了提升，并且在群体驻留方面的 3 个主要指标，即驻留量、驻留率和驻留面密度中，应该更多考查驻留率的诊断结果，而非传统空间品质衡量时常采用的驻留量指标。因为前文结论表明，假定一个滨水公共空间人流量不大但是其中驻留的人很多，而另一个滨水公共空间人流量很大但是其中驻留的人很少，比较来看，前者的空间品质和场所活力可能更高。所以，驻留率是驻留舒适维度的关键诊断指标，这也为方案比选提供了新的基准。

9.3.3　重点指标密度极值提示分层预警管控

城市治理很重要的一点是需要对未知的危险情况进行预警。城市滨水公共空间是休闲空间，通常认为它除了洪灾不会存在其他安全隐患。但是，

2014 年上海外滩踩踏事件的发生就为城市滨水公共空间的预警管控敲响了警钟。在上海市公布的《12·31 外滩拥挤踩踏事件调查报告》中，认定这是一起对群众性活动预防准备不足、现场管理不力、应对处置不当而引发的拥挤踩踏并造成重大伤亡和严重后果的公共安全责任事件[5]。为什么外滩运行这么多年安全无事故，却会在这一刻发生危险呢？原因就在于未对外滩的安全人流容量极值进行模拟演练和提出应对策略。城市滨水公共空间仿真模拟恰好可以对一些危险或不利状况进行模拟预判，找到问题的症结，同时从中量化形成极值指标。一旦场地实际运行模拟状况超出指标范围，就可以提出预警，为相关部门及时管控提供参考依据。

首先，需要梳理可能产生极值的时段与需要关注的诊断指标，这样可以减少模拟的工作量。结合分项指标诊断结果的时空规律研究（见表 7.20），有多个与人流量相关的诊断指标随时间变化逐渐上升，多数在 15:00—17:00 时段达到高峰值，包括行人流密度、空间利用率、驻留量、驻留面密度和垂水人流密度；岸线线密度则在 17:00—19:00 时段达到高峰值。上述指标都与人流数量及密度相关，当人流量激增时，这些诊断指标结果也会迅速上升，意味着可能产生聚集危险。其中，容易诊断聚集状态的是行人流密度、驻留面密度、垂水人流密度和岸线线密度这 4 个表达人流密度的指标。因此，极值模拟可以围绕两个重点时段的 4 类重点指标开展。

然后，需要界定重点指标的密度极值，这个既要考虑危险性，也要考虑舒适性，可以分级设定。由于户外休闲空间的密度极值易在节假日发生，因此参考国庆假日旅游景点的人群密度分级[6]，以及国际上通用的易发生踩踏的人群密度临界点[7]，把城市滨水公共空间的密度极值界定为 4 个预警级别，分为蓝色预警、黄色预警、橙色预警和红色预警，分别对应稍微拥挤、非常拥挤、极度拥挤和踩踏危险，并建立重点诊断指标的分层预警机制（见表 9.3）。

表 9.3 基于人群密度的分层预警机制

重 点 指 标	密度级别	密度阈值（人/米²）	拥挤状态	预警级别
$Xb1$：行人流密度	一级	≥7.0	踩踏危险	红色预警
$Ya3$：驻留面密度	二级	[4.0，7.0)	极度拥挤	橙色预警
$Za2$：垂水人流密度	三级	[2.0，4.0)	非常拥挤	黄色预警
$Zb1$：岸线线密度	四级	[1.0，2.0)	稍微拥挤	蓝色预警

在此基础上,就可以对动态规划模型进行调整并开展模拟,当突破某个级别阈值时及时提出预警。模型调整主要涉及两个方面的参数:一方面是调整人流量,参考第8章北外滩的"未来人流预测",测算周边环境调整对场地人流量的影响,获得高值人流量,并把相应数量的智能体粒子放入规划模型;另一方面是调整空间形态,如模拟局部不开放、功能关闭、临时举办大型活动等条件下的使用状况。参数调整后开展动态模拟,就可以诊断某个瞬时对应的拥挤预警级别,获得各级别阈值临界点的空间人群分布状态,并能在仿真模型中精准抓取出现极值的点位,即找到问题的暴露点,如连接城市街道的台阶、垂直水体的小径、临近广场的出口等。进而针对极值点位做出有效的应对预案,一旦发生能够及时到达相应点位进行处置,如指挥分流、疏通堵点等,有效避免不良状况的发生。

9.4　精准预判支持科学决策

城市治理经历了从数字化到信息化再到智慧化的发展阶段,逐步推动从问题式治理向预防式治理的转变。依托互联网＋、云计算、大数据、人工智能等新兴技术,有可能实现城市治理问题的综合整治和有效预判,在掌握信息的基础上提升分析与预测能力[8]。上述智能模拟平台的建构,可以推动对城市滨水公共空间现状和未来运行状态的全面感知和态势预测,为治理与预防滨水区问题提供可行性决策依据,尤其是对未来城市状况的预测能力,可以在很大程度上提升城市滨水公共空间精细化治理的水平。

9.4.1　微观预演拟真性提升预测能力

通过大数据分析和掌握城市管理中的规律性问题是当下较为流行的方法,如2016年杭州市积极建设"城市大脑",搭建政策研究分析平台,利用大数据思维来把握城市管理规律,提高政策制定的科学性和前瞻性[9]。但是,受大数据的精准性、颗粒度、无法获取未来数据等限制,这些研究更多是从宏观层面对已有问题进行研判,而对于城市空间未来使用状况的微观预判则更加强调针对个体行为的拟真性预演,这是以往城市治理较少涉及的部分,也是真正促成精细化治理的关键环节。

多代理行为模拟恰能从可视性和拟真度等方面进一步提高城市治理的微观预判能力,主要在于对空间要素和使用者行为交互作用机制的掌握,这种作用机制在现时和未来不会发生非常大的改变,是模型动态变化背后基本不变的运行规则,也是模型微观预演拟真性的关键。

微观预演拟真性支持对同类型方案的预测。一方面,前述研究获得了单个场地中各类空间要素较为精准的吸引力权重,在这些场地未来新一轮的改造中可以作为多代理模型建构的运行原则。另一方面,由 6 个场地综合获得了文化活力型滨水区段各类空间要素的吸引力权重区间表(见表 6.15),以及两两比较获得了商住型、旅居型与文博型滨水区段各类空间要素的吸引力权重(见附录 N,O,P),以这些数据作为参考,经过微调可以在黄浦江沿岸同类型的其他滨水公共空间场地模型建构中予以运用,从而减少反复拟合调校的次数,使规划设计更高效、更便捷、更仿真。

微观预演拟真性也支持对不可见状况的预测,既包括对未来使用状况的预判,也包括对现状不易察觉的实际问题的预估。前者在第 8 章已经有过介绍,通过北外滩滨水公共空间的优化预判,提高对未来使用状况的准确把握。而后者对现状问题的评估也是城市治理应该重点关注的内容,在实际操作中却常常被忽略,或是因缺乏有效的技术手段而无法探明、探全这些暗藏的实际问题。例如,人流量最少时段的人群分布状况,场地内使用最低效空间的全天运行状况,白天和夜晚使用状况反差最大的空间,老年人最少进入和使用的空间,等等。传统小样本场地调研囿于人力和物力限制无法细致开展全面调查,而通过多代理行为模拟辅助,在全周期动态仿真中让电脑实时监测数据,可以精准地抓取这些不容易被观察到的问题,并明确其发生的时段、位置和状况。

9.4.2　多向度方案应对未来弹性发展

传统城市规划编制的成果往往是在有限数量的方案比较后选择的最优方案。而多代理行为模拟可以辅助生成多向度方案(见图 9.2),开展多场景预演,获得多个最优方案推荐,以应对未来多个时段发展演进、多种前置条件错综变化的情况。由此,规划设计不再只针对某个时期,不再有明确的优胜方案,也不再有终极目标,而是可以随时间变化和空间制约条件改变而进行调整和完善,做到弹性适度和与时俱进。

首先,方案编制前要从不同视角分析现状场地需要解决的问题,或是未来开发重点关注的问题,使得编制时可以有的放矢。因为问题往往以空间来承载,由使用者来感受,用诊断结果来表达,所以从空间类型、诊断指标和活动类型出发,从视角到大类,再到子类,逐层分析问题。从空间类型视角出发,分析基面、岸线、建筑、设施中哪些大类的空间使用有问题,进一步探

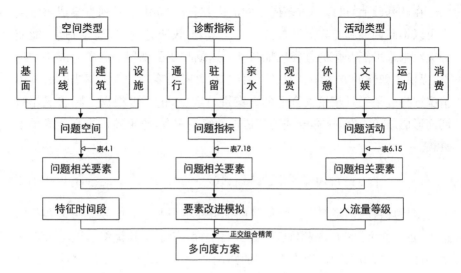

图 9.2　多代理行为模拟辅助的多向度方案生成过程

析与这些空间相关的哪些空间部位可能促使了该问题的产生；从诊断指标视角出发，分析通行、驻留、亲水中哪些维度的空间状况有问题，进一步探析与这些维度相关的哪些诊断指标可能促使了该问题的产生；从活动类型视角出发，分析观赏、休憩、文娱、运动、消费中哪些活动的体验有问题，进一步探析与这些活动相关的哪些子类活动可能促使了该问题的产生。具体操作时，从哪个视角出发可以由该场地问题找寻的便利性来确定。

　　然后，上述存在问题的空间、指标、活动，可分别依据城市滨水公共空间要素分类（见表 4.1）、诊断指标影响因子相关性分析（见表 7.18）、空间要素吸引力权重与活动类型关系分析（见表 6.15），找到影响的空间要素。接下来的方案生成过程就可以参照北外滩滨水公共空间研究建立的"要素改进模拟—未来人流预测—要素组合精简—组合预演比选"的优化预判流程（见图 8.9）来开展。其中，在要素改进模拟时，由于北外滩是从空间类型视角出发进行问题分析，因此按照基面、岸线、建筑、设施逐个对要素进行优化，要素之间不存在重复。而如果从诊断指标视角进行问题分析，通行、驻留和亲水维度的问题可能指向同一类空间要素，活动类型视角也可能如此，因此需要合并同类要素，并在要素改进时同时考虑多个维度的提升和多种活动的体验。例如，驻留舒适维度的驻留活动类型和亲水便利维度的视线达水率这两个指标与近水部分的运动设施分别为显著正相关和显著负相关，假设两个诊断指标都需要提升，就应减少近水部分的运动设施以使视线达水便利，并通过促进其他形式活动来增加驻留活动类型。

在此基础上,可以提供多向度的优化方案,建立由一系列方案成果组成且可以不断调整和充实的开放式成果工具箱,没有最好,只有最适应,能充分应对未来可能变化的各类场地条件。这就改变了规划编制单一成果的现状,提供了弹性的方案编制成果。由此,在政府决策时可以根据当时的具体情况选择成果工具箱里最合适的方案进行实施,也可以根据实际状况作微调而形成新的方案,这样既获得了最佳的解决方案,也更新和丰富了成果工具箱。

9.4.3 上下结合促成新型的决策机制

多代理行为模拟辅助规划设计的优势并不表明以后的规划决策必须以这种"自下而上"的方式来开展,因为"自上而下"也有其优势。以上海市浦西和浦东的城市路网比较为例,浦西路网产生于现代规划出现之前,是"自下而上"的市民集体经验和劳动的成果,路网格局呈现"自由秩序",适应以马车为主的慢速交通模式,虽然符合当时的生活需求,但也在某些局部空间与现代快速交通相矛盾;浦东路网以现代规划为指导,是"自上而下"的政府决策成果,路网格局呈现"人工秩序",适应以机动车为主的快速交通模式,虽然符合现代生活的需求,但浦东世纪大道的宽而直常被诟病,不符合老人过街的行为,总体空间形态上也太过突兀。由此看来,"自下而上"与"自上而下"都各有优势和局限。

"自上而下"势必在很长一段时间内还是当代城市治理的主流,但是可以结合新认知和新技术,推动"自下而上"治理方式对其的必要补充,形成一套"自上而下"与"自下而上"相结合的新型机制,让两者取长补短、互为补充。事实上,多代理行为模拟辅助研究恰可以推动"上下结合"。

一方面,这种"上下结合"表现在模拟过程中。多代理行为模拟辅助研究虽然被视作一种"自下而上"的方式,但是也暗含"自上而下"的因素。在依托其开展设计的过程中,"人机融合"是关键,只有设计师找到空间与行为的互动机制并将其写入程序,再借助计算机超强的运算能力,建立动态的数字化工作流程,才能形成代理粒子模拟行人的自组织过程。人对于计算机的操控是核心,是一种"自上而下"的方式,借助这种方式,人的智慧也得到了前所未有的拓展。从这一视角来看,多代理行为模拟辅助的城市滨水公共空间研究就是一种以"自下而上"为表象,"自上而下"为主干,上下结合的研究方式。

另一方面,这种"上下结合"也体现在应用过程中。多代理行为模拟辅助的拟真性预演支持不同群体参与决策,上至政府部门,下至普通市民。

"以往许多智慧治理之所以达不到应当效果,在于其背后的运行机制仍是自上而下的,传统上的信息不对称、上下沟通不畅等瓶颈仍然存在"[1]。决策不能只来自政府,也应该聆听开发商、组织方、市民的声音。特别是市民,他们是城市滨水公共空间的使用主体,他们的需求和呼声更需要被重视与采纳。静态的规划图纸过于专业不易理解,而多代理行为模拟演绎的动态可视化平台能让非专业人士了解整个规划运行的过程,看到表达行人的代理粒子对空间的全周期使用状况,然后设身处地提出自己的评价和建议。由此,政府、开发商、组织方、市民都能借助可视化平台,参与到政府主导的"上下结合"的决策过程中。

城市滨水公共空间是市民共享的城市重要节点空间,其治理是一项系统工程,也是城市精细化治理和城市数字化转型的重要环节。多代理行为模拟为城市滨水公共空间治理的智慧化转型提供技术赋能,但需要强调"人"主导的技术运用,"人"感知的城市问题,"人"参与的治理过程,从而实现"人人"向往的美好生活。

9.5　小　结

在城市治理向智慧化演进的过程中,"以人民为中心"的理念有了进一步的深化和拓展:遵循"人民至上"的原则,关注"人群偏好"的差异,倡导"人技结合"的手段。以此为核心导向,结合对城市滨水公共空间行为模拟相关结论的解读,提出智能模拟辅助动态规划,综合诊断提升智慧管控,精准预判支持科学决策等策略及相关的治理要点、方法步骤、参考数值等实施方法细则。

参考文献

［1］丁波涛,范佳佳,杨慷.国内城市智慧治理的先进经验[J].中国建设信息化,2020(7月上):16-21.

［2］让城市更聪明更智慧——习近平总书记浙江考察为推进城市治理体系和治理能力现代化提供重要遵循[N].杭州日报,2020.04.05.

［3］习近平在中央城市工作会议上发表重要讲话[EB/OL].(2015-12-22).http://www.xinhuanet.com/politics/2015-12/22/c_128556772.htm.

［4］李琪.人民城市人民建,人民城市为人民[N].文汇报,2021.06.30.

［5］高中,康薇,张雪.自发性群聚活动安全的法治保障——兼论《大型群众性活动安全管理条例》的完善[J].湘潭大学学报(哲学社会科学版),2016(2):59-63.

［6］科学计算人流指南,国庆出行前必看［EB/OL］.(2018-10-01).https://www.sohu.com/a/257296593_806036.

［7］Paul Wertheimer.独家对话美著名人群安全管理专家［EB/OL］.(2015-01-05).https://wenku.so.com/d/78bc88f67c5f27916e1c841794a4a9a4.

［8］邬伦,宋刚,吴强华等.从数字城管到智慧城管:平台实现与关键技术［J］.城市发展研究,2017(6):99-107.

［9］杭州做强做优城市大脑,打造全国新型智慧城市建设［N］.杭州日报,2020.06.30.

10 总结展望

在智慧化成为城市精细化治理重要发展趋向的背景下,本书建立了一套呈现滨水多样空间与休闲行为交互的多代理行为模拟流程,一套量化评价滨水公共空间使用者行为状态的品质综合诊断指标体系,在此基础上形成了一套多代理行为模拟辅助城市滨水公共空间品质诊断与优化预判的系统研究方法,及一套智慧化的城市滨水公共空间治理方法。虽然研究是基于黄浦江沿岸的典型滨水公共空间开展的,但是上述模拟流程、指标体系、研究和治理方法也具有一定的普适性,希望能更广泛、更高效地应用于其他类型滨水公共空间和其他户外休闲公共空间。因此,本章梳理研究要点,探讨研究结论的推广应用,总结研究创新,分析研究局限并展望未来。

10.1 研究特色

与其他滨水研究方法相比,多代理行为模拟辅助的城市滨水公共空间研究有如下 3 个研究特色。

10.1.1 "遵循群体行为偏好"为指导准则

一些以景观塑造为唯一目的的滨水公共空间设计更多考虑空间与形态,衡量标准存在优美重于舒适、视效重于体验的倾向性。而城市滨水公共空间的受众是"人",只有大多数"人"在使用之后感受良好,才可能是好的空间。而使用者的感受往往与其行为偏好关联,城市滨水公共空间只有提供与行为偏好相适应的空间要素布局模式,才可能引起使用者的共鸣与认可。

城市滨水公共空间精细化治理要真正落地,就要在宏、中观层面之外,更加关注微观层面的考量。宏、中观层面研究往往把"人"视作统一的个体,而微观层面研究需要充分认识"人"的个体差异性,当然并不需要细致了解每一个体的偏好,而是要按照属性和特征对人群进行合理分类,分析人群因个体因素差异、与水体距离不同等产生的群体行为偏好差异，做出尽可能满足最大多数个体需求的决策。因此，"遵循群体行为偏好"应该成为贯穿城市滨水公共空间"规建管用"全过程的指导准则。

10.1.2 "揭示行为偏好，场地问题诊断和优化模拟预判"为科学依据

城市滨水公共空间中的使用者行为看似随机，但背后隐藏的是空间要素与使用者行为之间长期稳定的规律性关系，也可以说是滨水特质引发的使用者对空间要素的行为偏好规律。而行为模拟能否真实反映实际的空间使用状况，关键要看模拟运行过程是否真实反映错综复杂的行为偏好规律。因此，探寻使用者的群体行为偏好规律，并以此为运行机制，是拟真建构多代理行为模拟模型的关键，也为场地问题诊断与优化模拟预判提供了良好的平台。

与传统基于小样本场地调研的诊断方式不同，基于行为模拟的场地问题诊断可以提供更多时段、动态瞬时、精准量化的诊断结果，并能将不易调研的场景或调研中不易发现的问题通过模拟进行显现与诊断。当然，一个系统和全面的城市滨水公共空间综合诊断指标体系不可或缺，它是场地问题诊断是否可靠的关键，应结合滨水特质，从通行顺畅、驻留舒适和亲水便利等维度出发，建立外部与内部、群体与个体、总体与沿岸、动态与静态相结合的指标，为场地问题诊断提供全面的视角。

与传统基于设计师个人经验的"约摸"式预判不同，基于行为模拟的优化预判可以提供多向度的优化方案，并能可视、交互、量化地模拟出方案实施后的未来使用效果，这也是其他多数研究方法所无法比拟的。其核心在于空间要素与行为之间长期稳定的规律性关系既契合现在的场地运行机制，也在很大程度上符合未来很长一段时间内的场地运行机制。因此，这种基于行为偏好规律的优化模拟预判可以为政府决策提供可信的依据。

10.1.3 "动态规划，智慧管控，科学决策"为治理手段

与传统静态的"纸上规划"不同，多代理行为模拟辅助的城市滨水公共空间研究是一个动态的仿真过程，表现为个体自洽、环境互动、群体耦合与衍化迭代，可以把城市滨水公共空间的复杂性、开放性、多样性和动态性等特征有效表达出来。本研究获取了全天不同时段各类空间要素吸引力权重的动态变化规律，可以指导多代理模型随时间变化作相应的调整，推动规划编制从"静态蓝图"向"动态预演"的弹性设计方法转变。

与传统"依规行事"的管控不同，结合城市滨水公共空间品质综合诊断

指标体系,对多代理行为模拟的输出结果进行评价,可以对城市的动态变化过程实时量化诊断,辅助指导项目评审、综合管理、应急指挥等一系列流程。其中,关键诊断指标和影响空间要素可以为规划审批提供指引,综合诊断结果及各项指标诊断结果可以从不同视角辅助方案的比选,指标参考极值可以在模拟运行的每一个瞬时预警危险或不利状况。它们将数据技术和经验评价高度融合,有助于提升城市管控的智慧性。

与传统"自上而下"的决策机制不同,多代理行为模拟辅助决策是以行为需求为基准,实际问题为抓手,"自下而上"地充分表达底层使用者的意愿,与"自上而下"的经验决策相辅相成,构成了"上下结合"的新型决策机制,弥补"自上而下"决策机制存在的信息不对称、上下沟通不畅等弊病。并且,多代理行为模拟辅助研究过程中,人对于计算机的操控这一"自上而下"的方式是核心线索,是人的决策而非计算过程决定了研究成果的可信度,因此,多代理行为模拟本身也是一种"上下结合"的研究技术。

10.2 研究结论和推广应用

10.2.1 行为模拟

行为模拟的关键结论是适应滨水复杂空间要素和随机行为的运行机制、模型建构和拟合方法。

(1) 以空间要素吸引力表达滨水行为偏好

空间要素的吸引力是人群改变行为状态、促成滨水行为随机性的主因,因此本书用空间要素吸引力权重来量化表达滨水空间要素与行为活动之间的规律性关系,架构模型运行机制。探究距水远近和年龄因素对空间要素吸引力的影响,可以获知近水和临水部分的重要性大大高于远水部分,基面和岸线重要性高于建筑和设施;儿童偏好运动游乐场和林荫小道,中青年偏好滨水漫步道、林荫小道和观景平台,老年人偏好滨水漫步道、林荫小道和休息座椅。综合黄浦江 6 个文化活力型滨水公共空间区段的行为模拟,获得吸引力权重阈值和关键影响空间要素(见表 6.15),并从空间要素类型及与水距离、活动类型和时段分析吸引力权重阈值的场地特征表现(见图 6.33至图 6.36)。

(2) 智能体和社会力组合模型模拟滨水自组织行为

结合社会力模型的最佳动力学模型优势和智能体模型的智能个体感

知、交互和自主决策优势,借助 Anylogic 软件平台的二次开发,构建组合模型:智能体粒子依据性别、年龄、活动类型等差异赋予视野范围、计划游憩时间、要素感知半径、基础速度等个性化初始参数;仿真环境要素依据要素类别、距水远近等差异赋予服务半径、最大使用者承载量和吸引力权重等个性化初始参数;在此基础上,设置了适用于所有研究场地和所有活动类型的行为活动链,及粒子发射、运动方向判定、易感性判定、被环境吸引判定和运动结束判定等行为决策规则,使智能体粒子在仿真环境的每一个步进中都可以对要素吸引点做出自主选择,从而模拟滨水自组织行为。

(3) 关注要素吸引范围内局部空间的拟合

本研究采用定性与定量相结合的拟合方法,验证模型的可靠程度。前者对组合模型开展分时段、分空间、分人群或分活动类型等分项情境模拟,与调研结果进行图示比较,多次调校相关要素吸引力权重,使模拟与实测结果逐渐贴近;后者通过量化分析提高模型的拟合度,在整体空间量化拟合之外,更加关注要素吸引范围内局部空间的量化拟合,将各吸引点附近的驻留量实测与模拟数据作为局部空间拟合的依据,进行 SPSS 双变量相关性分析,确认上述定性拟合结果是否可靠。

(4) 推广应用

本研究建立的一般模型建构方法,以及"组合模型建构—分项情境模拟—模型拟合调校—多场地样本验证"的多代理行为模拟方法可以应用于其他各类户外休闲公共空间。在 Anylogic 软件平台之外,笔者也曾采用 Grasshopper 软件平台对滨水区开展行为模拟,证明可行。研究获得的各要素吸引力权重阈值的平均值在黄浦江沿岸其他文化活力型滨水公共空间区段行为模拟时可作为初始值进入模型,能减少拟合调校次数。当研究应用到商业街、公园等其他户外休闲公共空间时,也需关注群体行为偏好,以"空间—行为"的交互作用作为模型的运行机制仍然可以成立,需要探究的是它们与滨水公共空间的不同特征所带来的不同研究关注点:滨水公共空间一侧有限定,另一侧是开敞水域,空间要素和行为活动都非常丰富,可以借助游憩机会谱理论表达复杂空间与多样行为的交互关系,空间要素对行为活动的吸引力权重需要考虑距水远近的差异;商业街两旁有建筑限定,空间要素以店铺为主,行为活动以购物消费为主,可以借助视觉注意力理论表达视觉刺激对行人行为选择的影响,需要对店铺规模、售卖种类、橱窗大小等细分,探究它们对不同年龄、性别、收入的消费人群的吸引力权重;公园空间各向开放,以蓝绿空间为特色,游人活动多样,游憩机会谱理论依然可以表达公园空间和行为的复杂交互关系,对水体和绿化空间进行细致分类,如水池、河道、湖面,草坪、树阵、花坛等,和其他空间要素一起,分析它们对各类游憩行为的吸引力权重(见表 10.1)。

表 10.1　户外休闲公共空间的"空间—行为"交互作用关注点

类型	空间限定	空间要素	行为活动	交互关系理论	研究关注
滨水公共空间	一侧限定,一侧开敞水域	基面、岸线、建筑、设施	观赏、休憩、文娱、运动、消费	游憩机会谱	考虑距水远近
商业街	两侧建筑限定	店铺规模、售卖种类、橱窗大小	消费	视觉注意力	表达商店招徕性
公园	空间各向开放	水体、绿化、建筑、设施	观赏、休憩、文娱、运动、消费	游憩机会谱	细分蓝绿空间

10.2.2　品质诊断

多代理行为模拟辅助的城市滨水公共空间品质诊断与其他诊断方法的主要不同在于诊断指标界定要结合模型数据特征,诊断结果要借助模型输出结果。

(1)结合滨水和模拟特征的诊断维度与指标

首先,以行为需求为导向,结合滨水特征,架构了通行顺畅、驻留舒适和亲水便利 3 个诊断维度,以及外部可达和内部通畅、群体驻留和个体驻留、总体亲水和沿岸亲水 6 个分项维度。其次,考虑行为模拟数据特征,将表示空间和行为状况的模型常规指标进行继承、改进和新增,归纳出适合城市滨水公共空间的 18 个诊断指标(见表 5.1 至表 5.3),并细分为正向、逆向和适中型指标(见表 5.4),动态和静态指标(见表 5.5)。最后,基于层次分析法确立诊断维度和指标在空间品质诊断中的权重:整体来看,最重要维度为驻留舒适维度,最重要指标为驻留率、吸引点平均访问率和视线达水率;分维度来看,通行顺畅、驻留舒适、亲水便利的最重要指标分别是步行时间、驻留率、视线达水率(见表 5.8)。

(2)客观模型诊断与主观问卷评价互为补充

基于均值的模型诊断结果由高到低排序:综合品质为船厂—龙腾—东昌—民生—老白渡—徐汇,通行顺畅为船厂/民生—龙腾—老白渡—东昌/徐汇,驻留舒适为东昌—船厂—龙腾/老白渡—民生/徐汇,亲水便利为龙腾—船厂—东昌/徐汇—民生/老白渡(见表 7.7 至表 7.8)。将上述均值结果与高、低峰值时段诊断结果对比发现,各场地公共空间品质差异较大,主要反映在驻留舒适维度、亲水便利维度和通行顺畅维度的内部通畅性。进一步对比模型诊断与问卷评价结果(见表 7.13),发现有一定差异,特别是徐汇滨江的问卷评价远优于模型诊断,考虑到问卷是主观评价,且多关注内部通畅、个体驻留和沿岸亲水,对整体空间品质的评价较为模糊,因此模型诊断结果可以修正问卷评价偏差,提供更加客观的结论。

(3) 品质诊断结果的影响要素和时空规律

综合各区段、各时段诊断结果,获得各项指标诊断结果的参考均值和上下限值(见表 7.19)。从综合诊断结果来看,影响品质的关键区域是近水部分,临水部分次之;关键要素是近水运动设施,其次是临水观景平台,再次是近水林荫跑道和正式座椅;关键维度是驻留舒适,亲水便利次之;关键指标是视线达水率和吸引点利用率,其次是驻留率、吸引点平均访问率、驻留活动类型和人均驻留次数(见表 7.18)。从子类诊断结果来看,与人流量相关的行人流密度、空间利用率、驻留量、驻留面密度、垂水人流密度、岸线线密度、不同高程岸线亲水度全日逐渐递增且多在 15:00—17:00 达到峰值,人均驻留时间在 9:00—11:00 最长,步行绕路系数、步行时间、基面衔接系数和驻留活动类型受场地影响较大(见表 7.20);关键影响要素集中在近水和临水部分的基面、岸线和设施类要素;影响最多的要素为近水正式座椅,与驻留面密度、吸引点利用率、不同高程岸线亲水度均正相关;影响最复杂的要素为近水运动设施,与驻留率和驻留活动类型正相关,与吸引点利用率和视线达水率负相关(见表 7.21)。

(4) 推广应用

本研究建立的"分析场地特征—梳理诊断维度—结合模拟特征—确立诊断指标"的诊断维度和诊断指标架构系统方法可以指导行为模拟辅助的其他各类户外场地诊断指标体系架构;建立的多代理行为模拟辅助的城市滨水公共空间品质综合诊断指标体系可以为行为模拟支持的其他户外休闲公共空间诊断指标体系的具体内容提供参考(见图 10.1)。其中,通行顺畅维度和驻留舒适维度基本适用于其他户外休闲公共空间;外部可达性和内部通畅性、群体驻留性和个体驻留性等分项维度也基本适用;这两个维度的诊断指标大部分可以适用,但是对于平坦无标高变化的场地,基面衔接系数并不适用。此外,还可以根据应用场地的特征,增加特有的诊断维度和指标,例如,商业街可以增加消费活力维度、总体消费活力和单体消费活力分项维度,以及橱窗吸引率、消费者回流率、外摆利用率等诊断指标;园林空间可以增加景观效应维度,总体景观效应和节点景观效应分项维度,以及景观丰富度、游线曲折度、透景对视率等诊断指标。

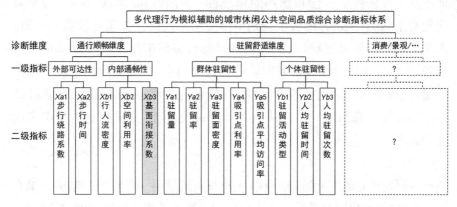

图 10.1　行为模拟支持的户外休闲公共空间诊断指标体系

10.2.3　优化预判

用多代理行为模拟技术来辅助城市滨水公共空间研究,最大的优势在于能对场地未来空间使用状况进行精准预判,这是以往城市治理较少涉及的部分。

(1) 稳定的行为偏好规律支持微观拟真预演

城市空间未来使用状况的微观预判需要强调针对个体行为的拟真性预演,这是真正促成城市精细化治理的关键环节。本研究提出多代理行为模拟能有效提高微观预判能力,主要在于对空间要素和使用者行为交互作用机制的掌握。由于不同使用群体对空间要素的行为偏好相对稳定,在现时和未来很长一段时间内不会发生非常大的改变,因此探寻行为偏好规律,将其作为现状模型到优化模型动态变化背后基本不变的运行规则,可以支持模型微观预演的拟真性。

(2) 应对多场地问题的海量要素组合模拟

城市滨水公共空间场地问题错综复杂,仅靠设计师经验很难提出综合改善各类问题的方案。本研究借助计算机强大的运算能力,在以下几个方面弥补了传统设计的不足:在模拟运行过程中搜索现状调查难以发现的问题,精准定位问题承载的要素;逐个模拟单一要素单种改进措施下的空间使用状况,在没有其他要素变化干扰下确认这一要素改进措施是否有效;将不同要素的有效改进措施排列组合,模拟数量可观、应对多场地问题的组合方案。

(3) 系统优化预判方法辅助多向度科学决策

本研究建立了系统的优化预判方法,并通过北外滩改造前后对比验证了这一方法的可行性和预判的精准性：按照基面、岸线、建筑、设施对问题要素归类，依次开展各个类别单个要素不同改进方案的模拟；对场地未来人流增长状况进行高、中、低值的预测；将模拟结果较好的单个要素选项，多种人流和多个特征时间段进行正交组合，排除实际不可能出现的情况，获得最精简的优化组合；对这些组合的预演结果进行比选，获得适合不同等级人流和不同场地前置条件的最优推荐，为政府决策提供多向度的参考。

（4）推广应用

本研究建立的"要素改进模拟—未来人流预测—要素组合精简—组合预演比选"的优化预判系统方法可以应用于其他各类需要更新的户外场地。本研究仅对北外滩置阳段滨水公共空间这一个样本进行了优化预判，在要素改进模拟时，是从空间类型视角出发进行问题分析，发现存在问题的空间，依据空间要素分类，找到基面、岸线、建筑、设施中存在问题的子类要素，最后在组合预演比选时以这些问题空间是否得到有效改善为基准。当应用到其他场地时，也可以视发现问题的便利情况而从其他视角出发开展研究。例如，当某些诊断结果不理想时，可以从诊断指标视角进行问题分析，依据诊断指标影响因子相关性分析，找到问题相关要素，合并相同要素，然后开展后续优化预判流程，最后在组合预演比选时以这些问题指标诊断结果是否得到有效改善为基准；当某些行为活动体验不佳时，也可以从活动类型视角进行问题分析，依据空间要素吸引力权重与活动类型关系分析，找到问题相关要素且合并同类项，最后比选时以这些活动体验是否得到有效提升为基准（见图 10.2）。

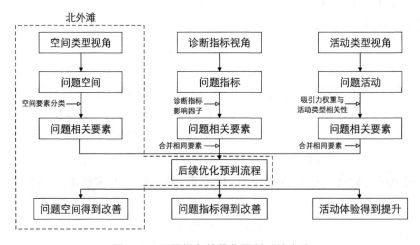

图 10.2　不同视角的优化预判系统方法

10.2.4　精细治理

行为模拟、品质诊断和优化预判的部分研究结论,包括空间要素分类和权重、要素吸引力权重阈值、诊断指标倾向和权重、诊断结果的时空规律和影响要素等,为城市滨水公共空间精细治理提供了依据,助推静态规划向动态规划转变,依规行事向智慧管控转变,约摸决策向精准决策转变。

（1）多个视角的空间要素配置指导

上述结论获得了一系列滨水公共空间要素与行为活动的量化关系,提供了从空间要素自身属性和空间要素影响两个方面来指导要素配置的可能,每个方面又各自细分为空间要素位置、类型和离水远近 3 个视角,以及分活动类型、分时段和分项指标的空间要素影响 3 个视角,每个视角都从影响类别、关键影响要素和空间要素配置要点逐层递进研究,配置要点具体包括某类要素的形式、数量、位置、与相邻空间或要素的关系,以及考虑对不同活动、时段和诊断指标影响的配置方法（见表 9.1）。

（2）项目审批的诊断指标参考阈值

从诊断指标定义、倾向、权重和参考值来界定指标参考阈值:逆向型诊断指标提供最大值,活动人数比值、频次和时长型指标提供最小值,人流密度型指标提供区间,空间利用率和驻留活动类型以均值为最小值,驻留量在不同场地差异较大而不提供参考阈值。进而综合使用者和空间要素两个角度的分析,明确影响城市滨水公共空间综合品质的关键审批维度是驻留舒适维度,关键审批指标是视线达水率、驻留率、吸引点平均访问率和吸引点利用率,驻留活动类型和人均驻留时间次之（见表 9.2）。

（3）重点诊断指标的分层预警机制

确定了可能产生人流极值的时段与重点关注的诊断指标,包括 15:00—17:00 时段的行人流密度、驻留面密度、垂水人流密度和 17:00—19:00 时段的岸线线密度。参考国庆假日旅游景点的人群密度分级以及国际上通用的易发生踩踏的人群密度临界点,确定了城市滨水公共空间的红、橙、黄、蓝 4 个分层预警级别及对应的拥挤状态与密度阈值（见表 9.3）。在此基础上,对动态规划模型进行高值人流量和空间形态的调整,模拟各级别阈值临界点的空间人群分布状态,精准抓取出现极值的危险点位。

（4）多向度和开放式的成果工具箱

多向度和开放式的成果工具箱要建立在多视角的问题分析基础上。考虑到问题往往以空间来承载,由使用者来感受,用诊断结果来表达,可以从空间类型、诊断指标和活动类型 3 个视角出发,从视角到大类,再到子类,逐层分析场地问题。然后,将上述存在问题的空间、指标和活动依据前述结论,找到影响的空间要素,参照"要素改进模拟—未来人流预测—要素组合精简—组合预演比选"的系统方法来生成多向度的优化方案。最后,在应对可能变化的各类场地条件时,可以微调而形成新的方案,更新和丰富成果工具箱。

(5) 推广应用

结合"十四五"城市数字化转型目标,可以考虑把滨水仿真模型与城市智慧模型相结合,促进滨水智慧治理成为城市智慧治理的重要抓手。当下,城市智慧模型(City Intelligent Model,CIM)是城市智慧治理的主要依托平台之一,是在城市基础地理信息基础上建立的包括建筑物、外部空间、基础设施等在内的全要素三维数字模型平台。如果将城市滨水公共空间行为模拟信息与CIM平台相结合,可以互为促进:一方面,滨水行为模拟过程可以为CIM平台提供滨水节点区域的更为细腻和动态变化的图像信息,并激发仿真模拟技术介入其他重要城市节点,为市民参与城市智慧治理创造条件;另一方面,CIM平台的城市基础地理信息可以引入滨水行为模拟模型,减少现场调研的烦琐步骤,进而通过与CIM平台上持续变化的城市信息对接,可以及时更新行为模拟模型的基础数据,促进滨水行为模拟过程的迭代,据此不断调整空间要素配置、项目审批阈值、极值状态预警和成果工具箱,为实现规划、决策、建设、管理的与时俱进和可持续发展提供依据(见图10.3)。

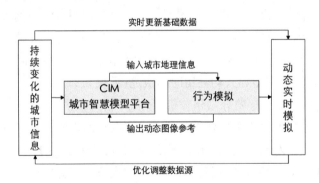

图 10.3 CIM 平台与行为模拟的结合

10.3 研 究 创 新

10.3.1 将行为模拟应用范畴拓展至"随机休闲行为"

本研究突破了已有行为模拟模型过于注重交通疏散行为的局限,改变其固定参数设置和单一模拟方法,通过建立智能体和社会力相结合的多代理组合模型,仿真呈现城市滨水公共空间中休闲行为的随机性和偏好差异。将多代理行为模拟技术应用于滨水休闲行为研究,拓展了行为模拟技术的应用范畴。

10.3.2　结合多代理模型输出特征的"滨水诊断体系"

不同于多数研究从空间视角出发,本研究从行为视角出发,基于多代理行为模拟输出特征,建立了符合滨水特征的公共空间品质综合诊断指标体系,从总体品质和通行顺畅、驻留舒适和亲水便利 3 个诊断维度,以及子类诊断指标,全面评价城市滨水公共空间的使用状况,为城市滨水公共空间的设计、实施和管理提供可以量化的决策参考。

10.3.3　以未来场景的仿真模拟辅助"科学精准预判"

本研究改变了传统规划设计大多依据个人经验、较难在方案实施前进行精准预判的现状,通过模拟情境与实际场景的拟合,获得长期稳定的使用者对滨水公共空间要素的偏好规律,以其为运行机制,实现对优化配置方案未来使用场景的拟真性预演,为方案预判提供科学依据。

10.3.4　指标阈值和多向度成果推动"城市智慧治理"

通过多个案例行为模拟和诊断优化的横向比较,获得了一系列指标阈值、关键影响要素、时空变化规律,以及多向度成果生成方法,有助于加强对城市动态变化的仿真呈现和实时监测,快速捕捉城市运行过程中难调研的问题,及时应对城市发展中新产生的问题,推动城市滨水区治理向智慧化迈进。

10.4　研究局限和未来展望

10.4.1　由有限调研数据到高精度大数据

场地空间与行为数据的收集通过现场实地调研获得,会有几个方面的缺陷:数据量不精确,研究虽以 2 小时作为一个统计时段,但参照常规调研方法,以 5 分钟为基本观察时间单元,开展行为地图活动注记和活动流量计数,再换算成相应时段的总量,估计的数据量精确度有限;数据有缺失,由于场地较大,行为地图记录规则是从空间的一端走向另一端时记录身边经过的人群行为,可能会忽略一些活动;调研工作量大,现场投入了大量的人力与物力展开调查,还经历了数据不足而补充调研的情况,而调查之后的统计又花了数月的时间。

本研究结论主要适用于黄浦江相似滨水公共空间区段的模拟、诊断和优化,如果对其他场地开展研究,虽然可以采用研究总结的多代理行为模拟辅助研究的方法,但面临着新场地调研的巨大工作量。因此,要找到更加便捷的数据获取方式,使得研究方法能快速在更多城市、更多类型河流区段进行应用,从而总结出覆盖面更广、更为普适的城市滨水公共空间群体行为偏好规律和品质综合诊断指标体系。

此外数据获取方法仍需改进:一方面,如若仍然采用现场调研来获取数据,可以增加 Wi-Fi 探针来辅助行为活动的记录,弥补拍照和摄像的人像叠加缺失、设备需要监控、记录时间有限等问题,考虑到探针价格较高及可探测范围较小,可将探针布设在吸引点周围,如座椅下方、树权上、绿植中等,全天候记录该空间节点的行为数据,为吸引点附近模拟和实测驻留量的相关性分析提供更加精准的数据;另一方面,可以考虑用大数据替代现场调研数据,或者将大数据作为主要数据来源,而调研数据作为补充,从而真正减少调研的工作量,但是现有的大数据对滨水公共空间的记录缺失或精度不够,希望随着大数据覆盖面的增加和精确度的提高,以及行为模拟平台结合度的提升,未来可以将大数据与行为模拟技术相结合,从而极大地提高本研究方法的效率和应用的广度。

10.4.2 由二维平面模型到三维立体模型

研究样本并未建构三维立体模型,主要考虑两方面的原因:行为模拟主要表达人群在城市滨水公共空间中的行为活动分布状况,三维或二维仿真环境的结果呈现差异比较小;Anylogic 软件平台以往主要用于交通空间的行人交通仿真和行人疏散仿真,因此适于建构楼梯等常规竖向交通衔接方式,较难细致表达缓坡、陡坎、台阶、台地、平直等城市滨水公共空间丰富的高差过渡方式。

样本建构的二维平面模型确实带来了一定的结果误差,主要体现在基面衔接系数和视线达水率这两个诊断指标,本研究为此做了一些纠偏:基面衔接系数以基面转换时实际行走距离与理想直线距离的比值来表达,并通过对 5 类高差过渡方式设置影响系数,来反映它们在高差转换时的衔接顺畅程度不同;视线达水率结合代理粒子所在基面与水体之间最高基面高差是否在 1.55 米(人眼距离地面的平均高度)以下来判断,如否则手工删除该基面的粒子。

未来研究中,如果滨水场地较小,基面高差较大,两者的相对尺度使得高差不能被忽略时,需要考虑场地模型的三维立体表达。可以对 Anylogic 软件平台的环境模块提出改进建议,或者加入自己制定的基面衔接模块插件,再或者找寻研究者可以自由建构或修正模块的软件平台。

10.4.3　由低效人工调校到机器自动操控

在计算机超强的运算能力支持下,多代理行为模拟技术的加持确实在很大程度上提高了城市滨水公共空间研究的效率和精度,特别是可以模拟相当数量的现状和未来使用情境,这是传统方法所不能企及的。但是,由于研究还处于起步阶段,因此在一些步骤中人工操作依然主导,如吸引力权重的调校和未来人流的预测等,如能通过新技术的辅助,让计算机更多地介入,结合机器深度学习进行自动操控,研究效率将可能得到很大的提升。

对于吸引力权重的调校,本研究在调研分析的基础上,设置初始吸引力权重,模型运行后,以 0.1 作为最小调整单位对吸引力权重进行手工调校,直至模拟结果逼近调研结果,但对于受多个空间要素影响的区域,手工调校过程可能费时较多。未来可以建构多要素吸引力权重逐个梯级变化的计算小程序,辅助这一调校过程自动进行,并将场地空间栅格化,以栅格为单位设置实测与模拟结果判定贴近的标准,然后在各要素吸引力权重此增彼减的一系列变化中抓取最贴近调研结果的多要素权重组合,这样既考虑了多要素的复合影响,也获得了各要素的最佳吸引力权重组合。

对于未来人流的预测,本研究通过对场地周边环境改变、出入口增减等情况的预估,获得低值、中值和高值 3 种人流量,这样与不同要素选项、特征时间段组合形成的优化方案不会过多而以至于精简后的优化组合也过多。未来在获得适合不同取向的最优推荐方案之后,可以考虑以中值人流量为基础,以 10~50 人为递增或递减单元(具体数值根据场地基本人流量的多少确定),模拟更多的不同人流量下场地运行状况,最高值可以直至 4 个重要指标,行人流密度、驻留面密度、垂水人流密度、岸线线密度中有一个达到 7 人/平方米的红色预警级别,而且在人流量递进过程中,还可以通过模拟运算精准抓取蓝色、黄色和橙色预警级别的对应人流,由此建立每个推荐方案的分层预警机制。

10.4.4　由基础简化模型到复杂因素交互模型

本研究的初衷是建构城市滨水公共空间的基础模型,为未来复杂环境因素影响下的行为模拟模型建构提供方法支撑。因此,研究对照明、气候、人流等因素都进行了简化,对一些极端场景的模拟也并未深入探讨,以使模型建构的过程不受过多因素的干扰,从而梳理出一个简明的、易于理解的模型建构及应用框架。

环境因素简化包括:其一,研究涉及的 6 个时段仅有 17:00—19:00 时段天色逐渐变暗,场地调研时也未对照明状况做细致记录,在分析照明环境对行为活动的影响时比较笼统,而随着夜间经济的激增,滨水公共空间夜间活动多样、人流众多、持续时间久,可以分时段、分人群、分照明情况来进行细致研究;其二,为了使模型建构更关注空间与行为之间的关系,调研时间多为气候宜人的春夏之交和夏秋之交的晴天,有意回避了气候变化对滨水活动的影响,其实极热与极寒的气候条件可能大大影响场地空间要素对行为活动的吸引,因此可以对极值气候下的场地环境开展研究;其三,研究样本排除了外滩这类全时段人流量极多的场地,也未对 7 个研究样本节假日人流量剧增情况下的使用状况进行调研和模拟,在之后的研究中也可以进行专题探讨。

上述三个方面,人流极值研究常见于交通空间的疏散行为模拟,第 2 章曾引用相关学者针对上海外滩做极值人流疏散模拟的案例,而滨水夜景与微气候影响也是值得探索的方向。一方面,可以从滨水昼夜行为差异出发,从空间、行为、照明 3 个视角分析滨水夜间行为的特殊性及其成因,归纳三者之间的相互作用机制,细化照度、色温、亮度等照明环境指标对空间和行为的影响机制,并以此为运行机制驱动多代理行为仿真模型,模拟、诊断、优化、预演滨水夜间行为活动,助力滨水区的全时性精细治理。另一方面,可以从不同微气候环境下的滨水行为差异出发,在空间要素之外,增加空气温度、湿度、风速、太阳辐射等微气候要素,探究它们对于不同年龄、不同类型人群行为活动的协同影响机制,并以此为运行机制建立微气候影响下的滨水公共空间多代理行为仿真模型建构和诊断方法,助力滨水区的全气候精细治理。

图 表 索 引

7　品质诊断

附 录

附录 A　上海黄浦江滨水公共空间游人 基本情况调查问卷

1. 您的年龄区间是?

　　A. 0～9　　　　　　　　B. 10～18　　　　　　　C. 19～30

　　D. 31～64　　　　　　　E. ≥65

2. 请问您是以下哪类人群?

　　A. 附近居民　　　　　　B. 附近工作　　　　　　C. 游客

3. 您来此滨水空间的目的是(可多选)?

　　A. 锻炼　　　　B. 散步　　　　C. 休息　　　　D. 餐饮

　　E. 游玩　　　　F. 路过　　　　G. 工作

4. 您来此滨水空间的出行方式是什么?

　　A. 步行　　　　B. 骑行　　　　C. 公交　　　　D. 地铁

　　E. 私家车　　　F. 轮渡

5. 您一般倾向在滨水区逗留多长时间?

　　A. 仅通过　　　　　　　　B. 30 分钟以内

　　C. 30 分钟至 1 小时　　　 D. 1 小时以上

6. 您认为最长能在滨水区逗留多长时间?

　　A. 仅通过　　　　　　　　B. 30 分钟以内

　　C. 30 分钟至 1 小时　　　 D. 1 小时以上

7. 您认为此刻气候舒适吗?

　　A. 非常不舒适　　　　　　B. 比较不舒适

　　C. 适中　　　　　　　　　D. 比较舒适

　　E. 非常舒适

8. 请您为基地内以下设施的吸引力等级打分

　　A. 服务设施

餐厅　　　　　　　　　　　　　完全不吸引我　1 2 3 4 5　特别吸引我

咖啡厅　　　　　　　　　　　　完全不吸引我　1 2 3 4 5　特别吸引我

小型可移动餐饮设施　　　　　　完全不吸引我　1 2 3 4 5　特别吸引我

　　B. 运动设施

魔法矩阵　　　　　　　　　　　完全不吸引我　1 2 3 4 5　特别吸引我

小型运动游乐场地　　　　　　　完全不吸引我　1 2 3 4 5　特别吸引我

滨水漫步道　　　　　　　　　　完全不吸引我　1 2 3 4 5　特别吸引我

树林间的林荫小道　　　　　　　完全不吸引我　1 2 3 4 5　特别吸引我

　　C. 公共设施

办公与绿化间的硬质铺地道路　　完全不吸引我　1 2 3 4 5　特别吸引我

观景平台　　　　　　　　　　　完全不吸引我　1 2 3 4 5　特别吸引我

休息座椅　　　　　　　　　　　完全不吸引我　1 2 3 4 5　特别吸引我

办公区域内的异形标志建筑　　　完全不吸引我　1 2 3 4 5　特别吸引我

真诚感谢您的配合！

附录 B　东昌滨江分时段吸引点实测与模拟人流量统计

空间要素	7:00—9:00		9:00—11:00		11:00—13:00		13:00—15:00		15:00—17:00		17:00—19:00	
	实测吸引人数	模拟吸引人数	实测吸引人数	模拟吸引人数	实测吸引人数	模拟吸引人数	实测吸引人数	模拟吸引人数	实测吸引人数	模拟吸引人数	实测吸引人数	模拟吸引人数
林荫跑道	44	78	66	79	48	62	72	101	125	160	78	94
休息平台 1	18	12	14	8	7	11	20	11	7	9	8	6
休息平台 2	2	3	7	6	5	3	8	6	5	8	3	2
休息平台 3	6	2	10	5	3	4	9	7	8	5	2	3
休息平台 4	2	9	8	3	2	6	2	4	6	8	4	3
休息平台 5	4	1	11	7	6	3	10	9	2	3	5	4
望江驿	6	14	12	8	14	19	18	9	25	48	15	19
正式座椅 1	2	1	1	0	2	0	0	2	1	2	0	0
正式座椅 2	0	1	0	0	1	0	1	0	1	0	0	2
正式座椅 3	1	0	1	2	0	0	2	0	2	2	0	1
正式座椅 4	1	2	2	2	0	2	2	0	2	2	2	0
正式座椅 5	0	0	2	0	2	2	2	2	2	2	0	2
正式座椅 6	0	0	0	2	1	2	1	0	2	2	1	1
正式座椅 7	1	0	2	2	1	2	1	2	1	2	0	0
正式座椅 8	0	0	1	2	0	0	0	0	1	0	0	2
正式座椅 9	2	1	2	0	1	2	1	2	2	2	2	0
正式座椅 10	0	0	1	2	0	0	0	2	1	2	0	0
正式座椅 11	1	0	1	2	0	2	0	1	1	2	2	2
正式座椅 12	0	1	2	2	2	2	2	1	2	2	0	0

续　表

空间要素	7:00—9:00		9:00—11:00		11:00—13:00		13:00—15:00		15:00—17:00		17:00—19:00	
	实测吸引人数	模拟吸引人数	实测吸引人数	模拟吸引人数	实测吸引人数	模拟吸引人数	实测吸引人数	模拟吸引人数	实测吸引人数	模拟吸引人数	实测吸引人数	模拟吸引人数
正式座椅 13	1	1	0	0	0	0	0	0	2	2	1	2
正式座椅 14	0	0	0	2	2	2	0	0	2	2	0	2
正式座椅 15	0	2	1	2	0	2	0	2	1	2	0	0
正式座椅 16	2	1	1	1	2	1	2	0	1	2	0	0
正式座椅 17	0	0	2	2	2	2	2	0	2	1	0	2
正式座椅 18	0	0	2	2	1	1	0	1	2	1	0	0
正式座椅 19	0	1	0	2	2	2	2	0	1	2	2	2
正式座椅 20	0	0	0	0	0	2	0	1	0	2	0	0
正式座椅 21	1	1	2	2	2	2	0	1	2	2	0	0
正式座椅 22	0	0	2	2	1	2	1	2	2	2	0	2
正式座椅 23	0	0	0	2	2	2	2	2	2	2	2	1
正式座椅 24	2	0	0	2	0	0	0	0	0	1	0	0
正式座椅 25	0	0	0	2	2	2	0	1	2	2	2	0
非正式座椅 1	0	0	2	2	3	3	1	2	2	1	1	1
非正式座椅 2	1	3	1	1	4	2	0	2	3	2	2	2
非正式座椅 3	0	2	0	0	1	1	0	2	5	4	2	2
非正式座椅 4	1	1	3	2	4	4	2	0	6	4	1	1
非正式座椅 5	0	1	2	3	4	2	0	2	4	3	0	0
非正式座椅 6	1	2	5	2	6	6	0	2	5	6	1	1
非正式座椅 7	0	2	2	2	1	1	1	4	0	1	1	1
非正式座椅 8	0	0	3	3	4	4	0	1	3	3	4	2
非正式座椅 9	0	1	1	3	3	2	3	2	1	0	2	2

续　表

空间要素	7:00—9:00		9:00—11:00		11:00—13:00		13:00—15:00		15:00—17:00		17:00—19:00	
	实测吸引人数	模拟吸引人数	实测吸引人数	模拟吸引人数	实测吸引人数	模拟吸引人数	实测吸引人数	模拟吸引人数	实测吸引人数	模拟吸引人数	实测吸引人数	模拟吸引人数
非正式座椅 10	3	5	5	5	6	6	4	2	14	10	8	14
非正式座椅 11	2	0	1	3	4	2	4	6	0	1	5	6
非正式座椅 12	3	4	6	7	4	4	2	7	8	3	3	4
非正式座椅 13	3	1	3	3	5	2	5	2	5	3	6	2
非正式座椅 14	1	1	2	5	2	4	4	1	1	0	6	6
非正式座椅 15	2	4	3	3	6	2	4	3	2	2	4	7
非正式座椅 16	3	1	1	1	2	1	2	2	4	3	5	2
非正式座椅 17	5	9	2	4	5	8	5	2	2	3	8	5
非正式座椅 18	2	7	3	8	3	3	2	6	0	1	3	2
非正式座椅 19	5	3	1	3	7	4	7	2	0	1	6	3
运动设施 1	14	6	12	8	27	15	7	15	18	20	8	7
运动设施 2	32	26	16	9	24	15	14	16	22	20	13	28
广场 1	19	10	20	28	23	19	15	20	29	21	22	10
广场 2	12	15	16	24	20	27	18	25	20	22	19	21
平直岸线 1	1	0	9	3	5	2	4	2	11	14	11	6
平直岸线 2	2	2	10	5	3	4	3	1	12	10	6	4
平直岸线 3	2	4	8	4	6	7	1	3	9	7	7	3
平直岸线 4	3	8	7	3	4	9	3	2	3	4	9	7
平直岸线 5	5	5	5	2	5	6	2	3	4	3	4	2
凹岸线	2	2	11	9	7	4	1	1	8	10	2	4
滨水漫步道	84	61	89	103	105	118	68	85	190	149	133	151

附录 C 东昌滨江分活动类型吸引点实测与模拟人流量统计

空间要素	观赏型		休憩型		文娱型		运动型		消费型	
	实测吸引人数	模拟吸引人数	实测吸引人数	模拟吸引人数	实测吸引人数	模拟吸引人数	实测吸引人数	模拟吸引人数	实测吸引人数	模拟吸引人数
林荫跑道	0	0	75	89	0	0	27	38	0	0
休息平台 1	3	8	10	15	5	9	2	4	0	0
休息平台 2	2	4	16	8	7	4	2	1	0	0
休息平台 3	2	2	10	17	8	6	3	4	0	0
休息平台 4	0	3	9	11	5	9	2	2	0	0
休息平台 5	3	2	18	23	2	8	2	0	0	0
望江驿	0	0	23	33	0	0	0	0	0	0
正式座椅 1	0	0	1	2	0	0	0	0	0	0
正式座椅 2	0	0	1	2	0	0	0	0	0	0
正式座椅 3	0	0	2	2	0	0	0	0	0	0
正式座椅 4	0	0	2	2	0	0	0	0	0	0
正式座椅 5	0	0	2	2	0	0	0	0	0	0
正式座椅 6	0	0	2	2	0	0	0	0	0	0
正式座椅 7	0	0	1	2	0	0	0	0	0	0
正式座椅 8	0	0	1	1	0	0	0	0	0	0
正式座椅 9	0	0	2	2	0	0	0	0	0	0
正式座椅 10	0	0	1	1	0	0	0	0	0	0
正式座椅 11	0	0	1	2	0	0	0	0	0	0
正式座椅 12	0	0	2	2	0	0	0	0	0	0

空间要素	观赏型		休憩型		文娱型		运动型		消费型	
	实测吸引人数	模拟吸引人数	实测吸引人数	模拟吸引人数	实测吸引人数	模拟吸引人数	实测吸引人数	模拟吸引人数	实测吸引人数	模拟吸引人数
正式座椅 13	0	0	2	2	0	0	0	0	0	0
正式座椅 14	0	0	2	2	0	0	0	0	0	0
正式座椅 15	0	0	1	1	0	0	0	0	0	0
正式座椅 16	0	0	1	2	0	0	0	0	0	0
正式座椅 17	0	0	2	2	0	0	0	0	0	0
正式座椅 18	0	0	2	2	0	0	0	0	0	0
正式座椅 19	0	0	1	1	0	0	0	0	0	0
正式座椅 20	0	0	2	2	0	0	0	0	0	0
正式座椅 21	0	0	2	2	0	0	0	0	0	0
正式座椅 22	0	0	2	2	0	0	0	0	0	0
正式座椅 23	0	0	2	2	0	0	0	0	0	0
正式座椅 24	0	0	2	2	0	0	0	0	0	0
正式座椅 25	0	0	2	2	0	0	0	0	0	0
非正式座椅 1	0	0	2	2	0	0	0	0	0	0
非正式座椅 2	0	0	3	3	0	0	0	0	0	0
非正式座椅 3	0	0	5	2	0	0	0	0	0	0
非正式座椅 4	0	0	6	8	0	0	0	0	0	0
非正式座椅 5	0	0	4	2	0	0	0	0	0	0
非正式座椅 6	0	0	5	2	0	0	0	0	0	0
非正式座椅 7	0	0	0	2	0	0	0	0	0	0
非正式座椅 8	0	0	3	2	0	0	0	0	0	0
非正式座椅 9	0	0	1	1	0	0	0	0	0	0

续　表

空间要素	观赏型		休憩型		文娱型		运动型		消费型	
	实测吸引人数	模拟吸引人数	实测吸引人数	模拟吸引人数	实测吸引人数	模拟吸引人数	实测吸引人数	模拟吸引人数	实测吸引人数	模拟吸引人数
非正式座椅 10	0	0	14	8	0	0	0	0	0	0
非正式座椅 11	0	0	11	9	0	0	0	0	0	0
非正式座椅 12	0	0	18	11	0	0	0	0	0	0
非正式座椅 13	0	0	5	12	0	0	0	0	0	0
非正式座椅 14	0	0	11	9	0	0	0	0	0	0
非正式座椅 15	0	0	9	11	0	0	0	0	0	0
非正式座椅 16	0	0	8	6	0	0	0	0	0	0
非正式座椅 17	0	0	13	8	0	0	0	0	0	0
非正式座椅 18	0	0	16	9	0	0	0	0	0	0
非正式座椅 19	0	0	12	8	0	0	0	0	0	0
运动设施 1	0	0	8	13	0	0	52	35	0	0
运动设施 2	0	0	46	29	0	0	61	40	0	0
广场 1	1	3	10	8	0	0	0	0	2	0
广场 2	0	2	13	17	0	0	0	0	3	2
平直岸线 1	3	8	2	2	0	0	0	0	0	0
平直岸线 2	6	4	2	5	2	3	0	0	0	0
平直岸线 3	7	5	3	7	1	4	0	0	0	0
平直岸线 4	8	3	1	2	2	1	0	0	0	0
平直岸线 5	3	6	2	0	1	3	0	0	0	0
凹岸线	1	3	0	2	0	0	0	0	0	0
滨水漫步道	3	9	168	194	0	0	1	0	0	0

附录 D 老白渡滨江分时段吸引点实测与模拟人流量统计

空间要素	7:00—9:00 实测吸引人数	7:00—9:00 模拟吸引人数	9:00—11:00 实测吸引人数	9:00—11:00 模拟吸引人数	11:00—13:00 实测吸引人数	11:00—13:00 模拟吸引人数	13:00—15:00 实测吸引人数	13:00—15:00 模拟吸引人数	15:00—17:00 实测吸引人数	15:00—17:00 模拟吸引人数	17:00—19:00 实测吸引人数	17:00—19:00 模拟吸引人数
林荫跑道	59	33	83	111	140	112	138	179	160	135	172	265
滨水漫步道	76	42	185	107	214	128	344	256	282	247	205	214
广场1	15	7	24	9	12	6	11	5	28	15	39	21
广场2	7	11	19	11	8	7	9	18	42	11	33	24
广场3	2	5	3	2	5	2	0	8	0	9	0	4
广场4	1	0	2	5	0	4	1	3	1	1	0	4
正式座椅1	0	0	0	0	2	1	0	1	1	1	1	0
正式座椅2	0	1	1	1	2	0	0	2	1	2	0	0
正式座椅3	0	1	0	0	1	0	1	0	1	0	1	2
正式座椅4	1	0	1	2	0	1	2	0	2	2	0	1
正式座椅5	2	2	2	2	0	0	2	0	2	2	2	0
正式座椅6	0	0	2	0	2	0	2	2	2	2	0	2
正式座椅7	1	0	0	0	1	0	1	0	2	2	1	1
正式座椅8	1	0	2	0	1	0	1	2	1	2	0	0
正式座椅9	0	0	1	0	0	2	0	0	1	0	0	2
正式座椅10	2	1	2	0	1	2	1	2	2	2	2	0
正式座椅11	0	0	1	2	0	1	0	2	1	2	0	0
正式座椅12	1	0	1	1	0	2	0	1	1	2	2	0
正式座椅13	1	2	2	2	2	0	2	1	2	0	0	0

空间要素	7:00—9:00		9:00—11:00		11:00—13:00		13:00—15:00		15:00—17:00		17:00—19:00	
	实测吸引人数	模拟吸引人数	实测吸引人数	模拟吸引人数	实测吸引人数	模拟吸引人数	实测吸引人数	模拟吸引人数	实测吸引人数	模拟吸引人数	实测吸引人数	模拟吸引人数
正式座椅 14	1	1	0	0	0	0	0	0	2	2	1	1
正式座椅 15	0	0	0	2	2	2	0	1	2	0	0	1
正式座椅 16	0	2	1	2	0	2	0	2	1	2	1	0
正式座椅 17	2	0	1	1	2	2	2	0	1	0	0	0
正式座椅 18	0	0	2	0	2	2	2	0	1	1	0	2
正式座椅 19	1	0	2	0	1	1	0	1	2	0	0	0
正式座椅 20	1	1	0	2	2	0	0	0	1	1	2	2
正式座椅 21	0	0	0	0	0	2	0	1	0	1	0	0
正式座椅 22	1	0	2	2	0	2	0	1	2	2	1	0
正式座椅 23	0	0	2	2	1	0	1	2	2	2	0	2
正式座椅 24	2	0	0	0	2	0	0	0	0	2	2	1
正式座椅 25	2	0	0	2	0	0	2	0	0	1	0	0
正式座椅 26	0	0	0	2	2	2	0	1	2	2	2	0
正式座椅 27	1	1	2	2	2	0	1	2	2	1	1	1
正式座椅 28	1	0	1	1	0	0	0	2	0	2	2	2
正式座椅 29	0	2	0	0	1	1	1	2	1	1	2	2
正式座椅 30	1	1	0	2	0	0	2	0	0	0	1	1
正式座椅 31	0	1	2	0	0	2	0	0	1	1	0	0
正式座椅 32	1	2	0	0	0	0	0	0	0	0	1	1
正式座椅 33	0	1	2	1	0	1	1	0	0	1	0	1
正式座椅 34	0	0	0	0	0	1	0	1	2	1	0	2
正式座椅 35	0	1	1	0	2	2	0	2	1	0	2	2

空间要素	7:00—9:00		9:00—11:00		11:00—13:00		13:00—15:00		15:00—17:00		17:00—19:00	
	实测吸引人数	模拟吸引人数	实测吸引人数	模拟吸引人数	实测吸引人数	模拟吸引人数	实测吸引人数	模拟吸引人数	实测吸引人数	模拟吸引人数	实测吸引人数	模拟吸引人数
正式座椅 36	2	0	0	0	2	1	1	0	1	2	2	0
正式座椅 37	0	1	0	1	2	1	0	2	0	2	0	0
正式座椅 38	0	0	0	1	1	2	2	0	2	0	0	0
正式座椅 39	1	0	1	0	0	1	0	1	0	1	1	2
正式座椅 40	0	0	0	1	1	0	2	0	1	1	2	0
正式座椅 41	1	0	0	1	1	1	1	0	0	2	0	0
正式座椅 42	2	1	0	2	2	0	2	1	1	2	1	1
正式座椅 43	0	0	0	2	0	2	1	0	2	0	0	0
正式座椅 44	0	1	2	0	1	0	1	2	0	0	1	1
正式座椅 45	0	1	0	2	0	2	1	0	0	0	0	0
正式座椅 46	1	0	2	1	1	0	1	2	2	0	2	0
正式座椅 47	2	1	1	0	2	0	1	0	1	1	0	0
非正式座椅 1	2	0	1	0	3	5	6	3	5	9	9	1
非正式座椅 2	0	1	1	2	3	0	8	6	18	11	6	2
非正式座椅 3	1	0	1	0	4	7	10	8	27	19	19	9
咖啡厅外摆 1	0	0	0	2	2	1	8	3	7	11	4	2
咖啡厅外摆 2	3	0	1	3	4	2	9	5	6	9	5	3
咖啡厅外摆 3	0	0	0	4	15	9	18	13	15	21	11	4
咖啡厅外摆 4	4	2	2	1	4	2	8	3	9	19	5	7
咖啡厅外摆 5	4	0	4	0	18	11	9	6	13	16	9	17
咖啡厅外摆 6	5	0	2	4	12	17	11	4	9	11	6	18
咖啡厅外摆 7	0	1	0	0	7	3	13	9	11	17	9	3

续　表

空间要素	7:00—9:00		9:00—11:00		11:00—13:00		13:00—15:00		15:00—17:00		17:00—19:00	
	实测吸引人数	模拟吸引人数	实测吸引人数	模拟吸引人数	实测吸引人数	模拟吸引人数	实测吸引人数	模拟吸引人数	实测吸引人数	模拟吸引人数	实测吸引人数	模拟吸引人数
咖啡厅外摆8	1	0	1	3	1	2	5	3	6	12	2	11
咖啡厅外摆9	2	0	5	0	5	1	7	5	6	9	1	5
咖啡厅外摆10	2	0	0	0	4	0	7	3	5	11	2	0
咖啡厅外摆11	0	0	0	0	3	0	9	3	3	7	3	1

附录 E 老白渡滨江分活动类型吸引点实测与模拟人流量统计

空间要素	观赏型		休憩型		文娱型		运动型		消费型	
	实测吸引人数	模拟吸引人数	实测吸引人数	模拟吸引人数	实测吸引人数	模拟吸引人数	实测吸引人数	模拟吸引人数	实测吸引人数	模拟吸引人数
林荫跑道	1	9	45	29	5	11	136	99	0	0
滨水漫步道	2	5	258	186	5	17	17	31	0	0
广场 1	15	11	6	4	7	4	0	0	0	0
广场 2	7	2	24	7	8	15	3	9	0	0
广场 3	0	3	0	9	0	0	0	0	0	0
广场 4	0	1	1	3	0	0	0	0	0	0
正式座椅 1	0	0	1	2	0	0	0	0	0	0
正式座椅 2	0	0	1	2	0	0	0	0	0	0
正式座椅 3	0	0	1	2	0	0	0	0	0	0
正式座椅 4	0	0	2	2	0	0	0	0	0	0
正式座椅 5	0	0	2	2	0	0	0	0	0	0
正式座椅 6	0	0	2	2	0	0	0	0	0	0
正式座椅 7	0	0	2	0	0	0	0	0	0	0
正式座椅 8	0	0	1	2	0	0	0	0	0	0
正式座椅 9	0	0	1	0	0	0	0	0	0	0
正式座椅 10	0	0	2	2	0	0	0	0	0	0
正式座椅 11	0	0	1	0	0	0	0	0	0	0
正式座椅 12	0	0	1	2	0	0	0	0	0	0
正式座椅 13	0	0	2	2	0	0	0	0	0	0

空间要素	观赏型		休憩型		文娱型		运动型		消费型	
	实测吸引人数	模拟吸引人数	实测吸引人数	模拟吸引人数	实测吸引人数	模拟吸引人数	实测吸引人数	模拟吸引人数	实测吸引人数	模拟吸引人数
正式座椅 14	0	0	2	2	0	0	0	0	0	0
正式座椅 15	0	0	2	2	0	0	0	0	0	0
正式座椅 16	0	0	1	1	0	0	0	0	0	0
正式座椅 17	0	0	1	2	0	0	0	0	0	0
正式座椅 18	0	0	1	2	0	0	0	0	0	0
正式座椅 19	0	0	2	2	0	0	0	0	0	0
正式座椅 20	0	0	1	0	0	0	0	0	0	0
正式座椅 21	0	0	0	2	0	0	0	0	0	0
正式座椅 22	0	0	2	0	0	0	0	0	0	0
正式座椅 23	0	0	2	2	0	0	0	0	0	0
正式座椅 24	0	0	0	2	0	0	0	0	0	0
正式座椅 25	0	0	0	2	0	0	0	0	0	0
正式座椅 26	0	0	2	2	0	0	0	0	0	0
正式座椅 27	0	0	2	0	0	0	0	0	0	0
正式座椅 28	0	0	0	2	0	0	0	0	0	0
正式座椅 29	0	0	1	2	0	0	0	0	0	0
正式座椅 30	0	0	0	1	0	0	0	0	0	0
正式座椅 31	0	0	1	0	0	0	0	0	0	0
正式座椅 32	0	0	0	0	0	0	0	0	0	0
正式座椅 33	0	0	0	2	0	0	0	0	0	0
正式座椅 34	0	0	2	2	0	0	0	0	0	0
正式座椅 35	0	0	1	2	0	0	0	0	0	0

续　表

空间要素	观赏型		休憩型		文娱型		运动型		消费型	
	实测吸引人数	模拟吸引人数	实测吸引人数	模拟吸引人数	实测吸引人数	模拟吸引人数	实测吸引人数	模拟吸引人数	实测吸引人数	模拟吸引人数
正式座椅 36	0	0	1	2	0	0	0	0	0	0
正式座椅 37	0	0	0	2	0	0	0	0	0	0
正式座椅 38	0	0	2	2	0	0	0	0	0	0
正式座椅 39	0	0	0	1	0	0	0	0	0	0
正式座椅 40	0	0	1	1	0	0	0	0	0	0
正式座椅 41	0	0	0	0	0	0	0	0	0	0
正式座椅 42	0	0	1	1	0	0	0	0	0	0
正式座椅 43	0	0	2	2	0	0	0	0	0	0
正式座椅 44	0	0	0	1	0	0	0	0	0	0
正式座椅 45	0	0	0	2	0	0	0	0	0	0
正式座椅 46	0	0	2	1	0	0	0	0	0	0
正式座椅 47	0	0	1	0	0	0	0	0	0	0
非正式座椅 1	0	0	5	8	0	0	0	0	0	0
非正式座椅 2	0	0	18	17	0	0	0	0	0	0
非正式座椅 3	0	0	27	2	0	0	0	0	0	0
咖啡厅外摆 1	0	0	2	0	0	0	0	0	5	5
咖啡厅外摆 2	0	0	0	0	0	0	0	0	6	6
咖啡厅外摆 3	0	0	4	0	0	0	0	0	11	16
咖啡厅外摆 4	0	0	4	0	0	0	0	0	5	11
咖啡厅外摆 5	0	0	2	0	0	0	0	0	11	4
咖啡厅外摆 6	0	0	1	0	0	0	0	0	9	16
咖啡厅外摆 7	0	0	2	0	0	0	0	0	9	6

空间要素	观赏型		休憩型		文娱型		运动型		消费型	
	实测吸引人数	模拟吸引人数	实测吸引人数	模拟吸引人数	实测吸引人数	模拟吸引人数	实测吸引人数	模拟吸引人数	实测吸引人数	模拟吸引人数
咖啡厅外摆 8	0	0	1	0	0	0	0	0	5	11
咖啡厅外摆 9	0	0	1	0	0	0	0	0	5	7
咖啡厅外摆 10	0	0	0	0	0	0	0	0	5	8
咖啡厅外摆 11	0	0	0	0	0	0	0	0	3	1

附录 F　民生码头各时段行为模拟合并图

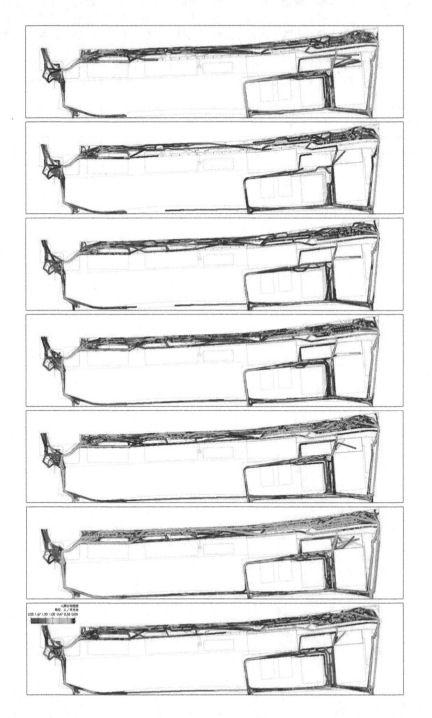

附录 G 船厂滨江各时段行为模拟合并图

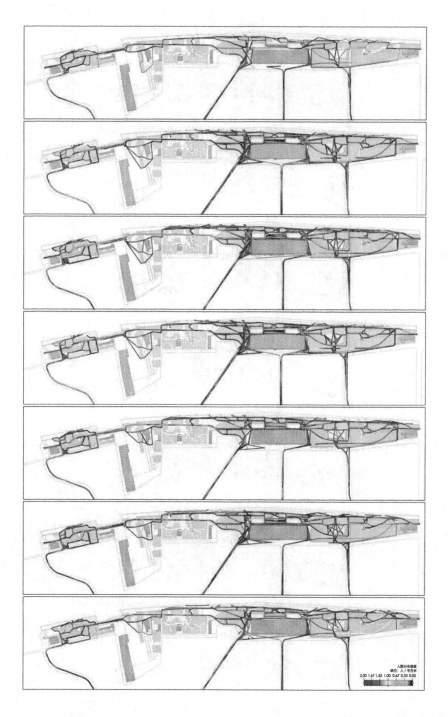

附录 H   徐汇滨江各时段行为模拟合并图

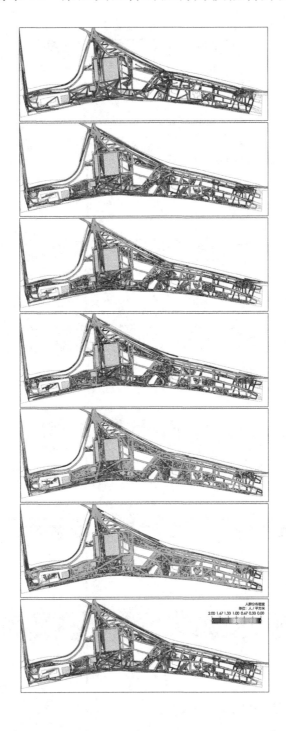

附录 I　龙腾水岸各时段行为模拟合并图

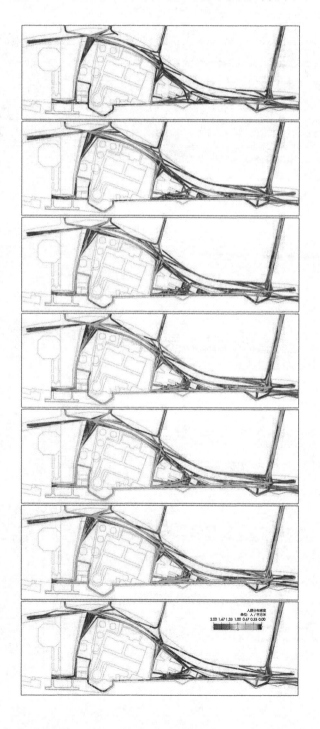

附录 J 民生码头各时段行为记录合并图

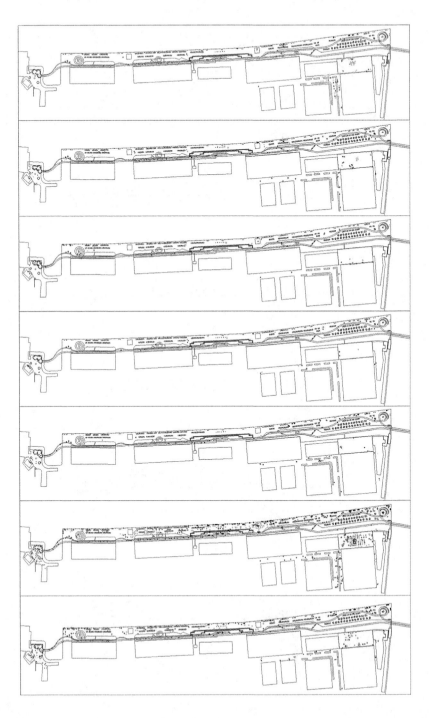

附录 K 船厂滨江各时段行为记录合并图

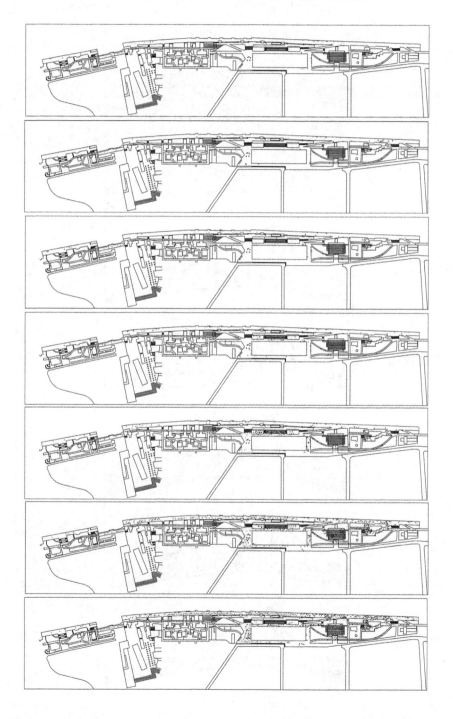

附录 L　徐汇滨江各时段行为记录合并图

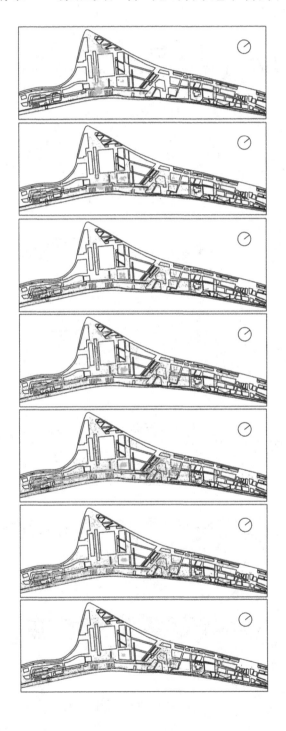

附录 M 龙腾水岸各时段行为记录合并图

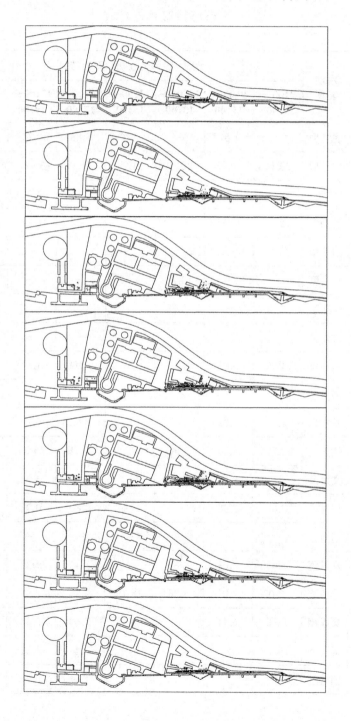

附录 N 商住型滨水区段空间要素基本吸引力权重表

类型	子类	活动类型	时段/吸引力权重(单位:%)						
			7:00—9:00	9:00—11:00	11:00—13:00	13:00—15:00	15:00—17:00	17:00—19:00	19:00—21:00
基面组织	滨水漫步道	观赏型	—	1.57	—	4.76	2.88	9.71	6.23
		休憩型	23.14	20.27	22.99	24.29	23.93	30.27	32.47
		文娱型	—	1.73	5.62	—	1.51	1.01	1.27
		运动型	12.85	10.26	5.26	—	—	3.21	0.71
		消费型	—	—	—	—	—	—	—
	林荫跑道	观赏型	—	—	10.74	4.55	—	—	—
		休憩型	15.00	—	16.53	—	30.95	15.15	11.49
		文娱型	—	—	—	—	—	—	0.20
		运动型	22.00	9.65	0.83	—	0.99	1.34	2.03
		消费型	—	—	—	—	—	—	—
	休息平台	观赏型	4.43	7.37	1.31	6.05	3.58	5.73	3.41
		休憩型	2.71	0.96	3.94	14.17	9.61	14.31	11.10
		文娱型	—	2.88	—	—	4.37	4.02	2.71
		运动型	2.86	2.08	—	—	0.80	0.97	0.79
		消费型	—	—	—	—	—	—	—
	活动广场	观赏型	8.43	4.01	—	—	1.41	10.23	2.49
		休憩型	10.07	7.21	8.26	18.14	9.94	2.63	11.39
		文娱型	7.50	6.41	—	—	2.50	9.63	11.25
		运动型	16.42	—	2.27	—	0.40	1.31	2.13
		消费型	—	—	—	—	—	0.73	—

续　表

类型	子类	活动类型	时段/吸引力权重(单位：%)						
			7:00—9:00	9:00—11:00	11:00—13:00	13:00—15:00	15:00—17:00	17:00—19:00	19:00—21:00
基面组织	景观平台	观赏型	24.24	34.78	24.44	25.00	12.61	5.19	2.29
		休憩型	—	—	15.56	3.75	2.70	0.71	0.24
		文娱型	—	—	—	—	—	—	—
		运动型	—	—	—	—	—	—	0.12
		消费型	—	—	—	—	—	—	—
岸线形式	平直岸线	观赏型	21.21	6.52	6.67	11.25	8.11	15.80	7.00
		休憩型	30.30	50.00	22.22	27.50	51.35	60.85	59.35
		文娱型	—	—	—	2.50	3.60	1.65	2.29
		运动型	—	—	—	1.25	1.80	0.24	1.45
		消费型	—	—	—	—	—	—	—
	凹岸线	观赏型	—	—	—	—	—	—	—
		休憩型	9.09	2.17	11.11	8.75	7.21	4.25	2.29
		文娱型	—	—	—	—	—	—	—
		运动型	15.15	4.35	—	—	—	—	0.24
		消费型	—	—	—	—	—	—	—
公共建筑	餐厅咖啡厅	观赏型	—	—	—	—	—	—	—
		休憩型	—	—	—	—	—	—	—
		文娱型	—	—	—	—	—	—	—
		运动型	—	—	—	—	—	—	—
		消费型	—	—	—	18.60	4.77	4.75	—
	望江驿	观赏型	—	—	—	—	—	—	—
		休憩型	8.00	8.01	12.80	12.13	6.01	2.46	1.04
		文娱型	—	—	—	—	—	—	—
		运动型	—	—	—	—	—	—	—
		消费型	—	—	—	—	—	—	—

类型	子类	活动类型	时段/吸引力权重(单位：%)						
			7:00—9:00	9:00—11:00	11:00—13:00	13:00—15:00	15:00—17:00	17:00—19:00	19:00—21:00
设施配置	临水正式座椅	观赏型	—	—	—	—	—	—	—
		休憩型	16.00	6.64	3.31	4.65	16.58	5.97	6.08
		文娱型	—	—	—	—	—	—	—
		运动型	—	—	—	—	—	—	—
		消费型	—	—	—	—	—	—	—
	近水正式座椅	观赏型	—	—	—	—	—	—	—
		休憩型	1.42	2.34	20.00	20.00	12.61	10.38	17.93
		文娱型	—	—	—	—	—	0.71	—
		运动型	—	—	—	—	—	—	—
		消费型	—	—	—	—	—	—	—
	临水非正式座椅	观赏型	—	—	—	—	—	—	—
		休憩型	3.25	2.88	7.44	6.51	15.90	11.57	10.77
		文娱型	—	—	—	—	—	—	—
		运动型	—	—	—	—	—	—	—
		消费型	—	—	—	—	—	—	—
	近水非正式座椅	观赏型	—	—	—	—	—	—	—
		休憩型	—	1.92	5.26	—	4.22	0.32	0.76
		文娱型	—	—	—	—	—	—	—
		运动型	—	—	—	—	—	—	—
		消费型	—	—	—	—	—	—	—

附录 O 旅居型滨水区段空间要素
基本吸引力权重表

类型	子类	活动类型	时段/吸引力权重(单位：%)						
			7:00—9:00	9:00—11:00	11:00—13:00	13:00—15:00	15:00—17:00	17:00—19:00	19:00—21:00
基面组织	滨水漫步道	观赏型	0.96	2.86	1.32	1.05	0.70	1.81	0.90
		休憩型	7.50	8.30	24.34	26.32	39.25	52.57	46.54
		文娱型	—	—	2.63	—	0.70	0.30	13.21
		运动型	0.96	4.21	2.63	—	0.35	0.32	2.69
		消费型	0.96	—	—	—	—	—	—
	林荫跑道	观赏型	—	1.38	—	—	—	—	—
		休憩型	15.82	20.52	13.68	18.18	18.56	27.91	4.10
		文娱型	—	2.08	—	—	—	—	0.51
		运动型	15.82	8.30	5.13	10.28	6.68	6.71	0.77
		消费型	—	—	—	—	—	—	—
	休息平台	观赏型	0.72	2.18	0.42	0.79	2.72	1.78	—
		休憩型	20.14	17.78	21.37	7.90	15.59	10.58	—
		文娱型	9.42	7.42	3.42	—	5.20	4.95	—
		运动型	0.72	0.87	2.99	0.40	2.72	1.77	—
		消费型	—	—	1.28	—	—	—	—
	活动广场	观赏型	3.45	0.35	2.30	3.45	1.35	2.30	1.54
		休憩型	11.72	6.67	8.56	7.90	10.55	8.27	2.44
		文娱型	1.38	9.12	5.13	4.11	8.46	3.54	8.21
		运动型	—	0.87	0.42	—	1.73	—	0.26
		消费型	—	0.70	—	—	—	—	—

续 表

类型	子类	活动类型	时段/吸引力权重(单位：%)						
			7:00—9:00	9:00—11:00	11:00—13:00	13:00—15:00	15:00—17:00	17:00—19:00	19:00—21:00
基面组织	木质栈道	观赏型	0.96	9.09	12.11	11.23	12.30	20.17	7.82
		休憩型	—	1.40	1.04	3.16	2.34	0.60	5.13
		文娱型	1.92	5.59	—	—	1.40	—	—
		运动型	0.96	—	0.69	—	—	—	0.13
		消费型	—	—	—	—	—	—	—
岸线形式	平直岸线	观赏型	4.83	4.56	6.58	8.42	1.92	20.17	15.27
		休憩型	2.07	1.40	1.32	3.32	2.34	0.60	1.77
		文娱型	1.38	—	1.32	—	1.40	—	—
		运动型	0.96	—	—	1.02	—	—	3.04
		消费型	—	—	—	—	—	—	—
	凹岸线	观赏型	1.92	4.36	5.13	3.67	1.34	2.56	3.29
		休憩型	2.34	4.36	4.89	6.54	9.25	11.47	15.26
		文娱型	—	—	—	—	—	—	—
		运动型	4.35	0.87	—	—	1.08	—	—
		消费型	—	—	—	—	—	—	—
公共建筑	餐厅咖啡厅	观赏型	9.46	—	0.49	1.49	1.30	1.89	—
		休憩型	8.11	5.56	5.34	3.87	1.30	1.57	0.38
		文娱型	10.81	—	—	0.89	—	—	—
		运动型	—	—	—	—	—	—	—
		消费型	—	4.86	30.58	24.70	16.96	14.57	9.89
	望江驿	观赏型	—	—	—	—	—	—	—
		休憩型	4.32	5.24	5.98	7.11	5.69	5.30	1.52
		文娱型	—	—	—	—	—	—	—
		运动型	—	—	—	—	—	—	—
		消费型	—	—	—	—	—	—	—

续　表

类型	子类	活动类型	时段/吸引力权重(单位：%)						
			7:00—9:00	9:00—11:00	11:00—13:00	13:00—15:00	15:00—17:00	17:00—19:00	19:00—21:00
设施配置	临水正式座椅	观赏型	—	—	—	—	—	0.30	—
		休憩型	0.96	3.50	7.89	7.72	6.54	3.02	13.31
		文娱型	—	—	—	—	—	—	—
		运动型	—	—	—	—	—	—	—
		消费型	—	—	—	—	—	—	—
	近水正式座椅	观赏型	—	—	—	—	—	—	—
		休憩型	19.42	20.09	28.20	34.78	22.03	24.03	12.51
		文娱型	—	—	—	2.76	—	—	—
		运动型	—	—	—	—	—	—	—
		消费型	—	—	—	—	—	—	—
	临水非正式座椅	观赏型	—	—	—	—	—	0.30	—
		休憩型	5.70	21.68	11.18	11.23	17.52	18.73	11.41
		文娱型	—	—	—	—	—	—	—
		运动型	—	—	—	—	—	—	—
		消费型	—	—	—	—	—	—	—
	近水非正式座椅	观赏型	—	—	—	—	—	—	—
		休憩型	1.44	2.18	5.98	7.90	6.43	12.72	5.26
		文娱型	—	—	—	4.35	—	—	—
		运动型	—	—	—	—	—	—	—
		消费型	—	—	—	—	—	—	—
	临水球场	观赏型	—	—	—	—	—	—	—
		休憩型	2.35	4.24	2.56	—	3.68	—	—
		文娱型	—	—	—	—	—	—	—
		运动型	9.89	10.48	11.53	2.77	12.87	14.48	—
		消费型	—	—	—	—	—	—	—

续　表

类型	子类	活动类型	时段/吸引力权重(单位：%)						
			7:00—9:00	9:00—11:00	11:00—13:00	13:00—15:00	15:00—17:00	17:00—19:00	19:00—21:00
设施配置	近水球场	观赏型	—	—	—	—	—	—	—
		休憩型	1.96	3.50	2.99	5.26	10.74	6.95	—
		文娱型	—	—	—	—	—	—	—
		运动型	12.76	30.07	15.79	25.69	14.25	4.83	1.25
		消费型	—	—	—	—	—	—	—

附录 P 文博型滨水区段空间要素基本吸引力权重表

类型	子类	活动类型	时段/吸引力权重(单位：%)						
			7:00—9:00	9:00—11:00	11:00—13:00	13:00—15:00	15:00—17:00	17:00—19:00	19:00—21:00
基面组织	滨水漫步道	观赏型	2.38	3.52	4.16	3.82	4.08	6.18	7.80
		休憩型	5.82	8.35	6.73	9.27	11.28	11.08	15.79
		文娱型	1.85	0.65	—	0.14	—	0.25	0.37
		运动型	0.52	0.13	0.12	0.27	0.24	0.37	0.05
		消费型	—	2.48	2.93	4.50	4.88	3.61	3.64
	林荫跑道	观赏型	0.26	1.57	0.36	0.34	0.76	0.33	0.42
		休憩型	7.41	6.92	7.34	7.36	9.85	14.02	24.01
		文娱型	4.55	1.18	0.98	1.16	0.20	1.03	3.04
		运动型	16.55	8.13	2.73	3.09	5.24	1.41	1.42
		消费型	—	—	—	—	—	—	—
	休息平台	观赏型	—	2.30	0.61	2.31	2.92	2.12	0.28
		休憩型	2.96	8.75	3.96	14.63	12.08	12.20	2.38
		文娱型	3.17	3.13	0.96	2.09	4.48	4.67	1.34
		运动型	1.99	0.96	1.34	0.09	2.84	2.99	2.33
		消费型	—	—	—	—	—	—	—
	活动广场	观赏型	2.43	7.51	6.89	5.81	7.80	8.74	7.69
		休憩型	12.62	7.56	4.86	6.63	6.45	7.78	1.98
		文娱型	0.30	1.06	1.24	—	—	—	0.73
		运动型	2.13	0.12	0.11	0.88	2.50	2.74	3.48
		消费型	—	—	1.81	6.76	1.06	1.04	—

类型	子类	活动类型	时段/吸引力权重(单位：%)						
			7:00—9:00	9:00—11:00	11:00—13:00	13:00—15:00	15:00—17:00	17:00—19:00	19:00—21:00
岸线形式	平直岸线	观赏型	0.53	3.66	3.43	1.77	1.72	1.91	1.68
		休憩型	3.44	6.40	5.51	7.36	6.77	6.72	8.83
		文娱型	1.06	4.18	0.12	1.16	1.68	0.62	0.23
		运动型	2.65	2.22	0.12	1.16	0.52	0.70	0.51
		消费型	—	—	—	—	—	—	—
	凸岸线	观赏型	—	4.93	3.05	1.96	4.28	4.07	5.08
		休憩型	3.95	5.40	4.18	4.12	4.05	7.56	6.24
		文娱型	0.61	10.45	0.11	1.76	0.82	—	—
		运动型	0.61	0.70	0.34	—	1.16	1.18	0.29
		消费型	—	—	—	—	—	—	—
公共建筑	展览馆	观赏型	2.73	1.41	1.58	2.83	1.59	1.93	3.77
		休憩型	1.22	1.20	2.26	1.15	1.35	1.19	2.61
		文娱型	—	—	—	—	0.09	0.22	—
		运动型	—	0.12	—	—	0.04	—	—
		消费型	—	2.46	4.97	3.92	2.94	0.22	1.31
设施配置	临水正式座椅	观赏型	—	—	—	—	—	—	—
		休憩型	1.85	2.35	2.94	2.45	2.24	1.74	1.87
		文娱型	—	—	—	—	—	—	—
		运动型	—	—	—	—	—	—	—
		消费型	—	—	—	—	—	—	—
	近水正式座椅	观赏型	—	—	—	—	—	—	—
		休憩型	3.65	0.94	1.24	—	0.34	0.59	0.58
		文娱型	—	—	—	—	—	—	—
		运动型	—	—	—	—	—	—	—
		消费型	—	—	—	—	—	—	—

续　表

类型	子类	活动类型	时段/吸引力权重(单位：%)						
			7:00—9:00	9:00—11:00	11:00—13:00	13:00—15:00	15:00—17:00	17:00—19:00	19:00—21:00
设施配置	临水非正式座椅	观赏型	—	—	—	—	—	—	—
		休憩型	2.11	1.17	2.08	0.54	0.56	1.78	0.79
		文娱型	—	—	—	—	—	—	—
		运动型	—	—	—	—	—	—	—
		消费型	—	—	—	—	—	—	—
	近水非正式座椅	观赏型	—	—	—	—	—	—	—
		休憩型	1.51	3.52	0.34	1.49	0.77	0.22	—
		文娱型	—	—	—	—	—	—	—
		运动型	—	—	—	—	—	—	—
		消费型	—	—	—	—	—	—	—
	攀爬网架	观赏型	5.29	7.96	11.75	7.09	3.84	3.61	3.36
		休憩型	0.26	2.09	8.81	5.52	4.52	4.56	3.64
		文娱型	3.97	17.75	19.83	21.20	16.93	15.23	6.59
		运动型	9.26	7.44	2.33	2.31	2.00	2.20	2.10
		消费型	—	—	—	—	—	—	—

附录 Q 层次分析法专家问卷

城市滨水区公共空间综合测度指标体系调查问卷

一、问题描述

此调查问卷以城市滨水区公共空间综合测度指标体系为调查目标,对其多种影响因素使用层次分析法进行分析。层次模型如下图:

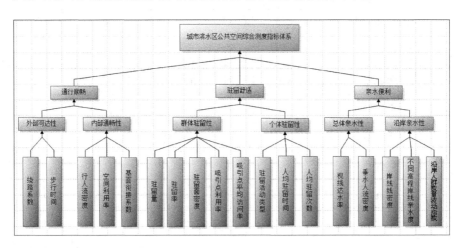

二、问卷说明

此调查问卷的目的在于确定通行顺畅、驻留舒适、亲水便利各影响因素之间相对权重。调查问卷根据层次分析法(AHP)的形式设计。这种方法是在同一个层次对影响因素重要性进行两两比较。衡量尺度划分为9个等级,其中9,7,5,3,1的数值分别对应绝对重要、十分重要、比较重要、稍微重要、同样重要,8,6,4,2表示重要程度介于相邻的两个等级之间。靠左边的等级单元格表示左列因素比右列因素重要,靠右边的等级单元格表示右列因素重要于左列因素。

三、问卷内容

● 第2层要素

■ 评估"城市滨水区公共空间综合测度指标体系"的相对重要性

通行顺畅　　　　包括:外部可达性、内部通畅性

| | 驻留舒适 | 包括：群体驻留性、个体驻留性 |
| 亲水便利 | 包括：总体亲水性、沿岸亲水性 |

下列各组要素两两比较,对于"城市滨水区公共空间综合测度指标体系"的相对重要性如何?

A	重要性比较	B
通行顺畅	9 8 7 6 5 4 3 2 1 2 3 4 5 6 7 8 9	驻留舒适
通行顺畅	9 8 7 6 5 4 3 2 1 2 3 4 5 6 7 8 9	亲水便利
驻留舒适	9 8 7 6 5 4 3 2 1 2 3 4 5 6 7 8 9	亲水便利

● 第 3 层要素

■ 评估"通行顺畅"的相对重要性

外部可达性　　滨水空间与城市路网结构关系是否有利于直达

内部通畅性　　场地内部不同基面的衔接是否顺畅

下列各组要素两两比较,对于"通行顺畅"的相对重要性如何?

A	重要性比较	B
外部可达性	9 8 7 6 5 4 3 2 1 2 3 4 5 6 7 8 9	内部通畅性

■ 评估"驻留舒适"的相对重要性

群体驻留性　　从整体角度出发评价驻留舒适性

个体驻留性　　从个体角度出发评价驻留舒适性

下列各组要素两两比较,对于"驻留舒适"的相对重要性如何?

A	重要性比较	B
群体驻留性	9 8 7 6 5 4 3 2 1 2 3 4 5 6 7 8 9	个体驻留性

■ 评估"亲水便利"的相对重要性

总体亲水性　　从整体角度出发评价亲水便利性

沿岸亲水性　　从局部的沿岸空间出发评价亲水便利性

下列各组要素两两比较,对于"亲水便利"的相对重要性如何?

A	重要性比较	B
总体亲水性	9 8 7 6 5 4 3 2 1 2 3 4 5 6 7 8 9	沿岸亲水性

● 第 4 层要素

■ 评估"外部可达性"的相对重要性

绕路系数　　　　实际行走距离与直线理想距离的比值

步行时间　　　　行人行走时间

下列各组要素两两比较,对于"外部可达性"的相对重要性如何?

A	重要性比较	B
绕路系数	9 8 7 6 5 4 3 2 1 2 3 4 5 6 7 8 9	步行时间

■ 评估"内部通畅性"的相对重要性

行人流密度　　　　行人数量与可通行面积的比值

空间利用率　　　　人群使用的空间面积与场地总面积的比值

基面衔接系数　　　基面转换时实际行走距离与直线理想距离的比值

下列各组要素两两比较,对于"内部通畅性"的相对重要性如何?

A	重要性比较	B
行人流密度	9 8 7 6 5 4 3 2 1 2 3 4 5 6 7 8 9	空间利用率
行人流密度	9 8 7 6 5 4 3 2 1 2 3 4 5 6 7 8 9	基面衔接系数
空间利用率	9 8 7 6 5 4 3 2 1 2 3 4 5 6 7 8 9	基面衔接系数

■ 评估"群体驻留性"的相对重要性

驻留量　　　　　　停留超过 3 分钟的人群数量

驻留率　　　　　　驻留量与场地内总人数的比值

驻留面密度　　　　驻留量与可驻留面积的比值

吸引点利用率　　　吸引点影响范围内驻留人群数量与总人数的比值

吸引点平均访问率　吸引点的平均访问次数

下列各组要素两两比较,对于"群体驻留性"的相对重要性如何?

A	重要性比较	B
驻留量	9 8 7 6 5 4 3 2 1 2 3 4 5 6 7 8 9	驻留率
驻留量	9 8 7 6 5 4 3 2 1 2 3 4 5 6 7 8 9	驻留面密度

续　表

A	重要性比较	B
驻留量	9 8 7 6 5 4 3 2 1 2 3 4 5 6 7 8 9	吸引点利用率
驻留量	9 8 7 6 5 4 3 2 1 2 3 4 5 6 7 8 9	吸引点平均访问率
驻留率	9 8 7 6 5 4 3 2 1 2 3 4 5 6 7 8 9	驻留面密度
驻留率	9 8 7 6 5 4 3 2 1 2 3 4 5 6 7 8 9	吸引点利用率
驻留率	9 8 7 6 5 4 3 2 1 2 3 4 5 6 7 8 9	吸引点平均访问率
驻留面密度	9 8 7 6 5 4 3 2 1 2 3 4 5 6 7 8 9	吸引点利用率
驻留面密度	9 8 7 6 5 4 3 2 1 2 3 4 5 6 7 8 9	吸引点平均访问率
吸引点利用率	9 8 7 6 5 4 3 2 1 2 3 4 5 6 7 8 9	吸引点平均访问率

■ 评估"个体驻留性"的相对重要性

　　驻留活动类型　　驻留活动的类型数量
　　人均驻留时间　　个体驻留时间的平均值
　　人均驻留次数　　个体在整个行为过程中驻留次数的平均值

下列各组要素两两比较,对于"个体驻留性"的相对重要性如何?

A	重要性比较	B
驻留活动类型	9 8 7 6 5 4 3 2 1 2 3 4 5 6 7 8 9	人均驻留时间
驻留活动类型	9 8 7 6 5 4 3 2 1 2 3 4 5 6 7 8 9	人均驻留次数
人均驻留时间	9 8 7 6 5 4 3 2 1 2 3 4 5 6 7 8 9	人均驻留次数

■ 评估"总体亲水性"的相对重要性

　　视线达水率　　看到水滨的粒子数量占比
　　垂水人流密度　　垂水空间人群数量与界面进深的比值

下列各组要素两两比较,对于"总体亲水性"的相对重要性如何?

A	重要性比较	B
视线达水率	9 8 7 6 5 4 3 2 1 2 3 4 5 6 7 8 9	垂水人流密度

■ 评估"沿岸亲水性"的相对重要性

不同高程岸线亲水度	不同高程岸线人群数量与该段水岸高差的比值
沿岸人群数量波动指数	人数最大值与最小值之差和亲水基面可活动面积的比值
岸线线密度	平、凹、凸岸人群数量与该段岸线长度的比值

下列各组要素两两比较,对于"沿岸亲水性"的相对重要性如何?

A	重要性比较	B
不同高程岸线亲水度	9 8 7 6 5 4 3 2 1 2 3 4 5 6 7 8 9	沿岸人群数量波动指数
不同高程岸线亲水度	9 8 7 6 5 4 3 2 1 2 3 4 5 6 7 8 9	岸线线密度
沿岸人群数量波动指数	9 8 7 6 5 4 3 2 1 2 3 4 5 6 7 8 9	岸线线密度

问卷结束,谢谢合作!

附录 R 样本休息日诊断结果表

(1) 东昌滨江诊断结果表

诊 断 指 标	时段 1	时段 2	时段 3	时段 4	时段 5	时段 6
$Xa1$：步行绕路系数	1.346	1.267	1.346	1.317	1.332	1.346
$Xa2$：步行时间	14.537	13.603	13.842	13.801	14.135	13.842
$Xb1$：行人流密度	3.558	6.329	6.053	8.233	12.198	6.053
$Xb2$：空间利用率	0.263%	0.488%	0.496%	0.515%	0.862%	0.496%
$Xb3$：基面衔接系数	1.250	1.230	1.247	1.609	1.451	1.247
$Ya1$：驻留量	138	256	260	270	452	260
$Ya2$：驻留率	50.923%	53.112%	56.399%	43.062%	48.654%	56.399%
$Ya3$：驻留面密度	1.812	3.361	3.414	3.545	5.935	3.414
$Ya4$：吸引点利用率	77.491%	76.971%	82.646%	69.856%	76.642%	82.646%
$Ya5$：吸引点平均访问率	138.776%	140.990%	138.664%	140.549%	130.754%	138.664%
$Yb1$：驻留活动类型	1.186	1.189	1.184	1.210	1.114	1.184
$Yb2$：人均驻留时间	9.915	10.394	9.928	10.409	10.254	9.928
$Yb3$：人均驻留次数	1.041	1.065	1.055	1.087	0.969	1.055
$Za1$：视线达水率	33.184%	30.941%	29.716%	36.000%	33.466%	29.716%
$Za2$：垂水人流密度	117.143	211.405	199.762	271.524	365.310	199.762
$Zb1$：岸线线密度	1.697	3.515	2.788	5.818	5.455	2.788
$Zb2$：不同高程岸线亲水度	43.881	78.869	75.406	104.781	151.469	75.406
$Zb3$：沿岸人群数量波动指数	1.850	1.659	1.776	1.785	1.774	1.776

（2）徐汇滨江龙美术馆段诊断结果表

诊 断 指 标	时段 1	时段 2	时段 3	时段 4	时段 5	时段 6
$Xa1$：步行绕路系数	1.335	1.342	1.347	1.331	1.343	1.347
$Xa2$：步行时间	11.442	11.574	11.514	11.679	11.998	11.938
$Xb1$：行人流密度	1.260	2.516	2.897	4.217	7.722	6.826
$Xb2$：空间利用率	0.148%	0.298%	0.383%	0.504%	0.956%	0.854%
$Xb3$：基面衔接系数	1.282	1.382	1.438	1.427	1.573	1.450
$Ya1$：驻留量	195	391	503	662	1 255	1 122
$Ya2$：驻留率	23.985%	24.076%	26.898%	24.320%	25.181%	25.465%
$Ya3$：驻留面密度	0.302	0.606	0.779	1.026	1.944	1.738
$Ya4$：吸引点利用率	50.431%	52.525%	52.941%	49.155%	54.434%	53.177%
$Ya5$：吸引点平均访问率	120.198%	124.554%	128.974%	109.609%	141.533%	146.867%
$Yb1$：驻留活动类型	1.066	1.406	1.407	1.111	1.492	1.478
$Yb2$：人均驻留时间	10.960	10.840	10.877	11.311	10.680	11.151
$Yb3$：人均驻留次数	0.943	0.988	1.021	0.857	1.104	1.147
$Za1$：视线达水率	26.608%	24.135%	22.769%	22.232%	22.692%	22.158%
$Za2$：垂水人流密度	29.126	60.073	69.556	97.444	185.175	162.108
$Zb1$：岸线线密度	1.024	1.727	2.111	2.623	4.798	4.223
$Zb2$：不同高程岸线亲水度	121.278	249.333	288.756	402.585	766.308	668.470
$Zb3$：沿岸人群数量波动指数	1.682	2.204	2.230	1.644	2.905	5.345

（3）老白渡滨江绿地诊断结果表

诊 断 指 标	时段 1	时段 2	时段 3	时段 4	时段 5	时段 6
$Xa1$：步行绕路系数	1.233	1.254	1.242	1.250	1.248	1.245
$Xa2$：步行时间	12.594	12.494	12.586	12.651	12.625	12.319

续　表

诊 断 指 标	时段 1	时段 2	时段 3	时段 4	时段 5	时段 6
$Xb1$：行人流密度	2.202	4.904	5.802	8.292	8.285	10.569
$Xb2$：空间利用率	1.888%	4.528%	5.137%	8.353%	9.089%	10.785%
$Xb3$：基面衔接系数	1.638	1.337	1.938	2.082	1.731	2.044
$Ya1$：驻留量	118	283	321	522	568	674
$Ya2$：驻留率	36.760%	39.580%	37.943%	43.176%	47.020%	43.738%
$Ya3$：驻留面密度	0.809	1.941	2.202	3.580	3.896	4.623
$Ya4$：吸引点利用率	59.190%	62.378%	61.466%	65.591%	68.460%	66.061%
$Ya5$：吸引点平均访问率	110.559%	104.026%	103.471%	110.185%	103.035%	103.302%
$Yb1$：驻留活动类型	1.210	1.097	1.318	1.104	1.013	1.233
$Yb2$：人均驻留时间	10.641	11.760	10.755	12.207	12.195	11.998
$Yb3$：人均驻留次数	0.969	0.935	0.914	1.010	0.947	0.929
$Za1$：视线达水率	31.855%	26.808%	28.293%	27.622%	28.763%	27.866%
$Za2$：垂水人流密度	39.315	87.502	103.375	146.287	147.017	191.119
$Zb1$：岸线线密度	1.681	3.234	4.021	5.660	5.936	7.447
$Zb2$：不同高程岸线亲水度	50.521	113.000	133.621	190.529	192.007	248.814
$Zb3$：沿岸人群数量波动指数	1.156	1.370	1.225	1.526	1.324	1.453

（4）龙腾水岸西岸艺术中心段诊断结果表

诊 断 指 标	时段 1	时段 2	时段 3	时段 4	时段 5	时段 6
$Xa1$：步行绕路系数	1.237	1.213	1.227	1.227	1.224	1.221
$Xa2$：步行时间	6.304	5.910	6.217	6.245	6.254	6.153
$Xb1$：行人流密度	0.782	1.975	3.716	5.836	8.590	2.922
$Xb2$：空间利用率	0.051%	0.147%	0.278%	0.427%	0.632%	0.218%

诊　断　指　标	时段 1	时段 2	时段 3	时段 4	时段 5	时段 6
$Xb3$：基面衔接系数	1.843	1.364	1.725	1.990	1.886	1.413
$Ya1$：驻留量	82	237	449	689	1 020	352
$Ya2$：驻留率	30.370%	34.751%	34.996%	34.194%	34.390%	34.886%
$Ya3$：驻留面密度	0.237	0.686	1.300	1.996	2.954	1.019
$Ya4$：吸引点利用率	61.852%	61.144%	62.822%	63.027%	62.610%	63.826%
$Ya5$：吸引点平均访问率	137.076%	133.871%	161.480%	154.793%	153.877%	160.892%
$Yb1$：驻留活动类型	1.042	1.012	1.050	1.029	1.029	1.026
$Yb2$：人均驻留时间	10.840	11.916	12.046	11.807	11.736	11.460
$Yb3$：人均驻留次数	1.258	1.157	1.367	1.318	1.272	1.376
$Za1$：视线达水率	36.364%	50.082%	47.301%	46.010%	44.644%	52.043%
$Za2$：垂水人流密度	19.759	46.116	103.164	158.116	271.765	73.271
$Zb1$：岸线线密度	3.205	2.079	3.855	6.300	9.322	3.425
$Zb2$：不同高程岸线亲水度	45.688	122.607	232.071	359.214	534.018	189.469
$Zb3$：沿岸人群数量波动指数	2.083	2.218	3.122	2.613	3.089	2.753

（5）浦江东岸民生码头段诊断结果表

诊　断　指　标	时段 1	时段 2	时段 3	时段 4	时段 5	时段 6
$Xa1$：步行绕路系数	1.262	1.183	1.280	1.285	1.261	1.169
$Xa2$：步行时间	5.434	5.404	5.564	5.570	5.582	5.521
$Xb1$：行人流密度	2.716	2.584	1.823	1.898	2.481	2.302
$Xb2$：空间利用率	0.234%	0.241%	0.124%	0.120%	0.223%	0.210%
$Xb3$：基面衔接系数	2.135	2.369	1.989	2.800	2.357	2.020
$Ya1$：驻留量	187	193	99	96	178	168

诊　断　指　标	时段1	时段2	时段3	时段4	时段5	时段6
$Ya2$：驻留率	32.353%	35.091%	25.515%	23.762%	33.712%	34.286%
$Ya3$：驻留面密度	0.879	0.907	0.465	0.451	0.836	0.789
$Ya4$：吸引点利用率	59.170%	62.182%	56.186%	56.683%	66.477%	57.347%
$Ya5$：吸引点平均访问率	144.060%	153.231%	124.440%	110.127%	168.996%	149.275%
$Yb1$：驻留活动类型	1.270	1.132	1.020	1.000	1.134	1.014
$Yb2$：人均驻留时间	11.980	12.762	12.221	11.410	12.510	12.402
$Yb3$：人均驻留次数	1.307	1.414	1.141	1.063	1.572	1.350
$Za1$：视线达水率	31.944%	29.540%	26.885%	23.102%	26.087%	30.504%
$Za2$：垂水人流密度	38.332	40.625	27.168	27.068	32.800	33.489
$Zb1$：岸线线密度	2.936	2.872	1.745	1.489	2.043	2.447
$Zb2$：不同高程岸线亲水度	82.950	88.025	58.950	58.850	71.200	72.525
$Zb3$：沿岸人群数量波动指数	3.885	4.041	4.489	4.010	3.788	3.114

(6) 船厂滨江绿地诊断结果表

诊　断　指　标	时段1	时段2	时段3	时段4	时段5	时段6
$Xa1$：步行绕路系数	1.186	1.190	1.226	1.191	1.206	1.221
$Xa2$：步行时间	7.011	7.056	7.332	7.190	7.279	7.399
$Xb1$：行人流密度	0.431	0.607	0.879	1.101	2.433	4.627
$Xb2$：空间利用率	0.061%	0.089%	0.136%	0.173%	0.370%	0.724%
$Xb3$：基面衔接系数	2.001	2.103	2.811	2.023	2.258	2.286
$Ya1$：驻留量	99	145	221	280	600	1 175
$Ya2$：驻留率	50.000%	51.971%	54.703%	55.336%	53.667%	55.268%
$Ya3$：驻留面密度	0.215	0.316	0.481	0.609	1.306	2.557

续　表

诊　断　指　标	时段1	时段2	时段3	时段4	时段5	时段6
$Ya4$：吸引点利用率	68.687%	67.025%	74.257%	73.123%	70.394%	71.214%
$Ya5$：吸引点平均访问率	149.123%	122.148%	107.576%	95.110%	88.897%	86.124%
$Yb1$：驻留活动类型	1.026	1.061	1.069	1.325	1.325	1.034
$Yb2$：人均驻留时间	13.740	14.691	14.561	13.864	14.229	14.240
$Yb3$：人均驻留次数	1.415	1.138	1.041	0.904	0.852	0.824
$Za1$：视线达水率	43.030%	40.726%	41.011%	41.239%	41.740%	40.733%
$Za2$：垂水人流密度	23.745	34.800	50.114	66.046	145.167	286.987
$Zb1$：岸线线密度	1.511	2.149	3.106	4.106	9.085	17.723
$Zb2$：不同高程岸线亲水度	34.430	50.726	72.998	96.155	211.102	418.311
$Zb3$：沿岸人群数量波动指数	1.587	1.303	1.573	1.406	1.453	1.665

附录 S 老人调研问卷统计结果

编号	餐厅	咖啡厅	移动餐饮设施	卫生间	魔法矩阵	运动游乐场地	滨水漫步道	林荫小道	硬质铺地	观景平台	休息座椅	异形标志建筑
①	2	2	1	3	4	4	5	4	4	5	4	4
②	1	2	2	4	2	2	5	4	3	3	4	2
③	2	1	1	3	2	4	4	5	3	1	4	5
④	2	2	1	5	3	2	5	5	2	5	5	3
⑤	4	4	4	4	4	4	4	4	4	4	4	4
⑥	2	2	2	4	2	4	5	5	4	3	4	2
⑦	1	1	1	4	1	4	4	4	5	3	5	4
⑧	2	2	2	3	4	4	4	5	4	3	5	1
⑨	1	1	2	5	3	5	4	3	3	5	5	4
⑩	1	3	1	4	2	1	5	4	4	4	4	3
⑪	2	2	2	4	2	3	4	5	2	1	3	5
⑫	1	3	1	5	1	3	5	5	2	5	5	3
⑬	3	4	3	4	4	4	4	4	4	4	4	4
⑭	2	2	2	4	4	3	5	5	4	3	5	4
⑮	1	3	4	4	4	1	4	4	5	3	5	4
⑯	2	2	3	3	4	4	5	5	3	3	5	2
⑰	1	3	2	4	3	4	4	4	2	5	5	4
⑱	2	2	1	4	1	2	5	4	3	3	4	2
⑲	1	1	1	4	2	4	4	5	2	2	2	5
⑳	3	2	1	5	3	1	5	5	2	5	5	4
㉑	4	4	3	4	4	3	4	3	4	4	4	4

编号	餐厅	咖啡厅	移动餐饮设施	卫生间	魔法矩阵	运动游乐场地	滨水漫步道	林荫小道	硬质铺地	观景平台	休息座椅	异形标志建筑
㉒	2	3	2	4	2	3	4	5	5	3	5	3
㉓	1	3	4	4	5	2	5	4	5	3	5	4
㉔	2	1	2	3	4	4	4	5	1	4	5	2
㉕	2	1	2	4	2	3	5	4	3	3	4	3
㉖	2	2	1	4	1	1	5	5	3	3	3	2
㉗	2	1	2	3	3	2	4	4	2	3	4	1
㉘	1	1	1	4	2	2	5	5	3	2	3	2
㉙	2	2	2	3	2	2	4	5	4	3	4	1
㉚	2	2	1	4	1	1	5	5	3	3	4	3
均值	1.87	2.13	2.00	3.83	2.87	2.77	4.53	4.50	3.27	3.37	4.27	3.13
比值	0.05	0.06	0.05	0.10	0.07	0.07	0.12	0.12	0.08	0.09	0.11	0.08

附录 T　中青年人调研问卷统计结果

编号	服务设施				运动设施				公共设施			
	餐厅	咖啡厅	小型可移动餐饮设施	卫生间	魔法矩阵	小型运动游乐场地	滨水漫步道	树林间的林荫小道	办公与绿化间的硬质铺地道路	观景平台	休息座椅	异形标志建筑
①	1	1	1	4	3	1	3	3	2	3	1	4
②	5	2	5	4	4	1	5	5	4	4	4	5
③	3	3	4	4	4	4	5	5	5	5	5	5
④	2	2	4	3	2	2	5	5	4	4	3	3
⑤	1	1	1	3	3	3	4	4	4	4	4	4
⑥	3	3	3	4	4	2	3	3	3	4	4	4
⑦	1	2	2	2	3	4	4	5	5	3	4	2
⑧	4	4	4	4	5	5	5	3	3	5	3	4
⑨	4	4	4	3	4	4	4	4	3	5	5	1
⑩	1	1	2	4	1	5	5	5	4	5	5	2
⑪	1	3	2	2	4	4	4	4	4	4	4	3
⑫	2	4	4	3	4	3	4	5	2	3	5	2
⑬	1	1	1	4	4	1	3	3	5	5	5	5
⑭	1	3	2	4	1	3	5	5	5	5	3	3
⑮	2	2	3	3	4	5	5	5	5	5	5	5
⑯	5	4	5	3	5	5	4	5	5	5	5	5
⑰	3	4	4	2	2	2	5	5	4	5	4	4
⑱	3	3	2	3	5	5	4	4	4	5	5	5
⑲	1	2	4	4	3	3	5	5	3	4	4	4

编号	服务设施				运动设施				公共设施			
	餐厅	咖啡厅	小型可移动餐饮设施	卫生间	魔法矩阵	小型运动游乐场地	滨水漫步道	树林间的林荫小道	办公与绿化间的硬质铺地道路	观景平台	休息座椅	异形标志建筑
⑳	2	2	5	5	5	2	5	5	4	5	5	5
㉑	2	4	5	2	5	5	5	5	2	4	3	5
㉒	3	4	2	2	2	2	5	5	3	4	4	2
㉓	5	5	5	5	5	5	5	4	3	5	4	5
㉔	3	3	2	4	1	2	5	5	4	4	5	4
㉕	3	3	2	4	3	3	4	3	3	3	3	3
㉖	3	3	3	3	4	3	4	4	4	4	4	3
㉗	1	1	1	2	1	1	4	3	3	3	3	3
㉘	2	2	2	5	4	4	5	5	5	5	5	5
㉙	3	3	2	3	2	2	4	4	5	3	1	3
㉚	4	4	4	3	4	2	5	5	5	5	5	4
均值	2.50	2.77	3.03	3.30	3.37	2.97	4.43	4.37	3.80	4.27	4.00	3.73
比值	0.06	0.07	0.07	0.08	0.08	0.07	0.10	0.10	0.09	0.10	0.09	0.09

附录 U 儿童调研问卷统计结果

编号	服务设施				运动设施				公共设施			
	餐厅	咖啡厅	小型可移动餐饮设施	卫生间	魔法矩阵	小型运动游乐场地	滨水漫步道	树林间的林荫小道	办公与绿化间的硬质铺地道路	观景平台	休息座椅	异形标志建筑
①	4	2	4	2	5	5	3	4	4	3	5	3
②	4	4	5	3	5	5	4	5	3	2	5	2
③	3	2	2	4	4	3	4	4	3	4	4	3
④	3	2	1	3	5	5	1	5	3	2	1	4
⑤	3	2	4	3	5	4	4	4	3	4	3	3
⑥	2	1	2	2	4	4	4	4	4	5	5	5
⑦	3	3	3	2	4	5	4	3	4	4	3	3
⑧	4	2	4	2	2	3	3	4	4	3	5	3
⑨	4	4	5	3	5	5	4	5	3	2	5	2
⑩	3	2	2	4	4	3	4	4	3	4	4	3
⑪	3	2	1	3	5	5	1	5	3	2	1	4
⑫	3	2	4	3	5	4	4	4	3	4	3	3
⑬	2	1	2	2	4	4	4	4	4	5	5	5
⑭	3	3	3	2	4	2	4	3	4	4	3	3
⑮	4	2	4	2	2	3	3	4	4	3	5	3
⑯	4	4	5	3	1	5	4	5	3	2	5	2
⑰	3	2	2	4	4	3	4	4	3	4	4	3
⑱	3	2	1	3	5	2	1	5	3	2	1	4
⑲	3	2	4	3	5	4	4	4	3	4	3	3

编号	服务设施				运动设施				公共设施			
	餐厅	咖啡厅	小型可移动餐饮设施	卫生间	魔法矩阵	小型运动游乐场地	滨水漫步道	树林间的林荫小道	办公与绿化间的硬质铺地道路	观景平台	休息座椅	异形标志建筑
⑳	2	1	2	2	4	4	4	4	4	5	5	5
㉑	3	3	3	2	4	2	4	3	4	4	3	3
㉒	4	2	4	2	2	3	3	4	4	3	5	5
㉓	4	4	5	3	1	5	4	5	3	2	5	2
㉔	3	2	2	4	4	3	4	4	3	4	4	3
㉕	3	2	1	3	5	2	1	5	3	2	1	4
㉖	3	2	4	3	5	4	4	4	3	4	3	3
㉗	2	1	2	2	4	4	4	4	4	5	5	5
㉘	3	3	3	2	4	2	4	3	4	4	3	3
㉙	2	1	2	2	4	4	4	4	4	5	5	5
㉚	3	3	3	2	4	2	4	3	4	4	3	3
均值	3.10	2.27	2.97	2.67	3.97	3.63	3.47	4.10	3.47	3.50	3.73	3.33
比值	0.08	0.06	0.07	0.07	0.10	0.09	0.09	0.10	0.09	0.09	0.09	0.08

附录 Ⅴ 吸引点进出实际与模拟人流量统计表

吸引点	周末 1		周末 2		周末 3		周末 4		周末 5		工作日 1		工作日 2		工作日 3		工作日 4		工作日 5	
	实际吸引人数	模拟吸引人数	实际吸引人数	模拟吸引人数	实际吸引人数	模拟吸引人数	实际吸引人数	模拟吸引人数	实际吸引人数	模拟吸引人数	实际吸引人数	模拟吸引人数	实际吸引人数	模拟吸引人数	实际吸引人数	模拟吸引人数	实际吸引人数	模拟吸引人数	实际吸引人数	模拟吸引人数
座椅 1	2	2	0	2	0	4	1	2	0	0	0	0	1	1	1	0	1	2	0	1
座椅 2	2	4	3	3	0	3	1	3	2	3	1	0	2	3	2	1	0	0	2	1
座椅 3	3	2	4	6	2	2	3	3	3	4	2	2	2	3	0	0	2	6	2	1
座椅 4	3	1	0	4	2	2	3	5	0	0	2	0	0	0	1	0	2	3	2	0
座椅 5	1	5	0	3	1	1	2	3	2	2	1	1	2	3	0	1	0	1	0	0
座椅 6	1	0	4	3	2	2	1	1	3	2	0	0	2	1	0	2	3	4	0	0
座椅 7	2	1	2	0	2	0	4	5	2	3	1	1	1	0	0	0	0	0	0	0
座椅 8	0	1	1	2	0	1	2	2	0	0	0	2	1	1	0	2	0	0	0	0
座椅 9	0	2	0	0	2	1	3	4	1	0	0	0	2	0	1	1	0	0	0	0
座椅 10	1	3	2	3	2	2	3	4	2	2	1	0	1	2	0	1	1	0	1	2

续 表

吸引点	周末 1		周末 2		周末 3		周末 4		周末 5		工作日 1		工作日 2		工作日 3		工作日 4		工作日 5	
	实际吸引人数	模拟吸引人数	实际吸引人数	模拟吸引人数	实际吸引人数	模拟吸引人数	实际吸引人数	模拟吸引人数	实际吸引人数	模拟吸引人数	实际吸引人数	模拟吸引人数	实际吸引人数	模拟吸引人数	实际吸引人数	模拟吸引人数	实际吸引人数	模拟吸引人数	实际吸引人数	模拟吸引人数
座椅 11	1	2	1	5	1	2	3	4	1	1	1	1	2	2	0	0	1	1	2	1
座椅 12	0	1	2	4	0	1	2	3	1	2	0	0	2	1	2	0	1	1	1	1
座椅 13	0	1	1	0	3	4	2	4	1	2	1	1	1	1	1	2	2	3	1	0
座椅 14	1	1	0	0	1	1	2	2	0	0	0	0	2	1	2	0	2	2	0	0
座椅 15	1	1	0	0	0	1	2	0	1	1	1	0	1	1	1	0	2	1	2	0
座椅 16	0	1	0	1	0	0	0	0	1	0	1	0	1	1	0	0	2	2	0	0
座椅 17	0	2	0	0	0	0	0	0	1	0	0	0	0	0	0	0	0	0	0	0
座椅 18	0	0	0	0	0	0	0	0	0	0	0	0	0	0	0	0	0	1	0	0
座椅 19	0	3	1	1	0	1	1	0	1	1	2	1	1	1	0	0	1	1	0	2
座椅 20	2	1	0	1	0	0	0	0	0	0	2	2	0	0	0	0	0	0	0	0
座椅 21	5	4	1	2	1	0	0	0	6	2	3	2	3	4	2	1	1	1	4	0
休息平台 1	1	3	0	6	0	13	0	34	0	10	1	0	1	1	4	5	0	7	0	1

续　表

吸引点	周末1 实际吸引人数	周末1 模拟吸引人数	周末2 实际吸引人数	周末2 模拟吸引人数	周末3 实际吸引人数	周末3 模拟吸引人数	周末4 实际吸引人数	周末4 模拟吸引人数	周末5 实际吸引人数	周末5 模拟吸引人数	工作日1 实际吸引人数	工作日1 模拟吸引人数	工作日2 实际吸引人数	工作日2 模拟吸引人数	工作日3 实际吸引人数	工作日3 模拟吸引人数	工作日4 实际吸引人数	工作日4 模拟吸引人数	工作日5 实际吸引人数	工作日5 模拟吸引人数
休息平台2	2	3	1	1	2	2	1	1	0	4	1	2	0	0	3	1	0	0	0	1
休息平台3	1	2	0	3	2	3	2	4	0	0	2	1	2	3	0	1	1	1	0	0
休息平台4	2	1	3	4	1	1	2	3	0	0	3	0	0	0	0	0	1	3	0	0
休息平台5	1	0	1	1	0	0	2	3	0	1	0	0	10	3	1	2	0	0	3	2
休息平台6	0	0	1	3	2	1	2	1	0	2	0	0	1	1	1	1	1	2	0	0
休息平台7	0	0	1	1	0	0	0	0	0	0	2	0	0	0	0	1	1	0	0	0
滨水漫步道1	9	7	1	3	3	4	17	15	11	5	5	7	1	1	2	0	0	1	6	4
滨水漫步道2	7	8	2	2	2	3	8	10	7	15	4	4	0	0	0	0	0	0	6	8
滨水漫步道3	7	8	1	2	1	1	13	13	11	9	1	2	0	1	2	1	0	0	7	7
滨水漫步道4	6	5	4	5	6	5	13	13	12	12	0	3	1	1	0	0	1	3	11	8
滨水漫步道5	11	9	3	3	6	1	7	5	7	6	1	3	0	0	0	0	1	0	6	11
滨水漫步道6	3	9	1	0	7	7	4	3	13	13	1	0	0	0	0	0	0	0	8	7

续表

吸引点	周末1 实际吸引人数	周末1 模拟吸引人数	周末2 实际吸引人数	周末2 模拟吸引人数	周末3 实际吸引人数	周末3 模拟吸引人数	周末4 实际吸引人数	周末4 模拟吸引人数	周末5 实际吸引人数	周末5 模拟吸引人数	工作日1 实际吸引人数	工作日1 模拟吸引人数	工作日2 实际吸引人数	工作日2 模拟吸引人数	工作日3 实际吸引人数	工作日3 模拟吸引人数	工作日4 实际吸引人数	工作日4 模拟吸引人数	工作日5 实际吸引人数	工作日5 模拟吸引人数
滨水漫步道7	7	7	3	3	14	16	23	26	20	19	1	0	0	0	0	0	0	0	15	11
滨水漫步道8	2	5	0	4	2	2	13	13	10	10	2	2	1	2	0	0	0	0	16	13
滨水漫步道9	5	3	3	3	3	2	25	13	34	15	0	0	0	0	1	0	0	0	21	11
魔法矩阵	0	0	0	1	0	1	0	2	0	0	0	0	0	0	0	1	0	0	0	0
咖啡厅	4	4	0	1	3	9	8	7	0	0	0	0	3	4	0	0	1	1	0	0
可移动餐车	0	0	0	0	20	22	18	15	0	0	0	0	12	9	2	4	8	7	0	0
小型运动场地	0	0	13	12	14	12	10	14	0	0	0	0	5	6	2	2	2	1	0	0
卫生间	0	2	0	0	0	0	0	0	2	1	0	0	0	0	0	0	0	0	2	1
广场1	3	3	3	1	0	0	2	0	0	0	2	2	1	2	2	2	0	0	0	0
广场2	40	20	1	1	9	1	9	10	0	0	37	20	7	6	0	0	0	0	0	0
观景点1	0	3	13	12	26	18	16	20	4	4	3	2	7	10	7	8	16	18	10	12
观景点2	4	5	4	4	2	1	2	3	6	3	1	1	0	1	1	0	2	0	5	6
总计	140	145	81	116	144	153	232	273	165	155	86	60	79	77	43	40	57	73	134	112

后　记

1998 年开始,我师从中国最早一代的城市设计理论和实践大师、俄罗斯艺术科学院荣誉院士卢济威教授,开展滨水城市的理论研究与项目实践。硕士论文为《跨河地区形态研究》,博士论文为《跨河城市形态研究》,关注到当时(2000 年前后)城市迅速扩张,又有经济和技术飞速提升的加持,许多城市已经或正在跨越河流发展,在河流两岸都拥有城市腹地。其中,全国的省会(首府)城市和直辖市中就有 85％为跨河城市。随之而来的是,滨水地区从原本的城市边缘地带一跃而成为城市的核心地带,并依循市民对美好生活品质的更高追求而从原本的工业用地演变为城市最重要的休闲公共空间。

在上海、杭州、深圳、南京、郑州等地诸多的滨水项目实践中,我们关注政府、开发商、入驻企业的需求,同时也倾听市民的心声。如何更加精准地平衡各方需求,并把这些需求,特别是市民的需求落实到设计中去,是长期萦绕在我们头脑中的一个问题。我们还参与制定了国内首部专门针对滨水区的建设标准《黄浦江两岸滨江公共环境建设标准》,这也是首次由规划、建筑、园林、交通、水务等部门协同制定的滨水区建设标准,该项成果荣获"上海市决策咨询研究成果奖"二等奖。之后,我在此基础上对"滨水公共空间要素综合组织""优化组织滨水地区蓝、绿、红线""城市肌理对滨水步行可达性影响"等方面进行了深入研究,相关成果已出版著作或发表于期刊,其核心都围绕着"人",目的是让使用者获得最满意的滨水公共空间。

2018 年,我开始尝试采用多代理行为模拟技术对滨水公共空间中的使用者行为进行仿真呈现,期望能为精细化设计、建设和管理提供支撑。难点在于要从以往对目的地明确的疏散行为模拟转向随机性较强的滨水休闲行为模拟。经历了模拟平台的数次变更、运行机制的反复调整、诊断维度和指标的遴选增减,以及优化预判方法的逻辑建构,最终以本书呈献给读者。

近期,在上述研究基础上,团队在以下几个方面开展了一些工作:探索"空间—行为—微气候"三者之间的关系,将微气候要素细化为温度、湿度、风速、太阳辐射等,建立物质空间与微气候环境共同影响下的行为模拟系统,希望能够提出适应不同微气候下各类行为活动的城市滨水公共空间形态组织模式;探索"空间—行为—照明"三者之间的关系,将照明细化为照度、色温、亮度3个指标,其中照度还包括水平照度、水平照度均匀度、垂直照度3个子类指标,借助眼动追踪技术和统计分析方法分析夜间行为特殊性及其成因,归纳空间、行为、照明3者之间的相互作用机制,建立仿真模型,希望助力城市滨水公共空间的全时性活力;探索多代理行为模拟辅助的滨水公共空间城市设计,依托实际项目建构仿真模型,借助代理粒子在空间中的自组织运行,模拟滨水公共空间使用状况,为项目提供最优的空间要素组织、各项功能配置和行为路径选择等,希望推动城市滨水公共空间的智能化设计。

采用多代理行为模拟技术对城市滨水公共空间的休憩行为进行研究,本书迈出了重要一步,也达到了最初设想的研究目标,希望能够为城市滨水公共空间的精细化治理提供良好的智能技术支撑,也希望更多对此感兴趣的学者能在这个方向持续耕耘。

杨春侠

2024 年 7 月 1 日

图书在版编目(CIP)数据

城市滨水公共空间精细化治理:行为模拟和诊断优化/杨春侠,詹鸣,姚梓莹著.—上海:复旦大学出版社,2024.7
ISBN 978-7-309-17370-3

Ⅰ.①城… Ⅱ.①杨… ②詹… ③姚… Ⅲ.①城市空间-理水(园林)-公共空间-研究-上海 Ⅳ.①TU986.4

中国国家版本馆 CIP 数据核字(2024)第 067108 号

城市滨水公共空间精细化治理——行为模拟和诊断优化
CHENGSHI BINSHUI GONGGONG KONGJIAN JINGXIHUA ZHILI
XINGWEI MONI HE ZHENDUAN YOUHUA
杨春侠　詹　鸣　姚梓莹　著
责任编辑/张美芳

复旦大学出版社有限公司出版发行
上海市国权路 579 号　邮编:200433
网址:fupnet@ fudanpress.com　http://www.fudanpress.com
门市零售:86-21-65102580　团体订购:86-21-65104505
出版部电话:86-21-65642845
苏州市古得堡数码印刷有限公司

开本 787 毫米×1092 毫米　1/16　印张 21　字数 366 千字
2024 年 7 月第 1 版
2024 年 7 月第 1 版第 1 次印刷

ISBN 978-7-309-17370-3/T · 756
定价:148.00 元